普通高等学校管理科学与工程类学科专业主干课程教材

信息系统
分析与设计（第二版）

Xinxi Xitong Fenxi yu Sheji

教育部高等学校管理科学与工程类学科教学指导委员会　组编

陈　禹　主编

杨善林　梁昌勇　左美云　副主编

高等教育出版社·北京

HIGHER EDUCATION PRESS　BEIJING

内容简介

　　本书是普通高等学校管理科学与工程类学科专业主干课程教材之一。
　　信息系统分析与设计是信息管理与信息系统专业的主干课程之一，是
从事各类信息管理项目建设的技术人员必备的核心能力。本教材全面地介
绍了该领域的基本理论和技术，在重点讲解主流学派的理念和方法的同
时，对于学科的发展前沿和方向也进行了必要的介绍。基于理论联系实际
的原则，教材介绍了基于我国实际的信息系统实施经验，提供了若干有针
对性的实际案例，供师生选用。
　　本教材选材精练、逻辑清晰、表达准确，与当前实际工作中正在使用
的主流理论、方法与技术相一致，适于信息管理与信息系统、电子商务、
物流管理以及相关学科的本科学生学习使用，也可以用于相关领域的在职
技术人员的培训与自学。

图书在版编目（CIP）数据

信息系统分析与设计 / 陈禹主编；教育部高等学校管理科学与工程
类学科教学指导委员会组编．—2 版．—北京：高等教育出版社，
2011.8
ISBN 978-7-04-032627-7

Ⅰ．①信… Ⅱ．①陈… ②教… Ⅲ．①信息系统－系统分析－高
等学校－教材 ②信息系统－系统设计－高等学校－教材 Ⅳ．①G202
中国版本图书馆 CIP 数据核字（2011）第 140963 号

策划编辑　解　琳	责任编辑　解　琳	封面设计　杨立新	版式设计　范晓红
插图绘制　尹　莉	责任校对　杨凤玲	责任印制　韩　刚	

出版发行　高等教育出版社　　　　　　　　　网　　址　http://www.hep.edu.cn
社　　址　北京市西城区德外大街 4 号　　　　　　　　　　http://www.hep.com.cn
邮政编码　100120　　　　　　　　　　　　　网上订购　http://www.landraco.com
印　　刷　三河市杨庄长鸣印刷装订厂　　　　　　　　　　　http://www.landraco.com.cn
开　　本　787mm×960mm　1/16
印　　张　20　　　　　　　　　　　　　　　版　　次　2005 年 7 月第 1 版
字　　数　360 千字　　　　　　　　　　　　　　　　　　2011 年 8 月第 2 版
购书热线　010 - 58581118　　　　　　　　　印　　次　2011 年 8 月第 1 次印刷
咨询电话　400 - 810 - 0598　　　　　　　　　定　　价　29.30 元

本书如有缺页、倒页、脱页等质量问题，请到所购图书销售部门联系调换
版权所有　侵权必究
物　料　号　32627-00

总　前　言

　　为适应我国经济社会发展需要，保证高等学校管理科学与工程类本科专业人才培养基本质量，我司委托高等学校管理科学与工程类学科教学指导委员会对管理科学与工程类四个本科专业：工程管理、工业工程、信息管理与信息系统、管理科学专业的教学内容和课程体系等问题进行系统研究，确定了上述四个专业的核心课程和专业主干课程，提出了这些课程的教学基本要求（经济学课程建议采用工商管理类的宏观经济学和微观经济学的教学基本要求），并编写相应教材。各门课程的教学基本要求及相应教材由高等教育出版社 2004 年秋季陆续出版，供各高等学校选用。

教育部高等教育司

2004 年 9 月

第二版前言

本教材于 2005 年出版了第一版，根据高等教育出版社的统一安排，本教材需要进行修订，以便符合迅速变化的技术和社会经济环境。作为一门应用性很强的课程，这种适时的更新和增补，无疑具有更大的必要性和迫切性。然而，在这里需要特别说明的是信息管理与信息系统这个专业的特殊情况。

众所周知，大约三十年前，在信息管理与信息系统这个专业刚刚开始建立的时候，这个专业、这门课究竟如何开设，是面临着十分困难的选择的。按照传统的学科划分和课程分类，这门课程是很难定位的。毫无疑问，这是一门管理学的课程，其基本目标是教给学生如何规划、设计和组织一个具体的信息系统的建设。然而，作为基于现代信息技术的信息系统建设，是绝对不可能离开有关的技术手段和应用环境的。再加上信息系统的种类繁多、发展迅速，合理地把握一般性和特殊性的权衡，使得这门课程的讲授和教材编写一直处于争论和摇摆之中。正因为这样，关于信息系统分析与设计的教材已经出版了许多，并且在不停地更新和修订。此外，还出现了"电子商务的系统分析与设计"、"移动商务的系统分析与设计"、"物流系统的分析与设计"等许多名目。

在这里编者想借此教材再版的机会，说明一下对于这门课程的一点思考。

首先，如何把握一般性和特殊性的关系。信息系统是一个非常广泛的概念，从企业的各种管理信息系统和决策支持系统，到非常专业的地理信息系统、医疗信息系统，以至面向娱乐的游戏系统，无一不在信息系统的范围之内。至于其所涉及的技术，更是从计算机到通信，从传感器到可视化终端，层出不穷，变化迅速。在早期教学中，由于技术的普及还没有那么广泛，教材和教师往往需要花费相当多的精力去介绍具体的技术和应用系统。年龄大一些的同事们都还会记得，数据库技术、库存系统、会计电算化都曾经占据过相当大的篇幅。这在当时是无法避免的。然而，到了今天，现代信息技术已经得到了广泛的普及，各种各样的信息系统也已经不断细分，渗透到其他各种应用学科之中。在这种情况下，编者认为，已经有可能、有必要恢复这门课的管理学的本来面貌。在修订过程中，中国人民大学商学院的毛基业教授向编者提供了 ACM 和 AIS 编写的《IS2009：信息系统本科生教程导引》（[1]）的译文。这个文件中阐述了这样的一些修订原则:"信息系统学科必须在课程安排中体现信息系统的核心原理和应用价值","教程不应该是针对一个特定的领域"。换句话说,教材要突出信息系统建设的一般规律和组织管理的理念,而淡化具体的技术和应用领域。当然,这里就会引出一系列需要研究的问题:什么是一般规律?什么是基本理念?也许还会有人问,有没有一般规律?当然编者认为是有的。这就是本次修订想加以强调的。当然,编者也很赞成在各种不同的应用领域中,探讨特殊的规律,编写更有针对性的教材,这也是需要的。但是在这里,面对没有确定具体应用领域的大多数学生来说,本次修订强调的是一般规律和基本理念。为此在每一章的开头和结尾,对于该章介绍的规律和理念进行了归纳和汇总,以便使用该教材的学生掌握。

与此相关的就是关于实例的安排。这些年来,多数教材都是用一个或几个案例贯穿其中,以便学生体会所要传达的方法和理念。这种方法的好处是有利于没有实践经验的本科生得到感性的认识。然而,这也带来了一定的局限性,限制了使用教材的教师的作用。例如,以前有一段时间,说到系统分析,就都是以库存系统为例;说到关系数据库,就是学生选课的例子。编者认为,这对于学生掌握一般规律和基本理念是不利的,对于发挥各学校和广大教师的主动作用也是不利的。基于这样的考虑,本次修订中没有像许多教材那样,用一个总的案例贯穿始终。这绝不是认为实例不重要,恰恰相反,是希望使用教材的教师们充分发挥各自学校和个人的经验和资源,形成百花齐放的学科兴盛的局面,而不要束缚大家的手脚。当然,把教材所归纳的一般规律和基本理念,和自己的实例很好地、有机地结合起来,是需要下工夫的。

作为一名讲授该课程多年的教师,还想就教材和教师的关系说几句话。现在把教材的作用强调得比较多,而对于教师的作用强调得很不够。其实这是很不对的。同样一个剧本,不同演员的演绎相去甚远。教师使用教材是一个再创造的过程。对于这门课,由于上面所说的应用迅速拓展、技术不断更新的客观情况,更是如此。信息时代的实践是如此的变化万千、丰富多彩,要想用一个模子,用一本教材,用一份PPT,把这样一个生动活泼的学科领域约束起来,是不可能的。作为教材的编写者,编者只是根据自己的经验,归纳出自己所理解的一般规律和基本理念,为同行教师在教学中进行再创造的时候提供一些参考。基于这样的考虑,本教材与大多数教材的安排不同,把各章实例选用的任务留给了教师。当然,在中国目前的情况下,还会有相当一部分教师,自己的实践经验还不足以独立地选择实际案例。对于这样的教师,建议结合本校的领域背景和培养目标,走出去请进来,面向社会、面向特定的应用领域,动员社会力量参与,形成自己的特色。此外,根据本校的特点,选用其他教材或集中的案例也是一个办法。此类教材和案例集已经有很多，选择的余地还是很大的。

本教材第一版的编者还有杨善林、左美云、梁昌勇等几位教授。由于他们现在都担负着繁重的教学、科研和行政任务，没有可能抽出时间修订，只有我作为退休教师还有些时间和精力来做此事。所以，此次修订就由我来负责修改和定稿。全书的结构和基本思路与第一版相同，只是如前所述，进一步强调了一般规律和基本理念，更换了部分实例。第 13 章的新的综合实例，是合肥工业大学梁昌勇教授提供的。所以，应该说这本教材仍然是他们几位的劳动成果的体现。本书的修订得到高等教育出版社的大力支持，在此谨表示衷心的感谢。

编　者

2011 年 6 月

第一版前言

根据管理科学与工程教学指导委员会经过反复讨论形成的一致意见，"信息系统分析与设计"被列入了信息管理与信息系统专业的主干课程。这表明，同行们肯定了它所讲授的内容，确实是从事信息化建设的骨干人才所需要的基本知识，它所培养的理念和能力，对于信息系统建设者来说是必备的基本素质。因此，进一步提高这门课的教学是学科建设的迫切需要。

随着信息化进程的深入，以现代信息技术为基础的、各种类型的信息系统正在社会上普遍建立起来。如何保证信息系统的建设成功有效，如何使信息化的投资产生更大的作用，已经成为各级管理者关心的重要议题。这门课程正是具体回答这些问题的。它的教学目标是：在学生已经具备了计算机、网络等技术知识和有关的经济管理知识的基础上，综合地、全面地掌握推进和组织信息系统建设的方法和技术。

本教材由 13 章组成。第 1 章介绍了与信息系统建设有关的基本概念，特别是信息管理、信息资源和信息系统；第 2 章从组织的战略角度，讨论了信息系统的长期规划的概念和方法；从第 3 章到第 9 章是本书的主要部分——对于生命周期法的详细介绍，从需求分析、可行性分析、逻辑设计、物理设计到项目实施，按着工作的步骤进行了全面讨论；第 10 章和第 11 章简要地介绍了原型法和面向对象的方法；第 12 章介绍了一些新的发展趋势；第 13 章则以一个比较完整的案例对全书进行了总结。

正如大家所熟知的，以现代信息技术为手段的信息系统建设是一个十分年轻的领域，只有 30 多年的历史，许多内容还在进一步的发展和完善之中。所以，在本课程的教学或学习中，不应该用教条的态度去使用教材中提供的方法和技术，而是应该把注意力集中在实事求是地分析研究上面，努力理解和体会系统方法和工程方法的实质和精髓。

参加本书编写的是中国人民大学和合肥工业大学的部分教师。各章的具体执笔者为：陈禹，第 1、2 章；左美云，第 3、4、9 章；任明仑，第 5、6 章和第 13 章的 13.1、13.2、13.3、13.4 节；左春荣，第 7、8 章和第 13 章的 13.5 节；梁昌勇，第 10、11 章；杨善林，第 12 章。最后由陈禹统稿。

　　国内外已经有不少本课程的教材，但是由于信息系统的概念比较抽象，具体的类型繁多，各种不同类型的信息系统差别很大，所以在方法论上也是呈现出百家争鸣的局面。本书力图抓住一般性的理念和思路，强调用科学的方法保证信息系统建设项目的成功，在方法的选择和详略上，努力结合我国目前的实际工作情况，希望能够尽量符合本课程的实践特色。但是，由于我们的水平和经验所限，难免有错误和不妥之处，恳请同行指正。

编　者

2005 年 4 月

目　　录

第1章 绪 论

本章要点

1. 信息系统的概念及其在经济与社会生活中的重要作用
2. 成功建设和运用信息系统的基本条件
3. 在信息系统的建设和运用中管理与技术的关系
4. 信息系统开发与建设的方法论基础
5. 信息系统建设的关键成功因素

  随着以计算机和现代通信技术为代表的现代信息技术的迅速推广与普及，社会与经济的信息化进程几乎已经深入到了人类生活的所有领域。作为信息化进程的具体步骤，各级各类信息系统的建设已经成为非常普遍的、广泛进行着的一类工程项目。如何切实有效地建立起各种类型的、以现代信息技术为手段的、符合信息时代要求的信息系统，已经成为各级领导，包括企业、政府机关、公共事业的领导和管理人员必须认真思考和处理的、重要的、经常性的议题。

  随着信息系统建设工作的不断发展，一门新的学科逐渐形成了，即信息系统分析与设计的方法学。这门学科具有包括若干思路、规范、过程、技术、环境及工具在内的、将具体的方法与技术融合在一起的完整的体系。生命周期法、原型法及面向对象的方法等，都是它所涉及的具体内容。作为一项涉及多种技术、多种因素的社会系统工程，信息系统的建设需要科学的理念作指导，需要广阔的学科与技术作为支持。除了系统工程的一般原则之外，信息系统工程还有许多需要研究的特殊规律与具体方法。本书的主要内容就是介绍这些理念与方法，为准备进入这一领域的技术人员与管理人员提供帮助。

  在介绍具体的方法和技术之前，需要首先介绍若干基本的概念和理念，如信息和信息系统的含义和重要作用、信息系统建设中管理与技术的关系、信息系统建设的目标与评价标准、信息系统建设的关键成功因素等。本章的目的就是对于这些基础概念和理念给予说明，为全书提供必要的基础和讨论的出发点。

1.1　社会经济系统中的信息系统

近年来，信息系统（information system，IS）这个词越来越多地出现在各级政府的文件和面向公众的媒体中。虽然信息和系统两个词的历史，可以追溯到几千年前的古代文化之中，即使合并起来称之为"信息系统"，在工程、通信等领域也早就存在，但是，像今天这样广为人知和得到普遍关注，却还只是近二三十年的事情。究其原因大概在于，以计算机和现代通信技术为基本手段的、活跃在各种社会经济组织中的信息系统，已经变得越来越普遍、越来越重要、越来越和人们的日常生活息息相关了。从企业管理、电子商务到金融服务、物流管理，再到媒体和娱乐，现代信息技术支撑的各级各类信息系统几乎已经是无所不在，须臾不可离开。正因为如此，怎样才能有效地建设和运营信息系统，已经成为许多人，特别是领导者和管理者关注的问题。于是，信息系统工程也就顺理成章地形成了一个专门的研究领域。

需要说明的是，由于在机械工程、生物学等领域也有时用到"信息系统"这个名词（当然是在不同的意义下），所以在此需要强调：本书所介绍的信息系统是指在经济或社会的组织中，以满足管理者的信息需求为目标、以计算机和现代通信技术等现代信息技术为手段，既包括设备和技术、又包括人员与机构在内的综合系统。而不是指机械系统里、生物体内的信息系统，对此后面不再加以说明。

关于信息系统的概念，需要从处理对象、功能目标、基本特点、系统结构四个方面进行说明与解释。

1.1.1　信息系统的处理对象是信息资源

作为管理系统的一个功能子系统，信息系统需要处理或管理的对象是信息，或者讲得更准确一点，是组织所掌握的、与组织的功能行为密切相关的各类信息资源。为此，首先需要明确信息和信息资源的概念。

今天，人们常把信息与物质、能量并列在一起，看做是保证社会发展、组织成长的三个基本要素。大到国家、地区，小至企业单位，缺少了其中任何一个要素，就无法健康地成长与发展，甚至无法生存下去。原则上说，这对于人类社会，是一条普遍的规律。只是在生产力发展水平较低的时候，人们不得不把注意力集中在具体的物质资源和能量资源上，而对于信息资源注意不够。

在古代的农业社会中，粮食、森林、土地、水源等是人们关注的焦点。许多战争都是围绕着争夺良田、森林、牧场、水源进行的。到了工业时代，科学的进步为人们提供了利用能量资源的技术手段，从蒸汽机、电动机、内燃机到核电站，人们学会了利用以化石形式和其他形式存储的能量资源，大大超出了自然界赋予人类自身的体力，从而在三四百年的时间内，在生产力飞速发展的基础上形成了灿烂的工业文明，达到了人类历史的一个高峰。然而，从 20 世纪 60 年代开始，一个严峻的、不可回避的现实摆在了全人类的面前：物质资源和能量资源是有限的，面对着迅速增长的世界人口，这两种资源的短缺已经不再是遥远的事情。人类不得不向自己提出这样的问题："怎样才能使人类能够持续地生存和发展下去？"正是在这样的背景下，人类开始把注意力转向信息资源，希望通过对于信息资源的开发和利用，理性地管理我们的环境、社会和企业，从根本上改变那种"杀鸡取卵"、"竭泽而渔"的发展模式。这正是党和国家大力提倡的新的经济增长模式和科学发展观。具体到各地方、各企业，在激烈的市场竞争中，人们也已经深切地体会到，对于信息资源的开发和利用能力，是组织的核心竞争力的重要内容。在物力、财力基本相同的情况下，如果掌握和利用了信息资源，就能够在竞争中脱颖而出，占据有利位置，把有限的物质资源和能量资源用到"刀刃"上，取得事半功倍的效果。

一些人囿于传统的观念常忽视信息的作用。例如，有人总是怀疑："信息不能吃，不能用，它是资源吗？"对信息化的重要性和紧迫性认识不足。针对这些落后于时代的观念，早在 1984 年，邓小平同志就写下了"开发信息资源，服务四化建设"的重要题词。党和国家的领导人还多次强调重视信息资源、信息技术的倍增作用和渗透功能。经过 20 多年的努力，信息化的理念已经明确地写入了党的十六大和十七大的报告，深入到各项具体的建设方针和政策中（关于这方面的详细论述可以参考书后提供的参考文献）。

正像石油资源必须通过采油、炼油等一系列加工才能发挥作用一样，信息资源也不会自动地在各个应用领域中发挥作用，也需要有专门的机构、设备、人员进行收集、加工、整理等一系列处理，才能在社会和经济的发展中发挥切实有效的作用。这就是需要建设许多不同类型、规模的信息系统的原因。国内外几十年来的许多经验和教训告诉人们，只在口头上笼统地讲信息重要性是没有实际用处的，如果不建立起稳定可靠、切实有效的信息系统，信息作为一种原始的资源，其价值就仍然是潜在的，不能真正发挥出来。总之，信息资源需要由稳定可靠的信息系统去开发，信息系统的工作对象是组织的信息资源。

1.1.2　信息系统是管理系统的有机组成部分

信息系统是整个管理系统中重要的、基本的有机组成部分之一。强调这一点是为了说明，这里所讲的信息系统是为管理者服务的。它的根本目标是满足在管理过程中，领导者或管理者对于信息和信息处理能力的需求。经验表明，管理者的需求是信息系统建设的出发点和最终归宿。正是由于管理者在当今越来越复杂的社会经济环境中，切身体会到对有效信息的迫切需要，才提出了建设现代化的信息系统的实际需求，如电子商务中对市场信息的需求、企业管理中及时得到库存信息的需求、市场营销中及时了解金融信息的需求、供应链管理中合作伙伴之间及时的信息交流等。没有这些实际的需求，信息系统的建设就将成为无源之水、无本之木。

同样，对于信息系统建设项目的成功与否，也只有从它为管理服务的状况去考查，才能得到正确的评价。例如，人们十分看重的客户关系管理系统（customer relationship management，CRM），只有它提供了准确、及时的客户信息及相应的分析，确实为营销工作提供了依据，才能称为是一个成功的 CRM。如果没有这样的功能和作用，那么这样的 CRM 就是无的放矢的摆设，即使它有很好的设备和技术，也没有任何实际价值。

强调这一点绝不是降低信息系统的重要性。信息系统在社会组织中的地位就相当于人体内的神经系统。正像财务系统的任务是对于组织的资金进行有效管理一样，信息系统承担着管理和运用组织的信息资源的重任。作为神经系统，一方面，信息系统的末梢深入到组织的每一个环节、角落，收集和管理各种信息；另一方面，它的工作状态和效率影响的不仅是某一个局部，而且直接影响到全局决策的正确与否，以及组织的各部分之间的协调程序。因此，强调信息系统是为管理服务的，并不是贬低它，恰恰相反，是为它在组织或企业中确定了非常重要、基础性的、不可缺少的地位。

1.1.3 信息系统是跨领域、跨学科、人机结合的综合系统，是管理和技术的有机结合

信息系统的建设涉及技术、经济、管理、社会等许多领域，既有许多技术问题，又有许多管理议题；既需要处理设备和技术，又需要考虑人和文化的因素。简单地说，它是一个综合性的、非常庞大的复杂系统。一般来说，在现代社会中，任何实际的、与人的生活有密切关系的现实议题，没有一个不是综合性的、跨领域的。在信息系统的建设和应用的过程中，管理和技术的融合已经达到不可分割的程度，"你中有我，我中有你"，两者不是简单的"混合"，而是"化合"。所以，用一般的组成几类人员联合的工作组等办法已经不能奏效。几十年来，信息系统建设的实践已经证明，没有专门的、新型的、综合型的人才，没有强有力的、组织和体制上的保障，这种融合是很难真正做好的。在实际工作中，这也正是产生系统分析员（system analyst）这一新型职业和信息主管

（CIO）这一新型职位的根本原因所在。

之所以强调这一点，是因为至今社会上对于信息系统仍存在着相当普遍的误解。这就是把信息系统简单地看做是一些设备、一套软件，完全从技术上去理解它。这种误解是许多信息系统建设项目达不到预期效果，甚至中途夭折或完全失败的根本原因。由于这样的观念的影响，一些部门和单位的领导把信息系统的建设完全交给不熟悉管理业务的技术人员去做，甚至以为把网络连上了，把软件买回来了，信息系统就算建设成功了。这实在是极大的误解。在这里需要加以强调的有两方面：一方面，技术无疑是重要的，没有现代信息技术，现代意义上的信息系统是不可能建立起来的。然而，相对于管理而言，它是实现目标的手段。偏离了这个服务对象或应用目标，再先进的技术也将成为无的放矢的表面文章。另一方面，要充分认识到人的作用，绝不能"见物不见人"。任何先进的技术都是要人去运作的，在信息系统建设中忽视了对人员的组织、管理和训练，就会造成"假账真算"、"无米之炊"的局面，信息系统建设的目标就很难实现。

总之，信息系统建设是一类技术因素与管理因素同样要紧的建设工作，只有从管理思想、组织体制、人员管理和训练等方面提供有力的保障，先进的现代信息技术才能真正发挥作用。

1.1.4 信息系统是一种多环节的、复杂的综合系统

信息资源的开发和利用是一个相当复杂的任务。要完成这样一个复杂的任务，需要多个方面、领域、环节的协调配合。系统工程的思想与方法是非常必要和重要的。所以，本书介绍的技术与方法，在一些场合也称为信息系统工程。关于信息系统工程的由来和基本思想，在下一节中将进一步详细说明，这里仅对信息系统的综合性和复杂性略加解释。

首先，从信息系统建设涉及的学科领域来说，它涉及技术、管理、经济、法律、社会、文化等许多领域。即使单就技术来说，它也要涉及计算机技术、通信技术、数据采集技术、显示技术、海量存储技术、信息安全技术、现代印刷技术等多种不同的领域。同样的，在管理、经济、法律、社会、文化等方面，也需要涉及许多不同的领域。至于由于应用领域的不同，所涉及的领域知识就更是不可胜数了。

其次，从信息处理的环节来说，它可以分为信息的采集与校验、信息的传递、信息的存储与管理、信息的分析与加工、信息的提供与显示等五个基本的环节。一些信息系统建设项目的失败，往往就是因为只扩大了信息存储和加工的功能，而没有相应的"入口"和"出口"（采集和提供），致使系统无法正常

运行。所以，信息系统的建设者必须对各环节有全面的考虑。

最后，管理工作本身的复杂，也导致了信息系统模块众多、功能复杂的特点。一般来说，大型的信息系统要有数据库、控制部分、人机界面、安全保证等基本部分，它们之间的协调和统一调度正是系统建设的难点所在。例如，对于人机界面来说，面对不同的使用人员，就必须提供不同的操作界面与操作方法。

总之，所有这些形成了信息系统高度的综合性和复杂性，使得人们不得不认真考虑信息系统建设所需要的科学的组织管理和实施方法。正是在这样的背景下，产生了本书所要介绍的信息系统工程的理论与方法。

1.2　信息系统工程的由来和基本思想

事实上，人们并不是从一开始就认识到这种复杂性，信息系统的概念也是在实践中逐步明确起来的。对于社会经济中的信息系统来说，是否需要有专门的理念和技术，系统工程的一般方法如何在信息系统的建设中具体体现，这就是本节要讨论的问题。

1.2.1　信息系统工程的产生及其必要性

现代意义上的计算机是在 20 世纪 40 年代中期诞生的。众所周知，发明这种机器的初衷在于进行科学计算，在于解决微分方程数值求解时出现的烦琐计算问题。这时计算机的功能只是"计算"而已。到了 50 年代中期，人们开始考虑把计算机具有的巨大的信息处理能力应用到日常的、大量的、经济与社会管理领域的信息处理工作中来。从 50 年代到 60 年代，早期的计算机应用人员开始进行这方面的研究和尝试。计算机在经济管理中的应用由此起步。

然而，在开始阶段，人们大大低估了这一工作的艰巨性。当时大家普遍认为，导弹轨迹这样困难的题目都可以计算出来，日常管理中的应用课题实在是太简单了，本来就已经是"大材小用"，还会有什么困难吗？只要管理人员把对系统的要求告诉程序员，程序员回到机房里把程序编写出来就行了。至于专门的方法、人员就更没有必要了。然而，事实给了人们深刻的教训。当这种应用逐步扩大的时候，人们发现，远不像最初想象的那样，只要用上计算机就可以提高企业的信息处理能力，就能够带来巨大的经济效益。实际情况是，许多单位在引进了计算机之后不但没有降低成本，而且增加了成本，预期的效益迟迟得不到发挥。问题出在哪里？60 年代末到 70 年代初，科学家、企业家以及相关人员都在思考这个问题。信息系统工程就是这种思考的产物。

经过认真的反思，从大量案例中，人们得出了两个主要结论，就是上一节已经介绍的：第一，技术手段必须非常明确地、有针对性地为管理目标服务；第二，信息系统本身就是一个复杂的、综合性的系统，需要精心分析，进行设计。一方面，管理者把对信息的需求讲清楚，是一件不容易的事情，就像要病人把生的病准确地讲清楚一样困难。另一方面，不懂管理业务的程序员根据一纸需求，就准确地编写出管理者能够使用的软件，同样是不可能的。如果要程序员对各部分进行协调，则更是难上加难。

那么，由谁来分析管理者的信息需求呢？由谁来实现系统的全面协调呢？显然，原先的管理人员和程序员都做不到这点。这样，一个新的职业——系统分析员就应运而生了。这种人员的作用是充当管理人员和程序设计人员之间的桥梁，他的任务是通过深入的调查研究，有针对性地分析具体的组织中管理者的信息需求，全面地设计整个信息系统的改造方案，并组织信息系统的改造与升级。系统分析员所应当具备的能力，除了对管理的理解和现代信息技术的掌握之外，还包括调查研究、分析现状、提出方案的本领，这就是信息系统工程。讲具体一点，就是系统方法和工程方法在信息系统建设上的应用。下面来具体介绍这些思想。

1.2.2 系统思想在信息系统建设中的体现

经过人们认真分析实际的经验教训之后，信息系统的基本特征——一种跨领域的、多学科的、多主体的复杂系统，已经成为大家的共识。很自然地，系统方法或系统思维就成为信息系统建设的基本理念之一。

关于系统思维，这在现代社会中已经不是一个陌生的词汇。每当人们遇到困难时，常会说："这是一个复杂的系统，需要用系统的方法去处理。"社会经济组织中的信息系统正是这样一种综合性的、规模巨大的、社会因素与技术因素纠缠在一起的复杂系统。问题在于，系统思维究竟如何具体体现。

系统科学、系统工程这些学科就是专门研究和回答这个问题的。关于系统科学的完整讨论，读者可以参考书后提供的参考文献。在这里，仅就在信息系统建设中，直接应用到的系统思想的若干要点加以简要的介绍。主要强调的是系统思想的以下四个主要理念：整体性、开放性、层次性、动态性。

第一个要点是整体性。它的含义是：任何复杂系统的性质和行为，不仅受到它的各个组成部分的各自属性的影响，更重要的是由这些组成部分间的相互联系与作用方式决定的。换句话说，当部分组成整体的时候，增加了新的内容和属性，这就是人们所常说的"1+1>2"的效应。古希腊学者亚里士多德曾提出了"整体大于其各部分之和"的著名论断，至今仍不失为系统思想的最著名、最简洁的概括和表述。之所以要强调这一点，原因在于在人们周围普遍存在着忽略整体性的、绝对化的理念和做法。比如，不少人认为要认识一个复杂系统，只要把它的各部分都弄清楚，整体的情况就自然地清楚了。这种称为"还原论"的思想，常导致"只见树木，不见树林"的失误，即以为只要每一个部分是好的，整个系统就一定可以正常运行。但是，事实上当它们组成整体时，往往并不能达到预期的目标。在信息系统的建设中，我们常见到这样的情况，各个子系统，包括通信线路、硬件设备、软件都是正常的，然而，整个系统却没有为企业带来实际效益。这就是因为缺乏各部分的协调，缺乏整体性的思维与设计。所以，局部服从整体，以整体的优化与效率为目标，这是信息系统建设的总体设计人员必须明确的理念。

第二个要点是开放性。系统科学研究的大量成果表明，封闭系统是没有活力的。现实的任何系统，都是在与环境的不断相互作用中体现自身的功能和价值的。也就是说，任何系统都不是孤立于环境、脱离环境而生存的。就现在讨论的信息系统来说，离开了整个企业或组织、特定的社会和经济环境，就无从讨论信息系统的功能和建设。在信息系统建设中，常有人认为只要买一套在国外企业或国内其他企业成功运行的软件，就可以自然而然地成功地运行于本企业的信息系统。大量事实表明，这种想法是过于简单。正如没有两个人是完全相同的一样，任何企业或社会组织都是在特定的社会环境和历史背景中运作的。在别的企业成功运行的软件，在本企业就不一定能够成功。这就是因为复杂系统的开放性。在这里，具体情况具体分析是必须反复强调的基本理念。信息系统建设工作的基本任务就是针对具体的企业或其他社会组织的环境与任务，合理地配置和利用现代信息技术提供的手段和工具，建设起符合实际情况的、切实给企业的基本业务带来效益的、完整协调的、稳定高效的信息系统。

第三个要点是层次性。复杂系统的一个重要特征在于多层次的结构。层次之间的合理分工和协调配合是复杂系统得以有效运行的关键之一。如果说在第一要点（整体性）中，强调的是横向的协调一致，那么在这里，强调的是从组织结构来说纵向的协调一致。系统的规模达到一定程度的时候，就会出现层次结构。在这种结构中，功能和权力、信息处理和决策行动都是按一定的分工原则分别赋予不同的管理层的。例如，厂长考虑的事情不同于车间主任考虑的事情。在任何组织中，高层领导事无巨细、越俎代庖是不可能有效地工作的；反之，下属去决定和处理上级领导应当处理的事，则是越权，也必然导致混乱。所以，合理地分配功能和职责，各尽其职，系统才能有效地、可持续地运行。在信息系统的建设中，这一特点也是很突出的。科学设计的信息系统应当让各类工作人员在适当的时候，得到适当的信息；信息系统的层次结构必须与管理的层次结构相匹配。

最后一个要点是动态性。信息系统之所以复杂，还在于它是在不断地变化和流动之中运转的。一般来说，系统中总是存在着各种流：物质流、能量流、信息流、资金流等。这些流是否正常平稳，对于组织来说是至关重要的。对信息系统来说，最重要的当然是信息流。信息从哪里来、到哪里去、存储在哪里、在哪里加工处理，这些环节的相互衔接，构成了信息系统的基本框架。进一步说，这些流的数量、质量、发生频率、故障率等指标正是人们最关心的、最需要改进的。这种观察和分析复杂系统的思路，在信息系统的建设中得到了充分的发挥。这些理念和方法在本书中将进行具体的介绍。

总之，系统思维的方法是建设信息系统重要的基本理念，以上列出的几点将在本书的后面部分，进一步加以细化和具体化。至于对系统思维方法的更深入的研究与讨论，读者可以参阅书后所列的参考文献。

1.2.3 工程思想在信息系统建设中的应用

为什么要称之为信息系统工程呢？这就需要从工程概念的产生过程讲起。

工程（engineering）一词的产生是与近代工业化的进程联系在一起的。古代没有工程师，只有手工艺人。手工艺人中不乏能工巧匠，从精美的陶瓷制品到锐利的兵器，这些能工巧匠创造了大量至今仍为人惊叹而且难以复制的精品。作为人类文明的瑰宝，它们确实是无价之宝。然而，它们之所以珍贵，很重要的原因之一就在于其不可复制、不可重复的特征。换句话说，只有这些能工巧匠才可以制作出来，其制作方法"只可意会不可言传"。因此，徒弟很难完全掌握师傅的真传。绝大部分的技艺就这样失传了。从文明传承的角度来看，这就是因为当时的人类还没有形成一种有效地积累知识的途径，还没有办法把能工巧匠的创造性的成果，以一种可以长久地保存下来的方式，准确无误地传授给别人，特别是后代。文字作为一种记录的符号，在文明传承中起到了重大的作用。然而，这种定性的、含糊的、可以有多种解释的记载方式，还不能真正做到准确无误地把前人的经验传授给后代。这种状况在人类历史上已经延续了几千年甚至几万年。在这种比较原始的状态下，个人的创造并不能真正成为全人类的知识和经验，人类还没有真正成为一个整体。

这种状况的突破，就在于工程思想的形成。工程师不同于能工巧匠之处，不在于个人的聪明程度或创造能力，而在于知识表达与做事的方式。作为个人的能力与创造性，今天的工程师不见得比古代的能工巧匠强，但是工程师的工作方式是完全不同的。这种区别主要表现在两个方面：一方面，工程师的工作是依据一定的理论方法和工作步骤有计划地进行的，这些工作步骤是明确规定的、可重复的、可监督的、可验证的；另一方面，工程师的工作内容和操作方法是有统一的、达成共识的、规范化的表达方式的。这两点区别使得成功不再只是依赖于个人的聪明、才智和悟性，而更多的是靠严密的组织和科学的管理来实现。这就从根本上解决了人们相互之间的沟通和理解的问题，并且把个人创造出来的技能和经验变成了其他人（特别是后代）可以准确地掌握并重复使用的、全人类的精神财富。失传的情况就能够不再发生了，至少是不容易发生了。这就是工程和工程师（engineer）的重要意义和深远影响。从一定的意义上讲，从工业革命以来，人类社会进步的速度大大加快，社会的生产力水平大幅度提高，正是立足于这种机制的基础之上的。对于这一点应当有充分的认识。

可以用比较成熟的建筑工程、机械工程作为例子，体会工程思想的精髓。建筑工程师盖房子，农民也盖房子。这两者的区别在哪里呢？农民盖房子是靠经验。在上柁等关键的时刻必须有经验丰富的长者指挥，因为他们曾经多次参加过盖房子，有实际的经验。而这种经验不是靠讲几句话、说几条原则就能够传授给年轻人的。至于地基打多深，砖和土坯的用量等也都是按经验方法估算的。的确，这种方法也可以盖起房子来，但是要盖几十层的高楼则是不可能的。年轻人要能够像这些长者那样指挥和估算，也只有通过多次参加盖房才能逐步体会到。

建筑工程师则不是这样。他们是在物理学，特别是力学理论的基础上，通过严格的设计程序，对于材料、结构、工作步骤进行精心安排，画出图纸，然后交给施工队去施工。在这里，盖房子的工作流程是明确规定的，每一个步骤的任务是什么，前面必须做好什么准备，完成的标志是什么，结束前必须做哪些检测，都是事先明确的。这些要求是建筑行业的规范和共识，并不依赖于设计的工程师和施工的施工队。施工的图纸一旦定下来，不管哪个施工队来盖这所房子，结果都将是一样的。正是这些区别决定了建筑工程师和遵从工程规范的施工队可以盖起几十层的大楼，而村里的普通农民则不行。这不是个人才智的差别，而是生产方式和管理方式的区别造成的。

同样的，在机械工程领域，共同遵守的表达方式——机械图纸是大规模、高效率的生产的保证。正因为有了这种大家共同遵守的、规范化的表达与交流方式，才能以非常低廉的价格，成批地生产出大量现代的器具、设备。小到螺丝钉这样的标准件，大到各种机械部件，需要者都可以放心地去买来直接使用，而不会出现什么都需要自己从头做起的情况。

统一的、规范化的工作流程，达成共识的、便于交流和沟通的规范化的表达方式，这两点理念在一系列重要领域得到了成功地运用，在工业化的进程中为人类生产力水平的提高做出了重要的贡献。工程师，特别是总工程师在现代企业中的地位与作用，可以说是这种理念在当今管理体制中的组织表现。在工业化进程完成较早、技术比较先进的国家与地区，这种工程化的理念已经深入到社会生活的方方面面。这些理念不仅在技术领域根深蒂固，而且已经成为社会生活中普遍接受的一种做事方式，如法律的程序就是一个明显的例子。

在这样的背景下，当人们认识到信息系统建设的复杂性的时候，当人们在实践中遇到一系列项目失败的教训的时候，把工程思想引进信息系统建设领域，就是一种很自然的、必然的趋势了。类似的情况在软件开发工作中也同样出现。当人们在软件开发中遇到困难，逐步认识到软件开发的复杂性的时候，试图引用工程化的理念来解决困难也是必然的，这就是软件工程的由来。信息系统工程与软件工程的产生背景十分相似，思路与理念也是一致的，内容也多有重合。但是这二者在研究对象和领域背景方面还是有不少区别的。软件工程是计算机技术的一个分支，其目标是有效地开发软件；而信息系统工程是管理科学的一个分支（国外一般称为管理信息系统，MIS），其目标是有效地建设社会经济组织中的信息系统。这种区别是需要加以明确的。

1.2.4 系统工程思想的具体化和实现

作为上述两方面的基本理念的体现，近几十年来，国内外从事信息系统建设的人们进行了深入的思考与大量的实践。在这些理论与实际工作的基础上，许多具体的方法被提了出来，并且迅速得到了广泛的应用。本书后面各章要介绍的生命周期法、原型法、面向对象的方法等，就是其中应用较为广泛的几种。通过这些方法的介绍，读者一方面可以大体了解目前该领域的常用方法和一般规程，同时也可以从中体会这里所介绍的理念和思路。

与其他一些比较成熟的工程领域相比较，基于现代信息技术的信息系统的建设还是一个起步只有30多年历史的新领域，所以，很自然地，工程化的程度还不够高，系统思维的贯彻也有待于进一步落实。读者必须了解，本书介绍的几种方法也还在不断地发展与完善。根据这种实际情况，应当以一种开放的、发展的观点来看待本书所介绍的内容，不必拘泥于具体的表述和细节，而应把重点放在如何根据一般性的理念，灵活地、创造性地解决在信息系统建设实践中遇到的各种实际问题。

1.3 信息系统建设的目标和评价标准

1.3.1 信息系统建设的目标

一般来说，信息系统建设的目标是：在预定的时间和预算范围内，建成具备预定功能的，稳定、可靠、易用、易改动的，为组织的管理决策提供所需要的信息和信息服务的完整系统。和其他大型工程项目一样，建设目标是信息系统建设中一切活动的出发点和最终评价的标尺。在项目管理（project management）领域中，进度、质量、费用是项目的基本要素。信息系统在这方面也不例外，而且可以说问题更加尖锐、更加突出。据国外的统计，涉及信息技术的项目（IT项目）的失败率远高于其他类型的项目，拖工期、超预算、质量达不到预定要求的情况十分普遍。其原因除了信息系统本身内在的复杂性之外，项目目标不明确、评价标准不科学也是重要的因素。

许多实际的失败教训让我们不得不思考，究竟什么样的系统才是一个好的信息系统，信息系统建设成功的标志究竟是什么，然而，这并不是一个简单的、容易回答的问题。比如，有些管理者仅以设备或技术的先进为标准，忽略了针对本单位的实际情况，结果是"大马拉小车"，事倍功半，甚至得不偿失，造成巨大的浪费。经验证明，正确地确定项目的目标是项目成功的前提。如果问题本身就提得不正确，就绝对不可能正确地解决它。把问题提准确，这本身就是首先面临的任务。关于这一点，在本书的后面部分将有专门的章节予以介绍。在这里，只是就上述一般的建设目标略加展开，对于怎样才算一个好的信息系统进行初步的讨论。

1.3.2　信息系统的评价标准

之所以把社会经济组织中的信息系统定位为管理系统的重要子系统，原因就在于它为管理者提供信息和信息服务。所以，对于信息系统的评价不应当是从它自身的角度去看，而应该从管理系统得到的收益来看待。根据本节开头所说明的目标，可以得出如下五个方面的基本的评价标准。

第一，信息系统的功能。简单地说，就是所建设起来的信息系统能做哪些事情，能提供哪些信息，能实现哪些信息处理的功能。例如，同样是库存管理信息系统，甲企业的系统可以定期自动地扫描存货的数量，及时地提供缺货的报警信息，乙企业的系统则需要工作人员手工核查库存。显然，在这种情况下，就会很自然地认为甲企业的库存管理系统比乙企业的系统要强。在我国目前的情况下，许多企业已经建立的信息系统具有基本的信息搜集、信息查询、报表生成等功能，但往往缺乏信息的深入分析和加工功能，这就是需要完善和改进的地方。

第二，信息系统的效率。在完成同样的信息处理功能的时候，不同的信息系统所需要花费的人力、物力、时间是不一样的。这就是信息系统的效率问题。比如，为了完成月底结账的任务，甲企业的财务系统需要花费两天的时间，而乙企业的财务系统只需要花费三个小时。显然，乙企业的财务系统优于甲企业的财务系统。效率问题的表现可以从花费的时间和人力物力两个角度去看待和进行具体计算。

第三，信息服务的质量。信息系统是为管理者服务的，所以管理者使用是否方便，管理者对于信息服务是否满意，是信息系统优劣的重要评价标准。比如，为管理者提供信息服务的方式是否符合他们的工作习惯。一般地说，用图形表示的结果与简单地罗列枯燥的数据相比，效果就会好得多。信息系统的建设者必须设身处地地为使用者着想，从数据的表示到屏幕的安排都应当尽量符合未来的使用者或操作者的工作习惯与使用方式。在这方面，一些指标不一定能够定量地加以确定，但是，即使是用户的定性的感受也需要建设者认真地考虑。因为，如果由于使用上的不方便导致用户拒绝使用，那么信息系统的作用就无从发挥，前面所做的一切工作都会流于形式，实际的效益等于零。

第四，信息系统的可靠性。这是指系统在受到有意或无意的干扰的时候，维持正常运行的能力。在千变万化的社会环境中运行的信息系统，总会遇到种种冲击和干扰，包括人为的和自然的干扰，比如错误的数据输入、操作人员的失误、停电、机械故障、软件的毛病，直到恐怖袭击和计算机犯罪。近年来，人们对于信息系统的安全性或稳定性越来越重视。这是因为随着各类信息系统的普遍建立，许多企业和组织的信息资源已经数字化，原有的以纸张为载体的信息处理已经停止使用。这时如果系统出了故障，丢失了对于企业来说是生命线的数据，那么由此造成的损失将是无法挽回的。

第五，信息系统是否易于改动。社会经济环境的变动是经常发生的，相应地，组织的信息系统也是不可避免地经常需要改动。不能设想，一个以现代信息技术为手段的信息系统可以长期保持不变。例如，由于经济改革的深入，一些报表的内容有所增减，格式有所变动。如果信息系统的任何改动都难以进行，或者需要花大量精力和很长时间，那么，这样的系统将是无法真正用起来的。因为很可能旧的还没有修改好，新的修改要求又来了。这里特别是指软件。软件的正确性是要经过实际应用才能得到保证的，正如人们常说的，对软件来说样品就是产品，即使是微软的产品，也还需要不断地打"补丁"。所以，一个好的信息系统必须是易于修改的。

总之，对于信息系统来说，必须正确地加以评价，克服只看技术性能的偏颇，真正以是否满足管理者的需要为最终标准。

1.4　信息系统建设的关键成功要素

信息系统的建设能否成功取决于多方面的因素，既有技术因素，又有经济社会环境的因素；既有项目组织者本身的管理技能等主观因素，又有无法控制的许多外界客观因素。

从宏观的角度看，技术、管理、人员是保证信息系统建设成功的三个主要支撑条件。IT 技术是现代信息系统的手段和基础。没有现代化的、用计算机和网络实现的环境和设备，现代化的信息管理就无从谈起。在这一点上，人们很容易取得共识。而且，随着科学的迅速发展，技术越来越发达，使用和维护的难度不断降低，价格也走向比较低的水平。这方面的外部条件在不断改善之中。当然，对于这些技术的学习和掌握仍然是需要精心组织的。

目前普遍存在的问题是以为只要技术过了关，信息系统的建设就一定能够成功，而忽略了管理和人员两个方面的因素。所以在这里需要特别强调保证信息系统建设成功的非技术因素。

综合起来看，除了先进的技术环境与设备之外，一个成功的信息系统建设项目必须具备五个条件：正确的指导思想和切实可行的目标；突破口的正确选择；有效的项目管理和控制机制；及时的信息交流渠道和科学的评价机制；强有力的组织及资源保证。

第一，要有正确的指导思想和切实可行的目标。如果项目组织者缺乏对于信息系统的科学认识，不明确究竟要做什么，为什么做，要做成什么样，那么这样的项目注定是要失败的。项目组织者必须对于信息系统的概念与建设方法有明确的理解。在这个指导思想中特别需要注意的是项目的目标。这个目标必须是与组织的战略相互一致、紧密联系的，是符合组织的人力、物力条件的，是具备实施所需要的社会与环境条件的。这就是目标分析和可行性分析，对此在后面章节中将有专门的讨论。

第二，选准突破口。组织的信息系统是非常复杂的，需要改进的方面也很多，不可能在一个项目期间全都解决。因此，坚持有限目标，集中人力物力，首先解决亟待解决的问题，这也是一个基本的理念。具体地说，就是要针对组织面临的现实情况，找出最需要解决、最具备解决条件、最能够直接提升组织的功能和效率的环节，力求在比较短的时间内，在有限的资源投入的条件下，取得信息系统建设的实效。一句话，要把注意力集中在雪中送炭，而不是锦上添花上。

第三，对项目实施的有效控制。信息系统建设是一种持续很长时间的工程项目，因素众多，变幻莫测，许多事情很难事先考虑周全。一开始制定的计划毫无变更地实现几乎是不可能的。因此，关键的问题是要有一个有效的、能够及时反馈情况、及时调整资源配置的管理机制。这就是项目管理课程所讲的内容在信息系统建设中的具体体现。在这里，管理理论中的目标原则、激励原则、控制原则都需要具体地结合实际情况加以认真地实施与贯彻。没有精心的、过细的、持续的项目管理，信息系统建设的项目是很容易失控，偏离预定计划，甚至归于失败的。关于项目管理的有关知识，读者可以参看有关的教材与参考书。

第四，信息交流的渠道与科学评价的机制。信息系统建设项目涉及的人员众多，背景与职业各不相同。这些人员之间的互相理解和及时沟通是项目成功的关键之一。俗话说"隔行如隔山"，不同专业的人员之间进行有效的沟通是有相当难度的。项目组织者的一项重要任务就是建立经常性的、有效的交流机制，如例会制度、内部通报制度等，确保参加项目的各方面人员保持及时的交流，对于项目的进展情况、存在问题、当前的方向和重点、各种调整措施的意义和必要性形成共同的认识。这是项目组织者必须给予极大关注的重要议题。在这里，科学的评价标准是一个需要强调的问题。共识是建立在共同的评价标准的基础上的。在目前的信息系统建设中，对于项目成败得失的评价往往偏重于技术，而忽略了与管理的关系，而具体从事项目开发的人员往往是技术人员。所以，就项目的组织者而言，应当有意识地在项目组中形成正确的评价标准，这是有效沟通和协作的基础。

第五，项目的成功需要有必要的组织保证。这种保证主要表现在两个方面：主要负责人的直接参与，专职的信息主管。一方面，由于信息系统的建设是涉及组织全局的问题，无论是业务重组还是在项目实施中需要进行的各种调整，都必然涉及多个部门，没有组织的主要负责人的直接参与，真正有效的控制是很难做到的。这就是人们常说的信息系统建设必须坚持的"第一把手原则"。另一方面，信息系统建设必须有专人负责，这就是 CIO 制度。信息主管（chief information officer，CIO）制度自 20 世纪 80 年代提出以来，得到了迅速的传播与发展，这一事实本身就表明了组织保证对于信息系统建设的重要性和必要性。CIO 不仅是具体项目的直接主管，同时还是组织中信息化进程的规划者以及工作连续性的具体体现者。CIO 制度的重要性正在越来越明显地表现出来。关于CIO 制度的有关细节，读者可以参阅本书参考文献。

总之，信息系统建设是一项十分艰巨与复杂的任务。为了实现真正有效益的信息化，必须从技术和管理的各个方面加以支持与保证。只有充分地考虑和处理以上各个方面的要素，才能形成实施信息系统建设的良好环境，才能把信息系统建设的目标落到实处。

1.5 信息系统建设的软件工具——CASE

在这个绪论中，还需要说明一下信息系统建设的软件工具的作用与地位。

既然信息系统的建设是一项复杂的工程项目，那么为什么不考虑用计算机这种处理信息的工具，来帮助人们组织和管理这种工程项目呢？人们总是说要利用计算机帮助管理者完成形形色色的管理工作，那么，在从事大型项目的时候，为什么不首先用计算机帮助人们来管理项目呢？因此，很自然地，从20世纪80年代开始，用计算机软件帮助人们从事信息系统建设的做法就开始出现了。在信息系统建设工程中，人们越来越多地用计算机帮助自己收集、管理、加工有关的各种信息，从而提高信息系统建设的工作效率。这就是CASE（computer aided system engineering）。

因此，从概念上说，所谓CASE就是一类专门用来帮助人们建设信息系统的软件，是一类专用的、特别为信息系统建设人员服务的软件。目前，也有一些场合把CASE解释为"计算机辅助软件工程"，即computer aided software engineering。这当然也是有其实际意义和应用范围的，但是在这里主要还是理解为"计算机辅助系统工程"，因为这与信息系统建设的关系更为密切。

1.5.1　CASE工具的发展阶段

CASE工具的发展大致经历了三个阶段。

最早人们使用的CASE工具往往是一些通用的软件。例如，早期人们应用文字处理软件来协助编写文档，应用图形处理软件来帮助绘制图表等。在这个阶段，这些软件往往只是通用软件，至多只有某种补充或扩充。例如，有的绘图软件专门有一组图标用来画信息系统建设中要用的图示，有的文字编辑软件中专门提供了信息系统建设中的文档格式。在这个阶段，还没有真正形成一种专门的软件类别。这可以称为CASE工具的史前阶段。

随着应用的深入，上述用通用软件来帮助人们建设信息系统的状况已经越来越不能满足实际工作的需要了，其根本原因在于通用软件并不能有效地反映信息系统建设的实质内容。例如，当用某种通用绘图软件来绘制信息系统建设中的某些图表的时候，往往只能在表面上，像画画一样把外形画出来，而对于判断其内容在逻辑上是否一致，含义上是否合理，则是无能为力的。针对这种情况，一些专门为此设计的软件出现了。这方面的一个典型例子是数据字典管理系统，（data dictionary management system, DDMS）。当信息系统规模变得越来越大的时候，各种数据项的基础信息的管理就成为重要的问题。DDMS把有关数据的基础信息（即关于数据的数据，也称为元数据）有效地、科学地加以整理和归纳，这就为明确概念、保证沟通提供了有效的支持。这样的软件就已经不是一般的通用软件了，它是根据信息系统建设的理论（如数据库的规范化理论）和实际工作的需要，把许多烦琐的工作（如校对、一致性检验、文档的修改和整理）交由计算机处理，从而减轻工作负担，提高工作效率，为信息系统建设者提供帮助。类似的还有管理相关文档的专用软件，有关图表的专用生成软件等。这个阶段可以称为 CASE 工具的专用软件阶段。此类工作在 20 世纪 80 年代中曾经相当普遍，对于信息系统建设工作发挥了一定的推动作用。

从 20 世纪 80 年代末开始，这些专用软件在应用中越来越显示出其局限性。这种局限性主要表现在难以保持一致性以及集成困难。从个别的专用工具来看，其应用确实能给建设者带来一定的帮助与方便，可以改进某一方面或某一环节的工作。但由于信息系统建设是一项复杂的、长期的工作，当人们在不同的方面、不同的工作阶段使用不同的工具的时候，这些工具的集成就成了十分困难的事情。由于这些软件是由不同的厂家在不同的环境下开发的，它们的文件格式与对外接口各不相同，因而给使用者带来了许多麻烦。能不能研制出一套 CASE 工具，形成完整的平台或环境，使得信息系统的建设者能够得到全面的、前后一致的支持和帮助呢？这就是集成 CASE 的概念（也称为开发环境或平台，记为 I-CASE）。在 20 世纪 90 年代初引起广泛关注的 AD-CYCLE 项目就是 IBM 公司在这方面进行的大规模的尝试。虽然 AD-CYCLE 以失败告终，但是这种想法并没有终止。至今比较成功的、使用比较广泛的，是瑞理公司（Rational，现在已被 IBM 收购）开发的 ROSE。这就是集成 CASE 的阶段。

目前，还进行着不少进一步加强 CASE 工具的研究与尝试，比如试图实现智能化的、能够处理模糊信息的 CASE 工具等。但是这类工作多数尚处于研究阶段，与实际应用还有相当大的距离。

1.5.2　CASE 工具的作用

对于从事信息系统建设的实际工作者来说，在 CASE 工具的使用上，应当持既要积极、又要稳妥的态度。一方面，现有的 CASE 工具已经能够帮助人们提高建设的水平与效率，特别是在沟通理解、统一认识、规范工作、落实成果等方面，像 ROSE 这样的工具确实是有益的，应当积极地考虑利用它们；另一方面，又要充分地估计到信息系统建设的复杂性，工具终究只是工具，只能帮助人们工作而不能代替人们工作。无论是中外文化的差别，还是管理体制与环境的差别，都会使得 CASE 工具在实际使用中产生障碍。对于 CASE 工具的作用要有客观的、实事求是的估计和期望。从目前已有的软件产品来看，其作用主要在于以下五个方面。

第一，用来统一项目组内对于建设目标（包括每个阶段的目标和任务）、工作阶段划分以及有关的基本概念的理解和认识。

第二，用来统一各种文档和图表的格式，避免误解和不一致。

第三，用来与用户沟通，以便取得对于系统流程和存在问题的共识。

第四，用来加强文档管理的规范化程度，保证工作成果得以积累，以免因为人员变更而造成资料散失。

第五，利用计算机辅助生成部分文档和报表、菜单等的代码，减轻开发工作的负担。

目前，在市场上已有一些不同类型、规模的CASE工具，信息系统的建设者可以根据需要加以选择和使用。选择的时候，主要需要考虑以下几个方面的因素。

第一，该CASE工具所依据的理论与方法是否和本项目组的理念一致（如使用的阶段划分和基本概念等）。

第二，运行所需要的硬件和软件平台是否与本项目组一致。

第三，在使用的语言、工作方式、工作习惯等方面，本项目组的工作人员是否能适应。

第四，购买或租用的代价对本项目组来说是否在合理的范围内。

当然，作为一种新的工具，在今后若干年内CASE理论方法和软件产品都将会有很大的发展与变化。随着技术的发展，一定会有越来越多的工具出现，应当关注这一方向的发展，及时掌握新的工具，充分利用这方面的成熟产品和技术。这一点对于提高信息系统建设的效率和水平是很有意义的。

在这里只是进行了简单介绍，对此需要深入了解的读者可以参阅有关的专门教材。

本章小结

在经济与社会系统中，信息系统相当于人的神经系统。它的功能是通过处理信息协调全局、保证和提高整个组织的功能和效率。今天，以现代信息技术为手段的各级各类信息系统的建设，已经成为现代化建设的重要组成部分。由于信息系统是跨领域、跨学科、人机结合的综合系统，是管理和技术的有机结合，它既涉及技术，又涉及管理，毫无疑问，信息系统的建设必然是一类内涵丰富、错综复杂的大型工程，它要求建设者遵循科学的理念和方法，掌握相应的技术与工具，在熟练掌握计算机技术和管理科学知识的基础上，系统地掌握信息系统的分析方法与实现步骤。信息系统的分析与设计，就是为此提供的主要课程之一。

信息系统分析与设计的技术，是在人们认真分析实际经验教训的基础上逐步形成的。信息系统的基本特征——一种跨领域的、多学科的、多主体的复杂系统，已经成为大家的共识。很自然地，系统方法或系统思维就成了建设信息系统的基本理念之一。正因为如此，这门课程在有的地方也被称为信息系统工程。信息系统的复杂性突出地表现在以下四个方面：整体性、开放性、层次性、动态性。这些都是信息系统的建设者需要认真研究和应对的。

一般地说，信息系统的建设目标是：在预定的时间和预算范围内，建成具备预定功能的，稳定、可靠、易用、易改的，为组织的管理决策提供所需要的信息和信息服务的完整系统。一个信息系统达到什么样的标准，才能被称为是一个好的信息系统呢？对于信息系统的评价可以从五个方面进行：功能、效率、服务质量、可靠性和是否易于更改。

信息系统建设的成功不仅需要先进的技术和设备，更需要人的配合，还需要管理的改革和改进。普遍存在的问题是以为只要技术和设备过了关，信息系统的建设就一定能够成功，而忽略了管理和人员两个方面的因素。所以，需要特别强调保证信息系统建设成功的非技术因素。

总之，信息系统的分析与设计对于有效地建设信息系统是十分重要的。准备投身于信息系统建设的人员很有必要认真学习和掌握这方面的知识和工具。

关键词

信息   信息系统建设的目标
信息资源   信息系统工程的评价
信息系统   信息系统建设的辅助工具
系统工程   信息系统建设的关键成功因素
信息系统工程

思考题

1. 在现代社会中，作为三大基本要素之一，信息的地位和作用是什么？

2. 为什么说信息是一种资源？它与物质资源、能量资源有什么区别和联系？

3. 在社会和经济组织中，信息系统的地位和作用是什么？

4. 为什么必须强调信息系统是人机结合的、综合性的复杂社会系统？这一基本理念对于信息系统的建设有什么重要的指导意义？

5. 试讨论在信息系统建设中，管理需求与现代信息技术的关系和相互作用。

6. 系统科学的思想在信息系统建设中起什么作用？要点是什么？

7. 工程管理的思想在信息系统建设中起什么作用？要点是什么？

8. 怎样才算是一项成功的信息系统建设项目？主要的评价标准是什么？

9. 保证信息系统建设切实取得成效的关键因素有哪些？

10. 学习本课程的目的是什么？

第 2 章　信息系统的规划

本章要点

1. 信息系统规划的内容和重要意义
2. 信息系统规划的基本原则
3. 信息系统规划的步骤
4. 信息系统规划的实施
5. 信息系统规划的成功关键

经济与社会的信息化是一个相当长的历史发展过程。具体应用中的信息系统建设项目，是这个长期过程中的一个步骤和台阶。信息化的进展正是通过这样的一个一个具体项目实现的。每一个建设项目的实施，又应当是在信息化的方向和原则的统领下进行的。联系这二者的纽带就是信息系统的规划。因此，在介绍信息系统建设的具体实施方法之前，有必要对信息系统的规划进行简要的介绍和说明。

作为管理系统的有机的、不可或缺的重要组成部分，任何社会经济组织中的信息系统都不是孤立存在、独自发展的。从相互关系上看，它与组织内外的环境和其他因素密切相关，不可分割。从时间上看，它继承了历史形成过程中的种种"遗产"，不可避免地受到各种历史背景的制约，同时，又受到未来发展的种种不确定因素的影响。这种协调的责任就落在规划者的身上。所以，承担信息系统建设项目的人员需要认真地了解信息系统规划的原则、内容及常用方法，以及成功、有效地进行信息系统规划的要点和经验。本章的基本内容就是围绕这些问题进行讨论。

与以后各章相比，本章内容比较宏观。但是，项目越大，涉及面越广，这些问题对于项目执行者的影响和制约就越显著。即使是从事具体实施的工作人员，如果不是从大局，不是从组织（或企业）的长远发展中，找到工作的准确定位，就往往会陷入事倍功半，甚至劳而无功的尴尬处境。从这个意义上讲，从事信息系统建设的所有人员，都需要对于信息系统的规划有所认识和理解。

2.1　信息化是一个长期的发展过程

信息化已经不是新名词了。近 30 多年来，人们在各种不同的场合进行了广泛的讨论。在我国，特别是在党的十六大上，把"以信息化带动工业化"定为基本国策以来，信息化就是今天的现代化这个理念已经深入人心。在党的十七大的报告中，"两化融合、五化并举"（工业化与信息化融合，工业化、信息化、城镇化、市场化、国际化并举）更是进一步全面地展示了我国现代化的方向和目标。

本书所讨论的信息系统建设，正是信息化在各个领域的具体体现。所以，要深入理解信息系统建设的意义及环境，必须从信息化谈起。

什么是信息化？简单地说，它是人类社会从工业社会向信息社会过渡的历史转变过程。它是人类正在经历着的一场全面的、深刻的巨大变革。正像几百年来，工业化的浪潮席卷全球，使原来处于农业社会的各个民族、各个地区先后进入了工业时代一样，今天的信息化的浪潮正在使人类从工业文明走向更高级的文明——信息时代的文明。区别在于，今天的这场大变革更深刻、更迅速、更普遍，它涉及人类生活的几乎所有方面，冲击着从经济结构、管理体制到生活习惯的一切领域。

具体地说，这场大变革的含义可以归纳如下：在以计算机和现代通信技术为代表的现代信息技术广泛普及和应用的基础上，人类经济与社会的各个方面都经历着根本性的、巨大的变革。这场变革的最主要的特征就是信息作为一种资源得到了空前的重视、开发和利用，其效果是人类各种活动（包括经济、社会、文化等方面）的功能和效率得以大幅度提高，从而使人类社会在物质文明和精神文明上都将达到一个新的水平——信息时代的水平。

对于这个概念，可以从以下五个方面去体会和理解。

第一，信息化的基础是现代信息技术的广泛普及和普遍应用。马克思主义认为，生产力是社会进步的最基本的动力，先进的生产力是推动人类社会变革的力量源泉。从 20 世纪中叶开始，计算机、光纤通信、卫星通信等帮助人们处理信息的新技术陆续发明，并且得以迅速发展和普及，被应用到经济与社会的各个领域。如果说蒸汽机的应用揭开了工业革命的序幕，那么引起当前这场大变革的先进生产力就是现代信息技术。没有这个基础，信息化就无从谈起。

第二，信息化是一场全面的、根本性的社会大变革。马克思主义认为，生产力的发展必然导致生产关系的变革。当现代信息技术被应用到经济与社会的各个领域的时候，发生的变化绝不会只停留在加快信息处理速度、提高文字处理效率这样的量变阶段，而是引发工作方式、管理体制、利益分配、经营模式等多方面的变化，甚至人们的生活方式和思维方式也随之改变。简言之，必须充分认识这场大变革的全面性。

第三，信息化的最主要的特征在于信息资源得到重视、开发和利用。工业革命的最主要特征是对于能量资源的重视、开发和利用，工业社会之所以能够比农业社会发展得快，基本原因之一就是学会了利用储存在石油、煤炭中的能量。只要看一看这几十年来经济的增长点，就可以看出今天这场大变革的特征——对于信息资源的开发和利用。过去只能停留在理论上的各种优化和调度的方法，由于计算机的产生而实际用到了各种不同类型的实际领域之中。其结果是在物质资源和能量资源大致相同的情况下，生产力得到了大幅度提高。信息是财富，信息是资源，这种新的理念已经开始为广大的公众，特别是新一代的管理者所理解和接受。

第四，信息化的效果或效益是提高社会活动的功能和效率。一些囿于传统观念的人，常指责信息化是虚的，因为"信息不能吃，不能穿"。事实上，信息的作用是间接的，是一种增值效应。信息的作用在于使物质、能量等实物型的资源得到更充分、更有效的利用。所以，信息化并不是脱离人们现有的生产力与社会活动的、孤立的进程，它的作用正是体现在提高各种社会活动的功能和效率上。现代信息技术的应用使得许多原先不可能做到的事情，现在已经可以做到了，如全国海关数据的当日汇总与成亿条数据中的实时查询、全国人口信息的超级汇总、全球金融信息的实时传输与查询等。同时，它使得各种工作的效率大大提高，如会计的月底结算可以大大加快。此外，它还可以使许多工作的精度或准确度大大提高，如数控机床和精密的医疗设备、激光制导的炸弹、卫星监测森林水灾等。总之，信息化为人类活动效率的提高开辟了广阔的前景和可能性。

第五，信息化进程的目标是要达到人类文明的新的高度，不但使物质生产水平空前提高，而且使精神生活方面也出现全新的变革。比如，在网上进行科学研究工作的交流和合作，使得今天的国际学术交流能够比几十年前快得多，有效得多。人们完全可以足不出户，就在网上完成合作项目，共同开发软件，甚至进行面对面的讨论。完全可以预计，人类正处在一个科学与文化空前高涨的时代。

以上讲的是全社会的信息化。如果说这是一座宏观的大厦，那么，各种类型、规模的信息系统的建设，就是为这座大厦增添的一块块具体的砖瓦。前面所说的五个要点，落实到具体的行业、部门、企业就体现为各种各样的信息系统的建设，如遍布众多企业和机关的财务管理的信息系统、世界范围内的通信系统、政府部门的税务管理信息系统、社会生活中的户籍管理系统等。离开了所有这些具体的、以现代信息技术为手段的、在各种领域中发挥作用的信息系统，全社会的信息化也就成了一句空话。

全社会的信息技术的普及，还体现在基础设施（如通信条件）的迅速改善，中国的电信事业（包括有线和无线的各种手段）的迅速发展就是一个例子。同样，计算机在各企业的广泛使用，也是众所周知的现实情况。这就是信息化的基础。再如，信息化的效益也是通过一个又一个具体的信息系统体现出来的。交通信息系统为提高城市交通的效率创造有利的条件，各种电子政务系统大大提高了政府工作的效率和透明度，各种各样的电子商务系统则提高了商业活动的速度，缩短了经济活动中资金周转的周期。有效益的信息化在这里通过具体的信息系统的功能生动地体现出来。

所以，从事信息系统建设的人员不应当只看到自己工作的局部，只从本企业、本部门的角度去看待自己从事的工作，而应当把它看做是整个社会大变革的有机组成部分，把它看做是信息化进程中的一个构件。也只有这样，才能够不为其中的困难和艰巨所动摇，才能够透过烦琐的技术细节和实际工作看到这一事业的深远意义，树立把信息系统建设好的信心和决心。关于信息化的有关内容的详细论述在这里不进行展开，读者可以从书后提供的参考文献中进一步了解。

那么，怎样才能把宏观的、长远的信息化事业与具体的信息系统建设联系起来呢？在这里，规划起着关键的桥梁作用。规划的任务就是要把两者有机地联系起来。

信息化是一个相当长的过程，即使在一个具体企业或行业之中，它也需要花费5～10年的时间。而它的目标则要紧紧围绕整个组织或企业的战略方向来确定。对于具体的信息系统建设，则需要考虑许多技术和管理的细节。一般来说，具体的项目安排不能超过两年，时间再长，不确定因素就会超出可以控制的范围，难以按一定的计划去实施。项目的目标是十分具体的，为某一类管理人员提供某一类型的信息或信息服务，而且涉及大量的技术细节。用一个比喻来说明，整个组织的信息化好比是一个很长的梯子，它将使组织的工作上到更高的一层楼，而每个信息系统的建设项目就是这个梯子中的一个个的阶梯。离开了一个个的阶梯，梯子就散了，上楼的目的也就达不到了。反之，离开了梯子，每个单独的阶梯也就没有什么价值了。

2.2 规划的一般原则与方法

2.2.1 规划的一般原则

在英语中，规划与计划是同一个词——planning，然而在中文中却是有区别的。在一般的理解中，规划指的是时间尺度比较长、涉及范围比较宽、比较有原则性的策划与考虑。相对来说，计划则是时间尺度比较短、涉及范围比较小、比较具体的安排。比如，在这里，规划往往是指一个企业、行业甚至国家在信息化这个历史转变过程中的目标与战略，而计划则是指在近期内配置和应用现代信息技术的具体系统的开发与建设。在本书中，除本章讨论规划问题之外，以后各章讨论的都属于建设项目的组织工作，即实施信息系统建设的具体方法与步骤。

对于规划，人们往往有两种极端的看法。有人认为，由于时间尺度长，未来的不确定因素多，规划很难做得符合实际，所以不必花力气去进行规划。另有一些人则认为，规划必须和计划一样，必须细微到可操作的程度，如果做不到，那就干脆不要作规划。这两种看法的结果都是否定规划的必要性，其结果往往是"规划规划、墙上挂挂"，不起实际作用。这种误解在实际工作中往往阻碍了人们的正确思维，有必要进行一下探讨。

美国著名学者赫伯特·西蒙对于这个问题进行过很精辟的论述。在他的《人工科学》一书中，他提出了"无最终目标的设计"的概念。他阐述到："最终目标的思想与我们预言或决定未来的有限能力是无法统一的。我们的行动的真实结果，是为行动的下一个相继阶段建立初始条件。""社会计划是近视的，其近视程度不亚于进化。它只往前看很短的一小段距离，就试图创造一个比现状更好一些的未来。结果，创造了一个新状态，上述过程又在新状态下状态重复。"

从西蒙的分析中，可以得到的启发是，规划的作用并不在于现在就拿出一个能够准确地预言未来的方案，而在于形成一种能够有效调整和指导未来的行动的机制。打个比方来说，我们在一条很长的隧道中走路，头上的灯光只能照亮前面五米远的地方，我们当然只能按照能看见的这五米的状况做出判断，并迈步向前走。如果我们就按这样所选定的方向一直走下去，那自然存在着碰壁的危险。但是如果我们的做法是，在迈进了三米之后停下来，我们可以看见的范围已经扩大了。我们完全可以根据得到的新的信息，调整前进的方向，再继续向前走。这里的重点是：承认我们当前认识的有限性和局限性，不把希望寄托在一开始就有完全正确的方向上，而是通过一种合理的做事方式和机制，在做的过程中逐步地、渐近地达到成功和正确。这一理念就是从事规划工作的指南。

总之，规划的一般原则或理念可以归纳为四句话：立足宏观，放眼长远，直面风险，重在工程。

2.2.2 规划的一般方法

那么，具体从事规划工作应当从何处着手呢？在这方面，管理科学中常用的 SWOT 分析方法可以作为参考。

SWOT 分析是一种用于分析形势、制定策略的思路。SWOT 是四个英文单词的首字母：strength，即优势或长处；weakness，即弱项或短处；opportunity，即机会或机遇；threat，即威胁或风险。这种方法概括了人们在规划工作时需要考虑的四个主要方面。

每当人们要做某件事情的时候，总是希望获得成功，或者说得再具体一点，就是达到预期的目标。但是，在大多数情况下，成功与否不是取决于主观的愿望，而是取决于组织内外的诸多因素及其相互作用。这些因素究竟有哪些呢？SWOT 分析便提供了一个思维的框架。

第一点是自身的优势或长处。要达到一定的目标，组织自身具备怎样的条件，特别是在竞争的环境中，与其他企业相比，本企业具有什么优势，比如在信息化建设中技术的优势、人力的优势、市场影响的积累等。

第二点是自身的弱项或短处。任何组织或企业都有自己的弱项，有自己不如竞争对手的地方，都有为达到目标而可能遇到的困难或障碍。对于自身不足或弱点的清醒认识是成功的一个重要条件。

第三点是面临的机会或机遇。这主要是指环境条件中的有利因素和可能的发展方向。任何组织的成功，都是在一定的环境中实现的，所谓成功无非是抓住时机，因势利导，达到预定的目标。成功的组织并不是凭空创造奇迹，而是准确地抓住机会，并使之变成现实。

第四点是存在的威胁或风险。这是指环境条件中的负面因素和可能出现的问题。凡事预则立、不预则废。有了充分的准备，客观存在的消极因素能够得到化解，至少减少损失；而对于威胁与风险的无知，则几乎一定会导致遭受打击而损失惨重。

以上就是 SWOT 分析的一般思路。对于这样的一般思路，有三个要点是需要加以说明的。

首先，SWOT 分析是紧紧围绕目标进行的。现代管理科学把目标的确定作为管理者的首要任务，把"做正确的事情"放在"正确地做事情"前面。如果人们选择了不正确的目标，或者不具备条件的目标，那么，无论他多么执着，多么努力，都不会有好的结果。"知其不可而为之"在这里是不适宜的。SWOT分析的每一个方面都是针对特定的目标而言的。SWOT分析可以帮助人们对于实现目标的战略和步骤形成可操作的方案，这两方面的作用都是十分重要的。更为经常的是，在SWOT分析的工程中，含糊的目标逐步清晰、逐步量化，从而得到明确的表述，这就是人们常说的"需求分析"或"目标分析"（英文一般称为requirement analysis）。这点在下一节中，将针对信息系统的实际问题加以展开。

其次，SWOT分析是对于环境的实事求是的分析。按照现代管理科学的观点，组织或企业的成功取决于它符合环境需要的程度。换句话说，一个组织或企业的所谓成败，衡量的标准并不是它自己的感觉，而是社会的评价。在这个意义上，它成功的关键在于满足社会需要的程度。所以，组织和企业必须客观地、实事求是地分析周围的情况和条件，即所谓"审时度势"。这就是"实事求是"的原则，从客观的实际情况出发，找出成功之路。SWOT分析还是对此作出的解释和展开：既要看到有利条件，又要看到不利条件；既要抓住机会，又要预防风险。这就把实事求是、审时度势的原则体现出来了。

最后，SWOT分析的方法把前面所提到的西蒙的思想具体化了。客观情况是复杂的、多方面的，有利有弊，有机会也有风险，需要认真地、全面地分析。如果把SWOT分析作为一个经常地、反复地进行的过程，那么就能够比较完整地体现前面所讲的基本思想了。关于西蒙的决策理论的详细内容，读者可以参考书后提供的参考文献。

总之，规划是任何管理工作，特别是宏观的战略管理的基本任务。像信息化这样宏观的、战略层次的议题当然应该从规划的理论与方法中吸取有益的启示。

2.3　信息系统规划的任务和内容

根据前面的讨论，从一个组织或企业的角度来看，实现信息化这个长远的战略目标，需要通过信息系统规划加以具体化；而在信息系统规划框架下安排一个又一个具体的信息系统建设项目，就成为实现信息化的一个又一个台阶。规划就是这样成为信息化战略和具体项目之间的联系和桥梁。

根据规划的一般理论，对于信息系统来说，信息系统规划的主要任务和内容包括三个主要的方面：目标设定、环境分析和战略选择。

2.3.1 目标设定

前面介绍一般概念时，已经提到需求分析或目标分析，并且已经介绍到它本身就是一个工作和认识的过程，而不是简单的表述问题。对于信息系统的规划来说，目标设定就是根据组织或企业的具体情况和信息化的一般原则，设定和明确地表述本单位在 IT 应用方面、在比较长的一段时间内要达到的目标与要求。

任何企业或组织都有总的规划和战略目标。制定组织的战略是战略管理的任务。关于战略管理的一般理论，读者可以参阅参考文献。这里所要讨论的是信息系统的规划，这两者是有密切联系的。组织的规划中明确地表述出组织的总目标或长期目标（一般来说是 5～10 年），比如市场拓展的要求、经济收益的要求、生产规模的扩大、股票上市等。作为组织的重要组成部分，信息系统的目标是为这个总目标提供必要的信息支持的。后者是针对前者提出的，是为前者服务的。

例如，对于一个选定开拓市场为主战略的企业，信息系统建设自然以市场信息、客户信息的收集与利用为主攻方向。而对于以高新技术开发为主攻方向的企业，则一定要对于技术信息、专利信息的收集给予更多的关注。信息战略与本组织的总体战略的协调一致，是信息化建设成败的关键因素。

正确地设定目标是规划工作的核心任务。但在设定目标时，常见的问题是目标过于笼统，没有可检查、可测量的评价标准。比如，不少企业笼统地讲"提高工作效率"、"支持领导决策"，这就很难对实际工作发挥指导作用。科学的、有用的规划中必须对于信息系统的建设目标给出针对本企业实际情况的、比较确切的、可以进行检查的表述。这种表述可能只有几句话，在数量标准上也不一定十分精确，但是必须是在对本企业信息处理现状的认真了解的基础上提出来的，确实是实现战略目标所需要的，而且在现有的技术力量、资金、人力条件下有把握达到的。总之，和其他任何战略管理任务一样，信息系统建设的规划应当是组织高层管理者深思熟虑的成果。一个科学的、实事求是的、切实可行的信息系统建设目标，是组织信息化建设成功有效的必要前提。

2.3.2 环境分析

上面介绍规划的一般方法的时候，已经介绍了 SWOT 分析的方法。具体到信息系统的建设，这就体现在对于信息系统建设的环境的分析中。

信息系统是技术与管理结合、人机结合的综合系统。它不是简单地为处理信息而处理信息的孤立的事物，它的有效运行必然受到环境的制约和影响。对于这种环境影响，可以从三个方面去分析。

首先是技术环境的影响。针对企业战略所需要的信息和信息处理功能，现有的信息技术手段是否能够支持，这是首先需要考虑的。现代信息技术提供了处理信息的手段，包括对信息的采集、存储、传递、加工等多种功能，这为我们提供了广泛的选择余地，成为建设高效率的信息系统的手段。然而，这还只是可能性，它们是否能够符合本组织对于信息处理的要求，还需要具体分析，仔细检查。因为一种技术手段，对于实际的应用来说，对精度、效率、成本、可用性等方面的实际情况，只有最终的使用者，而不是技术的推销人员，可以加以正确判断的。作为一种新的技术，现代信息技术发展变化非常迅速，有许多事情还没有经过较长时间的实际检验，所以特别要谨慎从事。

其次是管理环境。这是指组织内部的、在长期实际工作中形成的管理体制与习惯。信息系统是为管理服务的，管理的体制和习惯决定着信息系统能否真正地运行起来。在这方面，国内外有许多教训，即技术上可行的事情由于管理体制和人员工作习惯的问题，而最终流于失败。所以在制定信息系统建设的规划的时候，需要认真研究所设想的变更对于管理流程的影响和可能出现的变化，具体分析由于现代信息技术的引进而产生的人员、部门的职责和权益的变化，并从中分析可能出现的阻力。目前，一些企业和组织在考虑业务流程重组（business process reengineering，BPR），这对于企业是一场深刻的变革，它可能给企业的效率带来巨大的提高，但也会遇到种种阻碍和问题。现代信息技术的引入和新的信息系统的建立，都是 BPR 的有力推动和组成部分。信息系统的建设规划应当成为企业现代化的一个关键方面，而不是孤立于企业发展进步之外的另加的任务。

最后是社会环境。这是指企业外部的、与本组织有业务联系或信息交流的机构、部门、人员，比如供应链中的上游企业、下游企业，相关的政府机构（工商、税务、海关），银行，保险公司等。企业或组织在与这些机构打交道的过程中将有大量的信息交流。信息系统的建设必然涉及与它们的交往。当本企业的信息系统发生变革的时候，和它们之间的接口仍否保持有效的沟通，往往会直接影响到改造是否成功，比如报表的格式、提供或接受信息的频率和周期、统计指标口径的一致性等。一般来说，社会环境是信息系统建设的约束条件，它不是组织或企业可以左右的，企业只能在它提供的条件之内进行规划。然而，正像 SWOT 分析方法所表明的那样，也可以从积极的方面去寻找发展的机会。通过分析客观的形势，可以看到市场上、社会上的实际状况，从中找出有可能占据有利地位的方面，通过努力把潜在的优势转化成为真实的优势。比如，在同行业中，哪些 IT 技术在信息系统建设方面已经具有优势，哪些在本行业中还未被采用，本企业的相对位置如何，这些都属于环境分析的内容，都可以为明确企业的信息战略提供启示。

2.3.3 战略选择

在确定了目标，了解了环境之后，规划者就可以对于信息化建设的战略进行选择。所谓战略就是对于如何达到目标的问题做出回答。战略选择包括两个主要方面。

首先，确定建设的基本策略。比如，是全面展开，还是重点突破；是以自主开发为主，还是外包；是用生命周期法进行组织，还是按原型法开发等。这些战略问题都应当由高层领导，根据自身的人力、物力、条件、资源加以确定。例如，现在越来越多的企业采取信息系统建设外包的方法，那么，外包的风险有多大，哪些部分可以外包，哪些部分不可以外包，所有这些都需要认真地分析，不能一概而论。

其次，确定步骤，特别是明确从何做起。作为一个相当长时期的任务，需要合理地划分阶段，有计划有步骤地达到长远的目标。平常所讲的"长短结合"、"长计划短安排"就是这样。当然，由于信息技术的迅速发展变化，一些非常具体的指标与技术细节是不可能事先确定的，如机器类型等，但是要达到的水平、功能和性能的要求，是应该而且可以提出阶段性的目标和要求的。

总之，信息系统的规划是一项重要的战略管理任务。这个规划上承企业的总体战略，下接各个具体的信息建设项目，起着关键的作用。从事信息系统建设的单位对于规划工作，必须给予充分的重视。

2.4 信息系统规划的实施方法

信息系统的规划本身就是一项复杂的任务，难度大，不确定程度高，需要有科学的实施方法。目前常用的规划方法，有 BSP 方法与 CSF 方法两种。下面分别进行简要的介绍。

2.4.1 BSP 方法

BSP 方法，即企业系统规划（business system planning，BSP），是进行组织的信息系统规划的一套规范方法。作为一种方法论，BSP 方法的特点是全面地、详细地对企业或组织的基本业务活动进行分析，从而确定其信息需求，为有针对性地进行信息系统建设提供坚实的基础。

BSP 方法强调的基本思想是：企业或组织的结构和人员是处于经常变动状态的，但是，其基本功能（或基本业务）则是相对稳定的。因此，从长远来说，信息系统建设必须针对基本业务。把基本业务的流程（或过程）及其对信息系统的要求（包括信息的内容及信息服务的功能）切实理清，就能够使信息系统的建设得到切实的收效，并且能够适应机构、人员等不断变化的情况，保持信息系统的稳定和有效。

根据这样的基本思想，BSP 方法的要点有以下几个方面：

第一，紧紧围绕企业的基本业务或核心业务；

第二，必须从全局出发，全面考虑各个环节、层次的管理过程与信息需求；

第三，信息系统必须对整个系统提供完整的、一致的信息服务；

第四，信息系统应当在组织的结构、人员发生变更时，保持其工作能力，只要组织的基本业务（或核心业务）不变，信息系统建设的成果就能够继承和积累。

BSP 方法的实施可以按以下六个步骤进行：

第一步，定义业务过程；

第二步，定义数据类；

第三步，分析业务与数据的关系；

第四步，确定系统的总体结构；

第五步，确定子系统的优先顺序；

第六步，完成规划报告，建立实施机制。

业务过程（business process），亦称企业过程，是组织活动的基本单元。社会组织是为做事情而建立起来的，它做什么事情，是怎样做的，这就是业务过程。组织要做的事情很多，但是总有一些是最基本的、最核心的。例如，财务部门最基本的业务就是管理资金，人事部门最基本的业务就是管理人员。离开了这些核心业务，组织就失去了存在的意义。类似地，学校的核心业务是培养学生，医院的核心业务是治疗病人，如此等等。显然，根据前面介绍的 BSP 方法的基本思想，弄清业务过程，明确地表达出来，并写成文档资料，这是规划的前提。

弄清了做什么，下一步就要分析为了完成或做好这些基本业务，管理者需要哪些信息。这就要归纳出企业的基本的数据类。比如，人事部门最基本的数据类是人事档案，财务部门最基本的数据类是账目。从信息系统建设的角度来看，关心的并不是这些数据具体是多少，而是需要明确这些数据的类型、格式、规模、特点等属性，即关于数据的数据。这是未来的信息系统要加以管理和开发的基本素材。

在以上两步的基础上，需要把业务和数据的关系梳理清楚。简单地说，就是要弄清每项业务要用到或产生哪些数据,每类数据要在哪些业务中得到使用,在业务和业务的各个环节之间,哪些数据需要交流,哪些数据需要共享。这些关系的梳理将为未来的信息系统建设提供基础。

组织的信息系统是一个很庞大的、包括许多部分的复杂系统,它是由许多子系统组成的。对于这样的大系统,总体结构的确定是规划的重要任务。信息系统的建设周期长、任务重,不可能在短时期内、由少数人去完成。而事先形成合理的总体结构,正是保证各方面人员、各时间工作能够构成完整的、统一的信息服务的必要条件。这个总体结构应当能够充分考虑和保证组织在一个较长的时期内的信息需求,能够为信息系统的建设提供总的蓝图和发展方向。

当然,这个总体结构所包括的各种功能不可能在一个项目中、在一个很短的期间全部实现。所以,在确定了总体结构之后,还需要分析各部分功能的轻重缓急,排出实施的优先顺序。必须充分认识信息系统建设的长期性和复杂性,从比较长远的角度去筹划,把长期的目标分解成较小的、阶段性的、比较容易实现的目标。这就是前面讲到的第五个步骤。

最后,要形成正式的文档资料——规划草案,并以此作为与各方达成共识的基础。文字表达上的准确与否,对于规划能否真正成为组织内上下各方的共识具有非常重要的意义。为了避免误解和歧义,在这里咬文嚼字是需要的。因为规划一旦得到通过和认可,在此后相当长的一段时间内,它将成为信息化建设工作的总纲,不应轻易更改。此外,在规划得到通过或认可的时候,还必须同时规定回顾的时间安排和修订的职权范围。如果没有回顾与修订的制度,从一开始就没有检查和反馈信息的机制与渠道,这样的规划就很难真正发挥作用,只能是嘴上讲讲,墙上挂挂。

从以上的工作步骤可以看出,BSP方法突出了全面、突出了长远目标,从而能够帮助组织的领导理清信息化建设的指导思想与思路。类似的方法还有总体数据规划方法、信息系统工程方法等,也都是试图从全局和基础上把握信息系统建设的全局和全过程,保证信息化进程的稳定有效。

2.4.2　CSF 方法

CSF方法,即关键成功因素法(critical successful factors,CSF),是进行信息系统规划的另一种类型的方法。与BSP方法相反,CSF方法的思路不是全面分析,而是重点突破。

CSF方法的基本思路是这样的:从组织内外的环境出发,找出影响信息系统建设、决定项目成败的方方面面的制约因素,通过调动各方面人员的知识与经验,用科学的方法找出其中的关键因素。针对这些因素,安排组织的资源和力量，做出信息化建设的战略规划。

CSF 方法的基本步骤包括以下五步：

第一，明确组织的战略目标；

第二，识别组织战略的成功因素；

第三，选择和确定关键成功因素；

第四，确定关键成功因素的性能指标及要求；

第五，针对关键成功因素确定信息系统建设的方向与策略。

规划工作必须针对组织的总的战略目标，这点对于 BSP 方法和 CSF 方法都是一样的。在一般情况下，组织已经明确的总体战略可以作为规划工作的出发点。如果还没有这样的明确表述，那么规划的制定者就需要首先考虑组织的总体战略目标，这是战略管理的基本任务，在这里不做详细说明。

与 BSP 方法不同之处从第二步开始。CSF 方法是从环境入手，从外部来看组织的工作。换句话说，它不是从微观的、具体工作的角度开始分析问题，而是从宏观的、总体的角度去看待规划者所面对的问题。一般来说，影响信息系统建设成败的因素包括以下八个方面：组织的决策者对于信息系统建设的认识与迫切程度；组织的资源状况，特别是可以投入信息系统建设的人力、物力、财力；组织的管理体制和结构；组织的管理基础水平；组织对项目管理的能力与水平；组织的技术力量和基础设施水平（包括通信、硬件、软件）；组织中有关人员的文化水平与训练程度；相关单位的积极性和参与程度（如与组织的核心业务有关的供应者、用户、上级领导、银行等）。在这个阶段，重点是不要遗漏，尽量把相关的因素充分地考虑进去。

对 CSF 方法来说，关键在于第三步，选择关键成功因素。在众多影响因素中，起决定作用的往往不超过五个关键因素。规划制定者的任务就在于实事求是地、准确地抓住这些因素。在这里需要特别强调的是，关键成功因素不是一成不变的，它随着时间、环境、技术、管理各方面情况的变化而不断发生变化，绝不能一概而论。规划者的经验和水平在这里将得到充分的体现。另一点需要提醒的是 CSF 方法对于不同层次的不同应用。在管理的不同层次上，对于 CSF 的考虑有各自的重点和选择。对于规划者来说，是战略级的 CSF，它集中在外部环境和资源分配的约束条件上；而对于操作级的管理者来说，则往往是内部控制的有效性、设备能力的限制、操作人员的熟练程度等。这都是 CSF 方法的运用。这里讲的是在信息系统的规划中应用 CSF 方法，是在战略层次上讲的，这一点不要混淆。

在确定了关键成功因素之后，需要进一步对于因素进行分析和评价，即确定性能指标和标准。在战略层次上，许多因素往往是定性的、比较笼统的。这种情况给进一步的分析带来了困难与障碍。所以，需要尽量对于这些因素进行分析，尽可能地使之具体化。这里所说的性能指标不一定是定量的，在条件不允许的情况下，利用分成若干等级或定性的判断来表示，也是常用的方法。在确定了性能指标之后还需要确定期望的标准。如基础设施的水平应当达到什么程度，人员的培训工作应当达到什么水平等。指出和消除这些标准与组织的现状之间的差距，就是规划中将明确提出的信息系统的建设任务。

最后，和任何其他规划方法一样，CSF 方法研究分析的成果也要体现在正式的规划文本之中。在这里，明确的目标表述是基于对关键成功因素的分析之上的。

在 CSF 方法中，一些管理科学中的分析方法可以帮助人们研究复杂的战略问题。在这里只介绍层次分析法（AHP）和德尔斐法。层次分析法的基本思想是把影响因素逐层分解，在具体分解的工程中，通过选定适当的权重，综合分析这些难以定量表示的因素。当然，在这里，权重的正确选择起着关键的作用。所谓德尔斐法是通过反复征询专家的意见，逐步聚焦，从而找出关键成功因素。关于这些分析方法，读者可以从一些专门的课程与教材中学到，这里不再重复。

以上介绍的两类方法各有特点。BSP 方法比较全面，紧紧围绕基本业务，适于对组织的工作状况建立完整的概念；但是从需要的时间和人力来说，是要付出比较大代价的，存在着摊子太大，难以明确目标的风险。而 CSF 方法则重点突出，能够较快地集中于要害，适于在较短的时间内，针对紧迫问题提出战略与对策；但是，这种方法强烈地依赖规划者的自身理念与经验，包括所咨询的专家的水平和观点，具有较强的主观性。所以，不能笼统地讲哪种方法更好，而只能根据实际情况、需要和可能进行权衡和选用。更多的情况是把这两类方法的理念结合起来，既保证全面、客观，又充分吸取有经验人员的意见和建议，集思广益，形成具有一定前瞻性的，既全面又有重点的，符合本行业、本单位具体情况的，切实可行又简单明确的规划方案。

2.5　信息系统规划的关键选择

在信息系统规划过程中，有大量的调查研究、资料分析、讨论研究的工作，这都是科学规划必要的基础工作，需要花费大量的人力物力。但是，作为规划的制定者，更需要关注的是在大量具体工作的基础上，在若干关键的问题上做出正确的选择。在这里，仅就以下三个关键问题给予简要的说明。

2.5.1　开发方法和工具的选择

信息系统的开发方法有许多不同的类型。随着技术和应用的发展，几十年来，国内外的专家和技术人员提出了许多不同的方法。例如，本书后面要介绍的生命周期法、原型法、面向对象的分析方法等。这些方法各有各的长处，各有各的使用方法。这种情况是很自然的。因为信息系统是一个非常宽的概念，它包括了许多极不相同的、为不同的组织服务的类型。为企业服务的信息系统就不同于为政府部门所用的信息系统，学校的信息系统又不同于医院的信息系统，更不要说不同行业的企业之间千差万别的信息系统了。相应地，在开发方法上也呈现出多样化的局面，这是很自然的。再加上信息技术的飞速发展和不断变化，更使得开发方法和工具的名目繁多，莫衷一是。

在这种情况下，规划者要明确的关键问题就是选择适当的开发方法，在本书后面的介绍中，将会就各种开发方法的特点和应用方法进行详细的介绍。在这里只就其选择的一般原则进行简要的说明。

选择开发方法的基本原则无非是"实事求是、讲求实效"，不应该为方法而方法。在信息系统建设这个具体领域，哪些方面的实际情况影响着开发方法的选择呢？这里仅概括地提出以下四个方面的考虑。

首先，组织和业务的类型和特点。由于各种不同类型的业务对于信息和信息处理功能的要求很不相同，所以，针对这些不同的要求，各种不同的开发方法也把重点放在了不同的方面。例如，有的系统必须把安全放在第一位（如国防、航天等领域的系统），即所谓"关键使命系统"（critical mission system）。在这种系统的开发中，对于测试（testing）的要求就远高于其他系统，付出的代价也要大得多。又如，一些面对大量不确定因素的信息系统（如风险投资的决策支持系统），需要的是高度的灵活性，这和企业日常管理中流程十分明确的信息系统（如订单处理系统）就有很大的差别，当然在开发方法的选用上也就必然存在很大的差别。

其次，要考虑的因素是管理者的因素。组织的信息系统是为管理者服务的。管理者需要的信息提供方式是什么？管理者习惯的交流方式是什么？（这对系统建设中的沟通是非常重要的。）管理者习惯的工作步骤与人机界面是怎样的？如此等等。选择的方法必须与以上各点相容，否则，在其他地方行之有效的建设方法在本企业也可能失败。

再次，技术条件与环境的因素。现有的不少开发与建设的方法，往往立足于一定的硬件和软件基础之上，并且和专门的 CASE 工具联系在一起。在这种情况下，选择开发方法的问题，就和硬件、软件联系在一起了。硬件的相容性，软件的学习过程等问题也就出现了。前面曾经介绍过 CASE 工具的选择与使用，在这里，选择开发方法也是要作为一个方面考虑进规划之中。

最后，还要有经济的考虑。各种方法的详略、尺度、时间周期和使用方式都直接涉及信息系统建设的投入和经济效益。在讨论开发方法和工具的选择时，必须实事求是地给予估算。有些方法从原则上讲很好，但是周期太长、代价太大，比较小的组织或企业无力承担。在这种情况下，就应当实事求是地、有的放矢地选择一些步骤比较简单、结果比较粗略的方法来建设信息系统。

作为规划阶段的工作，对于方法的选择需要的是提出总的、一般性的考虑和方向。如前所述，在一个较长的时期内，信息系统建设的各个步骤和阶段的具体情况还是处于不断变化之中，所以，开发方法的变动也是可能发生的。作为规划，需要在分析组织基本情况的基础上，对此提出一般的方向和考虑。

2.5.2　突破口的选择

另一个需要决策的是突破口的选择。规划是一个比较长时期的战略目标，它必须分步骤实施，而其中的第一步是最重要的，这就是这里所说的突破口的选择。

信息系统的建设作为工程项目是十分复杂的。它涉及组织中几乎所有的部门和人员，要做的事情也非常多，非常烦琐。组织者必须非常清醒地判断从何处着手，选准突破口。

这个选择集中反映了项目组织者的思路。是"雪中送炭"，还是"锦上添花"，代表了对信息系统建设截然对立的两种技术路线。国内外有许多失败的信息系统建设项目的案例，其共同特点就是追求"锦上添花"，或者叫做"形象工程"、"政绩工程"。这样的项目是做给别人看的，给上级看的。表面上轰轰烈烈，用最先进的技术，在最显眼的、最有"显示度"的地方投入大量资金，制造轰动效应。这种做法往往脱离了企业的基本业务，盲目地在投资和技术先进方面攀比，在建设完成后无法正常使用，项目的验收会成为"追悼会"。这种做法的后果只能是给信息化抹黑，使信息化建设走弯路，以致有的企业领导声称"以后再也不投资搞信息化了"。

从规划的角度来看，这种失误正是出在突破口的选择上，偏离了"雪中送炭"的原则。具体地说，必须选择对组织的基本业务密切相关、急需改进的，通过现代信息技术的引进能够显著地改进工作、提高效率、带来效益的业务环节。只有这样，才能实现建设信息系统的根本目标——提高工作效率。从形象工程的思路去做，必然会找已经能够做得比较好的工作，去生硬地加上一顶"利用先进技术"的光环，给上级、给别人去看。殊不知，用技术处理信息和由人工处理信息是两种不同的操作，具有许多不同的特点。有些手工很容易做到的事情，机器不一定做到、做得好。所以，作为一项重大的变革，作为企业中的新生事物，要求一开始就比已经成熟的手工操作都要做得更好是很难的。

再加上引进新技术、新设备所必需的大量投资，这就造成了许多项目的得不偿失，进而破坏了信息系统建设声誉。这样的例子实在是不胜枚举。

如果能够在认真分析实际情况的基础上，实事求是地而不是凭空臆造地抓住那些实际业务确实迫切需要、而信息技术的引进确实能提高效益的环节，从而通过信息系统的建设，把某些管理人员本来就希望实现，只是受到技术限制无法做到的功能变成现实，实现从无到有的突破。那么，信息系统的建设就必然会受到使用者的欢迎，较小的投资就会带来巨大的收益。这种"从无到有"，做到了以前做不到的事情的效果，将有力地打破"信息化建设没有效益"的思想障碍。这就是"雪中送炭"的作用。

突破口的正确选择所带来的收益，不仅能够用事实向人们显示信息化的作用，而且会形成积极的连锁反应，为组织的信息化建设的健康发展开一个好头，其作用是不可低估的。

总之，一个好的信息系统规划，其中最重要的亮点之一，就体现在第一步如何走好这一点上。突破口的正确选择和迅速见效，是规划发挥作用的重点。

2.5.3 规划落实的组织保证

组织保证是规划落实的又一个关键。以前的许多规划工作之所以流于形式，很重要的一个原因就在于没有组织保证。事情都是由人去完成的，没有组织保证，没有人去实施，再好的理念、再先进的思想也是无法实现的。

作为信息化进程的总纲，规划必须真正融入组织的日常工作，而不能像目前许多企业出现的那种当做临时性任务、突出性任务的状况。

所谓组织保证，具体地表现在三个方面：主要负责人的关注、专职的主管人员和专门的实施机构。

主要负责人的关注也被称为信息系统建设的"第一把手原则"。这一概念最早是在苏联的管理自动化工程（ACY）中提出的，后来得到了从事此类工作的人们的普遍认同。在任何组织中，信息系统都是一个非常特别的子系统，它的任何变更都会对组织产生全局性的影响。就像人体中的神经系统一样，信息系统直接影响着系统的整体功能和效率。由此很自然地就可以得到这样的结论，信息系统的任何变动必须由组织的主要负责人来做出判断和决定，而不是由部门或某一局部的负责人来决策。另一方面，由于信息系统建设是一个新的课题，一般来说，在日常管理的预算中并没有把建设信息系统包括在内，都是用专项加以解决的。对于这样的、在传统意义上是额外的开支，当然只有由第一把手来调度才行。总之，保证制定出来的规划能够变成现实，第一把手的直接关注和决策是非常必要的。

　　第二个要点是要有专职的主管人员，即信息主管——CIO。第一把手的关注是必要的，但是第一把手终究不能把主要的时间和精力都用在信息系统建设中。日常的、经常性的管理与控制必须有专职的主管人员，这就是目前人们广泛谈论的 CIO。CIO 的诞生是信息化深入的重要标志。20 世纪 80 年代中期，美国国会的一项调查报告明确地指出了普遍存在的管理缺位现象：组织中什么事情都有明确的人员负责，只有信息方面的工作没有人负责，由此提出了设立 CIO 职位的必要性。这一观点迅速在政府机构和企业中得到响应。CIO 不同于只负责技术工作的计算中心主任，也不同于临时性的项目负责人，它应当是组织决策圈的成员，是直接向组织的主要负责人负责的副总经理级的组织领导人。信息化规划的连续性就要落实在 CIO 身上。从这个意义上讲，CIO 职位的设置是组织中的信息化建设得以持续、稳定、健康发展的重要保障措施。关于 CIO 的详细内容读者可以参阅书后的相关参考文献。

　　此外，还需要实施的机构和辅助工作人员。随着对于信息的重要性的认识，许多企业陆续建立了信息中心、信息管理办公室、信息处等。可喜的是人们已经开始认识到信息是资源，以及对信息进行开发的重要性。这些机构对于及时反馈信息，及时发现与解决信息系统建设中的问题是十分必要的。在日常工作中，这种稳定的专职机构将能够对已经运行的信息系统进行管理和监控，对正在进行的建设项目进行监督和检查。这就比一些单位中只有临时性的项目开发组，而没有人对于长远的发展和实际的效益进行管理的现象有了很大的进步。

　　总之，信息化建设或者说信息系统建设的规划是一项十分复杂、艰巨的长期任务，没有持续有效的规划加以统筹组织，就会出现盲目、重复甚至互相冲突的局面，各个建设项目就达不到预期的目标，产生不了明显的效益。

2.6　信息系统规划的回顾和修订

　　前面几节讨论了制定信息系统建设规划的原则、方法及要点。这些对于规划的制定是十分重要的。然而，前面已经指出过，规划的制定只是一个开始，真正的作用则是在长期的建设工作中不断发挥的指导作用。

　　怎样才能有效地发挥这种指导作用呢？这就要有计划地、经常地进行回顾和修订，而已有的规划正是进行这种回顾的标尺。反过来，回顾（review）又为规划的不断调整和修订提供反馈信息和实现机制。

　　规划的回顾和修订可以是定期的，也可以是不定期的；可以是由组织内部人员来做，也可以吸引组织外的专家来做；可以对信息系统建设全局进行审计，也可以是针对特定的、急需解决的专题进行。（国外学术界对此工作一般称为信息系统审计——IS audit，由于国内对审计的理解一般为财务审计，在这里使用规划的回顾与修订这一提法。）

以上这几种不同类型的回顾与修订，在基本方法与步骤上是一样的。首先，收集信息系统建设与使用的实际信息，了解实际的管理人员对于信息系统的评价、意见及改进要求；其次，在实事求是地掌握现状的基础上，分析现行信息系统的长处、优势和短处、弱点，客观地做出评价；再次，在这种评价的基础上，对于原有的信息系统规划进行修订，在新的外部情况和已有进展的基础上，加以进一步的明确化或加以必要的调整，特别是对于原先确定的第一步计划需要进行认真的检查，看它是否发挥了作为突破口应当起到的作用；最后，把回顾的结果纳入规划的文档，修订建设的目标与策略，同样的，其中的重点是新的突破口、新的第一步计划的制定。

做好这样的工作，以下几个关键问题是需要特别注意的。

首先是实际情况的准确记录和及时反馈。目前的许多信息系统缺乏完整、准确的记录体制，对于系统运行和运用的情况没有第一手的、确切的记载。这就无从进行实实在在的分析与评价。比如，系统运行中的工作量、错误或故障的出现频率、对于各种需求的响应速度、管理人员的满意程度、设备的使用效率与负担等，都是需要准确、及时地记录下来的。从管理的角度来看，需要建立的是一个客观的、有效的、及时的信息反馈的机制与渠道。

其次需要注意的是回顾或评价的标准。需要再次强调，信息系统建设的目标是为组织的总体战略提供有效的信息内容与信息服务。目前普遍存在的问题是以单纯技术的标准去衡量，如有的地方强调的计算机覆盖率，这其实并不能准确地反映信息化建设的效果。所以，在对信息系统的规划进行回顾与修订的时候，必须充分吸收在第一线使用信息系统的管理人员的意见，而不是仅考虑信息技术人员的意见。为了更紧密地结合市场经济的实际，进行行业的、国际的横向比较，从企业核心竞争力的角度去进行评价，常是十分有益的。

上一节中提到的突破口的问题，在回顾和评价的时候显得更为突出。因为长期的、比较笼统的方针与目标，在短期内是难以评价和比较的。然而，第一步工作，或者说突破口的选择正确与否，是可以在比较短的时间内看出来、做出评价和判断的。这也正是对于规划进行修改与调整的主要内容。同时，下一个突破口的选定，也是规划得以持续发挥作用的主要任务之一。

最后，规划的文档资料的保存和及时更新也是需要注意的。没有规范化的、准确表述的文档资料，规划就发挥不出来作用。同样的，如果只有一次性的规划文本，没有经常性的、及时的修改、补充，同样也还是发挥不了作用的。所以，规划的文档资料必须有人管理、修订和使用。只有这样才能使分步骤的各种信息系统项目,在规划的统领下形成完整的、通向信息化新水平的整体,保证组织的信息系统建设的健康发展。

本章小结

具体的信息系统建设项目与整个组织的、长远的信息系统规划之间的关系,就像阶梯和梯子的关系一样。脱离了长远的规划目标,孤立的建设项目就失去了方向和意义。而没有一个接一个的、具体的项目,规划就将成为实现不了的空想。所以,信息系统的建设者很有必要对信息系统规划的内容和方法有所了解。虽然从原则上讲,制定和掌握信息系统的规划是组织的决策者,特别是 CIO 的责任,而项目负责人的直接责任是有效地实施具体的建设项目。

一般来说,规划的制定和实施是战略管理的任务,其基本任务是制定宏观的、长远的目标和战略,其基本方法是对内外环境和主观,客观的条件进行分析和判断。常用的 SWOT 分析就是一种可以使用的思维框架。

具体地说,一个组织的信息系统规划的制定应当包括目标设定、环境分析、战略选择这样三项主要的任务。要有效地、正确地完成这三项任务,需要依靠科学的方法和丰富的实践经验。BSP 方法和 CSF 方法是目前比较常用的、可供选择的两种方法。实践经验表明,要制定一个切实可行的、真正能够对长远的发展发挥指导作用的信息系统规划,有三个关键的因素:选定科学的开发方法,正确地确定建设的突破口,建立有效的组织保证。

需要特别明确的一点是,规划作用的发挥在于经常的回顾和修订。如果只制定规划,事后束之高阁,这样的做法是没有实际意义的。从工作思路和制度上保证对所制定的规划经常进行回顾和修订,是信息系统的规划切实发挥作用必不可少的条件。

关键词

信息系统的规划	突破口的选择
西蒙的管理理论	规划的回顾与修订
规划的常用方法	CIO
BSP 方法	CSF 方法

思考题

1．为什么说信息化建设是一个相当长的发展过程？

2．信息系统规划应当包括哪些内容？它对于组织或企业的发展具有什么作用？

3．西蒙的"人工科学"理念的要点是什么？它对于信息系统建设工作具有什么意义？

4．简要说明 BSP 方法。

5．简要说明 CSF 方法。

6．选择项目的开发方法主要考虑哪些方面？

7．选择信息系统建设的突破口应当遵循怎样的原则？

8．为什么要坚持对信息系统的规划定期进行回顾？

9．在修改信息系统的规划的时候，应当注意些什么问题？

10．在信息系统规划工作中，CIO 应当担负什么样的责任？

第 3 章　生命周期法概述

本章要点

1. 生命周期法的含义和特点
2. 生命周期法的工作流程
3. 生命周期法的使用条件
4. 成功实施生命周期法的关键
5. 生命周期法的优点和特点

信息系统开发的生命周期法是在 20 世纪 70 年代提出的。由于生命周期法较好地对开发过程进行了定义，大大改善了开发的过程，生命周期法至今仍然是信息系统建设中最常用的方法之一。生命周期法（life circle approach，LCA）的理论认为，任何一个系统都有它的生存期。所谓系统的生存期是指从信息系统项目的提出，经历分析、设计、研制、运行和维护，直至退出使用的整个周期。本章首先介绍生命周期法的意义和工作流程，其次对生命周期法的实施管理进行探讨，分析生命周期法的成功要素，最后对使用生命周期法的条件进行适当的讨论。

3.1　生命周期法的含义和特点

生命周期法将软件工程和系统工程的理论和方法引入信息系统的研制开发中，将信息系统的整个生存期视为一个生命周期，同时又将整个生存期严格划分为若干阶段，并明确每一阶段的任务、原则、方法、工具和形成的文档资料，分阶段、分步骤地进行信息系统的开发。

3.1.1　广义和狭义的生命周期法

1. 广义的生命周期法
任何事物都有产生、发展、成熟、消亡或更新的过程，信息系统也不例外。

任何一个信息系统在使用过程中随着其生存环境的变化，都需要不断维护、修改，当它不再适用的时候就要被淘汰，就要由新系统代替，这种周期循环称为信息系统的生命周期。图 3-1 表示了一般的信息系统的生命周期。

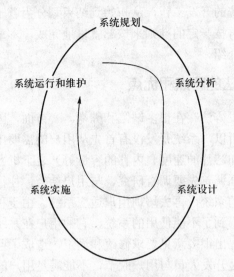

图 3-1　信息系统的生命周期

通常所说的信息系统开发的生命周期，指的是系统分析员、软件工程师、程序员以及最终用户建立信息系统的一个过程，是管理和控制信息系统开发过程的一种基本框架，是信息系统开发中一种用于规划、执行和控制信息系统开发的项目组织和管理方法，是系统工程原理在信息系统开发中的具体应用。

由图 3-1 可见，从宏观上讲，任意一个信息系统的生命周期都可以分为系统规划、系统分析、系统设计、系统实施、系统运行和维护等五个阶段。这就是广义的信息系统生命周期法。

这里要强调的是，无论是结构化系统开发方法，还是原型化开发方法和面向对象开发方法，所开发的信息系统都会遵循生命周期的规律。规划、分析、设计、实施与运行维护是从总体上必须把握的几大步骤。

2. 狭义的生命周期法

狭义的生命周期法主要指的是结构化系统开发方法（structured system development methodologies，SSDM），亦称 SSA&D（structured system analysis and design）或 SADT（structured analysis and design technologies），是自顶向下结构化方法、工程化的系统开发方法和生命周期方法的结合，又称为结构化生命周期法。

结构化生命周期法是 20 世纪 60 年代一些西方工业发达国家吸取了以前系统开发的经验教训，逐步发展起来的一种方法，是迄今为止最普遍、最成熟的一种开发方法，是与广义的生命周期法配合最规范、最严谨的一种开发方法。该方法要求信息系统的开发工作，从初始到结束划分为若干阶段，预先规定好每个阶段的任务，再按一定的准则来按部就班地完成。本章主要是从狭义的生命周期法角度进行介绍。

3.1.2 生命周期法的特点和优点

传统的系统开发方法存在很多缺陷和弊端。一方面，因为当时的硬件性能较低，功能较少，所以，系统开发没有首先从用户的需要出发，而是考虑在现有的限定条件（比如芯片的速度、内存的容量等）之下机器能做什么。另一方面，传统方法并不强调首先要调查研究、与用户结合，往往是闭门造车、编程序，构造一个理想的系统，再去培训用户适应系统。由于种种原因，有的用户花费大量投资后却得到了不能使用的系统，有的用户在系统调试完毕后，才知道系统全貌，这时提出很多意见要求修改和返工，造成了巨大的浪费。产生以上情况的主要原因是开发人员与用户脱节，不能满足用户的要求。但是根本问题是系统开发方法不正确，没有合适的工具和手段。

1. 生命周期法的特点

与传统的方法相比，生命周期法有以下特点。

（1）建立面向用户的观点，根据用户需求来设计系统。信息系统是直接为用户服务的，在系统开发的全过程中，要以用户需求为系统设计的出发点，而不是以设计人员的主观设想为依据。正因为如此，生命周期法十分强调用户需求调查，并要求在未明确用户需求之前，不得进行下一阶段的工作，以保证工作质量和以后各阶段开发的正确性。需求的预先严格定义成为结构化生命周期法的主要特征，它使信息系统开发减少了盲目性。

（2）自顶向下来规划或设计信息系统。自顶向下的规划或设计要求从信息系统的总体效益出发，从全局的观点来规划或设计系统，保证系统内数据和信息的完整性、一致性；注意系统内局部或子系统间的有机联系和信息交流；防止系统内部数据的重复存储和处理。只有自顶向下的统一规划和设计，才能保证系统运行的有效性。

（3）严格按阶段进行。生命周期法采用自顶向下进行系统分析与系统设计，并自底向上进行系统实施。对生命周期的各个阶段严格划分，每个阶段有其明确的目标和任务，而各阶段又可被分为若干工作和步骤。这种有序的安排，不仅条理清楚，便于计划管理和控制，而且后面阶段的工作又是以前面阶段工作成果为依据，基础扎实，不易返工。

（4）文档标准化和规范化。文档是阶段工作的成果，也是本阶段或下阶段工作的依据。为了保证沟通内容的正确理解，要求文档采用标准化、规范化、确定的格式、术语以及图表，使系统开发人员及用户有共同的沟通工具和语言。

（5）运用系统的分解和综合技术，使复杂的系统结构化、模块化。自顶向下将系统划分为相互联系又相对独立的子系统直至模块，是结构化生命周期法常用的方法，其目的是使对象简单化，便于设计和实施。已实施的子系统又可以综合成完整的系统以体现系统的总体功能。

（6）强调阶段成果的审定和检验。由于生命周期阶段划分的出发点是尽量使任务阶段化、模块化，以明确任务和减少错误的传播，因此，要加强阶段成果的审定和检验，以便减少系统开发工作中的隐患。只有得到用户、管理人员和专家认可的阶段成果才能作为下一阶段工作的依据。

2. 生命周期法的优点

结构化生命周期法是一种应用较普遍且在技术上较成熟的方法，在这一领域内已经积累了不少经验。采用结构化生命周期法进行系统开发具有如下优点。

（1）系统易于实现。结构化设计将信息系统建设的总任务由大化小、由繁变简、由难转易，将一个复杂系统分解成许多小的模块，其中每个模块的规模小，功能单一，因而很容易实现。每个模块的功能实现后，它们有机地配合起来，系统的整体功能就能实现。自顶向下、逐步求精的方法符合人类解决复杂问题的普遍规律，可提高信息系统开发的成功率和生产率。因此，对于一个复杂的应用系统来讲，采用结构化生命周期方法比较容易实现。

（2）有利于系统总体结构的优化。采用结构化生命周期法，首先不急于投入人力去编制程序，而是先确定信息系统的用户需求和总体结构，将精力集中于如何进行系统分解，即如何划分模块，划分后的模块之间联系的复杂程度如何。进行反复讨论研究，将系统的结构确定后，再投入力量加以实现。这样处理，不仅可以避免编程阶段产生重大返工，而且有利于系统总体结构的优化。

总之，采用结构化生命周期法，有利于系统的实现，有利于系统结构的优化，也有利于系统具有较好的可维护性。

3.2 生命周期法的工作流程

生命周期法之所以成为一种信息系统开发的方法，是因为可以将它划分为若干个工作阶段，规范为一套比较明确的流程。下面就对生命周期法的阶段和流程做一个较为详细的分析。

3.2.1 生命周期法的阶段划分

目前学术界对于生命周期法各阶段的划分不尽一致，如有的把总体规划归入系统分析阶段，有的把调试测试单独作为一个阶段等。表3-1列出了菲瑞曼（Freeman）、莫梯格（Metzger）、鲍赫门（Boehm）定义的模式。综合以上学者的划分，编者认为，生命周期法的一般模式应划分为五个阶段：系统规划、系统分析、系统设计、系统实施、系统运行和维护。要注意，这里的系统分析是狭义的理解。如果将系统分析理解为广义的，那么生命周期法只有四个阶段，其中系统分析阶段应该包括系统规划。

表 3-1　生命周期法的几种阶段划分的模式

菲 瑞 曼	莫 梯 格	鲍 赫 门	一 般 模 式
需求分析	系统定义	系统需求分析	系统规划
		软件需求分析	系统分析
总体设计	设计	基本设计	系统设计
详细设计		详细设计	
实施	编程	编程与排错	系统实施
	调试		
	验收		
维护	安装运行	调试与运行	系统运行和维护
		运行与维护	

1. 系统规划阶段

系统规划阶段的任务是对组织的环境、战略、目标、现行系统的状况进行初步调查，根据组织的目标和发展战略，确定信息系统的发展战略，对建设新系统的需求做出分析和预测，同时考虑建设新系统所受的各种约束，研究建设新系统的必要性和可能性。根据需要与可能，给出拟建系统的顺序安排以及备选方案。对这些方案进行可行性分析，写出可行性分析报告。可行性分析报告审议通过后，将新系统建设方案及实施计划编写成系统开发计划书。

2. 系统分析阶段

系统分析阶段的任务是根据系统设计任务书所确定的范围，对现行系统进行详细调查，描述现行系统的业务流程，指出现行系统的局限性和不足之处，确定新系统的基本目标和逻辑功能要求，即提出新系统的逻辑模型。系统分析阶段的工作成果体现在系统分析说明书中。

3. 系统设计阶段

系统设计阶段的任务是根据系统分析说明书中规定的功能要求，考虑实际条件，具体设计实现逻辑模型的技术方案，即设计新系统的物理模型。这个阶段的技术文档是"系统设计说明书"。

4. 系统实施阶段

系统实施阶段是将设计的系统付诸实施的阶段。这一阶段的任务包括程序的编写和调试，人员培训，数据文件转换，计算机等设备的购置、安装和调试，系统调试与转换等。这个阶段的特点是几个互相联系、互相制约的任务同时展开，必须精心安排、合理组织。

系统实施是按实施计划分阶段完成的，每个阶段应写出实施进度和状态报告。系统测试之后写出系统测试分析报告。

5. 系统运行和维护阶段

系统投入运行后，需要经常进行维护和评价，记录系统运行的情况，根据一定的规格对系统进行必要的修改，评价系统的工作质量和经济效益。对于不能修改或难以修改的问题记录在案，定期整理成新需求建议书，为下一周期的系统规划做准备。

3.2.2 生命周期法的工作流程

生命周期法的上述五个阶段在时间上基本是按顺序进行的，其相应阶段的工作是下一阶段工作的基础和依据，上一阶段的工作不完成，一般不允许进行下一阶段的工作。可以将上述五个阶段及其工作内容用流程图的形式展现出来，如图 3-2 所示。

在图 3-2 中，可以清楚地发现，尽管是自顶向下设计，但在实际运用中往往会有反复，并且反复可能发生在多处，也可能一处反复多次。例如，在系统设计阶段审查系统分析说明书时，若发现系统有问题，就需要回到系统分析阶段进行重新分析。因此，一方面，为了保证开发质量和效率，必须严格按各阶段目标和任务来进行，并严格每一阶段的审核，尽量使问题在本阶段发现并解决；另一方面，由于系统需求的确定需要一个过程，开发人员分析问题中会有反复的过程，因而，绝对地按照阶段顺序逐步实施系统开发也不现实，难免会从后一阶段又重新回到前一阶段。从图 3-2 中可以了解到采用生命周期法进行系统开发的工作流程。

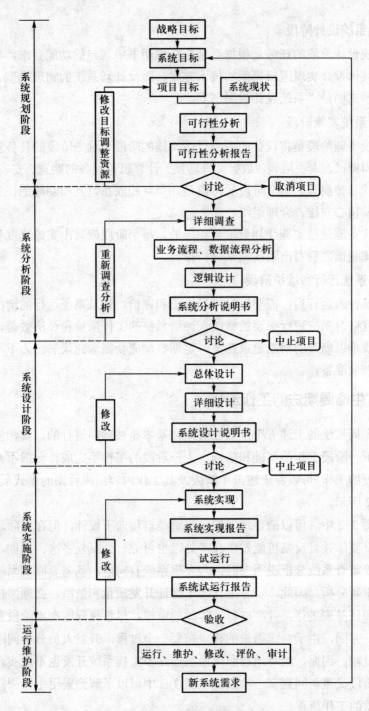

图 3-2　生命周期法的工作流程图

本书重点分析的是信息系统的分析阶段与设计阶段。并且，这里的系统分析取的是广义的含义，包括系统规划、需求分析与可行性分析、调查研究与现状分析以及逻辑设计四个子阶段；系统设计则包括总体设计和详细设计两个子阶段，各个子阶段的具体工作如图 3-3 所示。它们的具体内容对应本书的各个相应章节。

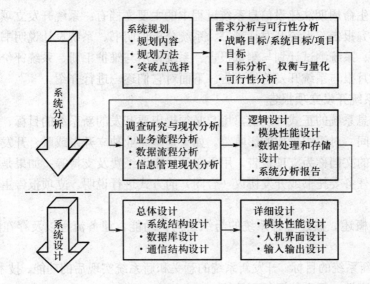

图 3-3　信息系统分析与设计的框架

3.3　生命周期法的实施管理

生命周期法要实施，必须重视文档管理。因为生命周期法是一种严格的自顶向下设计、自底向上实现的过程型方法。生命周期法实施的质量很大程度上取决于各阶段结束时产生的成果，这些成果大多数表现为各类文档。另外，在实施过程中，一定要注意在各个阶段提出的各类变更，比如需求、设计、方法、工具等变更，这就要求我们要进行严格的变更管理。为了帮助用户更好地管理生命周期法的实施，越来越多的信息系统开发采用了监理。所以本节重点就生命周期法的文档管理、变更管理和信息系统监理进行讨论。

3.3.1　文档的规范管理

信息系统的文档，是系统建设过程的"痕迹"，是系统维护人员的指南，是开发人员与用户交流的工具。规范的文档意味着系统是按照工程化开发的，意味着信息系统的质量有了形式上的保障。文档的欠缺、随意性和不规范极有可能导致原来的开发人员流动以后，系统不可以继续开发、维护和升级，变成一个没有扩展性、生命力的系统。所以，为了建立一个良好的信息系统，不仅要充分利用各种现代化信息技术和正确的系统开发方法，同时还要做好文档的管理工作。

按照生命周期法建设信息系统过程中的主要文档有：系统开发立项报告、可行性研究报告、系统开发计划书、系统分析说明书、系统设计说明书、程序设计报告、系统测试计划与测试报告、系统使用与维护手册、系统评价报告、系统开发月报与系统开发总结报告。下面对它们逐一进行介绍。

1. 系统开发立项报告

在信息系统的正式开发前，用户必须提出要开发的新系统的目标、功能、费用、时间、对组织机构的影响等。如果是本企业独立开发或联合开发，这些内容形成的文档称为立项报告，用于向领导申请经费及支持等；如果是委托开发，则以任务委托书或开发协议（合同）的方式进行说明。立项报告主要包括以下内容。

（1）概述。概述现行系统的组织结构、功能、业务流程以及存在的主要问题。

（2）新系统的目标。开发新系统的意义和新系统实现后的功能、技术指标、安全和保密性、新系统运行环境等。

（3）经费预算和经费来源。

（4）项目进度和完成期限。

（5）验收标准和方法。

（6）移交的文档资料。

（7）开始可行性研究的组织队伍、机构与预算。

（8）其他有关需要说明的问题。

2. 可行性研究报告

可行性研究阶段的文档是可行性研究报告。在可行性研究报告中要说明待开发项目在技术上、经济上和社会因素上的可行性，评述为了合理地达到开发目标可供选择的各种可能实施的方案，说明并论证所选定实施方案的理由。可行性研究报告主要包括以下内容。

（1）引言。

（2）可行性研究的前提或基本准则。

（3）现行系统描述及现行系统存在的主要问题。

（4）新系统的目标、要求、约束及对现行系统的影响。

（5）可供选择的方案比较。

（6）投资和效益分析。

（7）社会因素方面的可行性。

（8）结论和有关建议。

3. 系统开发计划书

可行性报告被批准后及在系统开发之前，需要拟订一份较为详细的系统开发计划，以保证系统开发工作按计划保质保量按时完成。在系统开发计划书中，应该说明各任务的负责人员、开发的进度、开发经费的预算、所需的硬件及软件资源等。系统开发计划书应提供给项目管理人员，作为开发阶段评审的参考。对于项目计划的管理，可以采用 Microsoft Project 等项目管理软件进行辅助管理。系统开发计划书的主要内容如下。

（1）概述。主要包括系统开发的主要目标、基本方针、参加人员、工作阶段和内容等。

（2）开发计划。系统开发各工作阶段或子项目的任务、分工、负责人、计划时间（开始及结束时间）、人力与资金及设备消耗、实际执行情况等。可用工作进度表、甘特图、网络图及关键路径法等工具辅助管理。

（3）验收标准。每项工作完成后验收的标准（时间、资金、质量等）。

（4）协调方法。信息系统开发中各个单位、阶段之间的衔接、协调方法、负责人、权限等。

4. 系统分析说明书

当信息系统的开发采用委托方式进行时，用户需求说明书（或称为用户需求报告）是开发单位与用户间交流的桥梁，同时也是系统设计的基础和依据。当采用独立开发或合作开发时，系统分析是系统开发中最重要的工作，其工作成果就是系统分析说明书（或称为系统分析报告）。系统分析工作的好坏决定了新系统的成败。从信息系统生命周期的角度来看，用户需求说明书就是系统分析说明书。系统分析说明书的主要内容一般包括以下内容。

（1）概述。

（2）系统需求。

（3）新系统目标与新系统的功能。

（4）新系统的逻辑模型。

（5）新系统运行环境。

（6）新系统的验收标准与培训计划。

5. 系统设计说明书

在系统分析的基础上，根据系统分析说明书进行新系统的物理设计，并完成系统设计说明书（或称系统设计报告）的撰写。系统设计说明书主要包括以下内容。

（1）概述。

（2）总体结构。

（3）计算机系统配置。

（4）代码设计。

（5）数据库设计。

（6）输入与输出设计。

（7）计算机处理过程设计。

（8）接口及通信环境设计。

（9）安全、保密设计。

（10）数据准备。

（11）培训计划。

6. 程序设计报告

依据系统设计报告，进行程序设计工作。程序设计经调试通过后，应完成程序设计报告，以便为系统调试和系统维护工作提供依据。有了程序设计报告，就可以避免因程序员的流动造成系统维护工作的困难。程序设计报告的主要内容如下。

（1）概述。

（2）程序结构图。

（3）程序控制图。

（4）算法。

（5）程序流程图。

（6）源程序。

（7）程序注释说明。

7. 系统测试计划与测试报告

为做好组装测试和确认测试，需为如何组织测试制定实施计划。测试计划应包括测试的内容、进度、条件、人员、测试用例的选取原则、测试结果允许的偏差范围等。

测试工作完成以后，应提交测试计划执行情况的说明。对测试结果加以分析，并提出测试的结论意见。系统测试是系统实施阶段的重要工作。系统测试报告主要内容如下。

（1）概述。说明系统测试的目的。

（2）测试环境。有关软硬件、通信、数据库、人员等情况。

（3）测试内容。系统、子系统、模块的名称，性能技术指标等。

（4）测试方案。测试的方法、测试数据、测试步骤、测试中故障的解决方案等。

（5）测试结果。测试的实际情况、结果等。

（6）结论。系统功能评价、性能技术指标评价、结论。

8. 系统使用与维护手册

系统使用与维护手册是为用户准备的文档。有的系统比较大，将使用手册与维护手册分开。其中，系统使用手册（或称操作手册）一般是面向业务人员的，他们是系统的最终使用者。系统维护手册（或称技术手册）是供具有一定信息技术专业知识的系统维护人员使用的。系统使用与维护手册的主要包括以下内容。

（1）概述。主要包括系统功能、系统运行环境（软、硬件）、系统安装等内容。

（2）使用说明。系统操作使用说明较为详细地说明了操作的目的、过程、方式、输入输出的数据等。最好将系统操作的界面截图放入说明书，便于使用者学习与操作。

（3）问题解释。解释了系统使用中可能出现的问题及解决办法，如非常规操作命令、系统恢复过程及意外情况与开发单位的联系方式等。

信息系统运行过程中，用户还需要记录运行日志，在发现需要对系统进行修正、更改的问题时，应将存在的问题、修改的考虑以及修改的影响估计作详细的描述，写成维护修改建议书（或称维护修改申请书），提交审批。维护修改建议书也是系统运行维护期间的重要文档。

9. 系统评价报告

系统评价报告主要是根据系统可行性研究报告、系统分析说明书、系统设计说明书所确定的新系统的目标、功能、性能、计划执行情况，新系统实现后的经济效益和社会效益等给予评价。如果该信息系统的开发已作为立项的科研项目，那么还要请专家进行鉴定。系统评价报告主要包括以下内容。

（1）概述。

（2）系统构成。

（3）系统达到设计目标的情况。

（4）系统的可靠性、安全性、保密性、可维护性等状况。

（5）系统的经济效益与社会效益的评价。

（6）总结性评价。

有的项目聘请了相应的监理与审计机构，那么还需要有相应的系统监理报告和系统审计报告，这两种报告的内容大体与系统评价报告相同。

　　10. 系统开发月报与系统开发总结报告

　　信息系统建设开始以后，各任务的负责人应该按月向管理部门提交相应的项目进展情况报告。报告应包括进度计划与实际执行情况的比较、阶段成果、遇到的问题和解决的办法以及下个月的打算等。

　　在整个信息系统项目开发已经完成，并且系统正式运行一段时间以后，系统开发人员应与项目实施计划对照，总结实际执行的情况，如进度、成果、资源利用、成本和投入的人力，从而对开发工作作出评价，总结出经验和教训，形成系统开发总结报告。系统开发总结报告包括以下内容。

　　（1）概述。包括信息系统的提出者、开发者、用户，系统开发的主要依据，系统开发的目的，系统开发的可行性分析等。

　　（2）信息系统项目的完成情况。包括系统构成与主要功能，系统性能与技术指标，计划与实际进度对比，费用预算与实际费用的对比等。

　　（3）系统评价。包括系统的主要特点，采用的技术方法与评价，系统工作效率与质量，存在的问题与原因，用户的评价与反馈意见。

　　（4）经验与教训。包括系统开发过程中的经验与教训，对今后工作的建议，写出对外发表的论文。

　　总而言之，信息系统的文档是按生命周期法进行系统建设中的重要组成部分，对于系统开发的成功和系统维护的正常起着保证和支持作用。各阶段产生的文档要参照国家软件开发规范进行填写并按照统一的格式进行编号。文档的多少和大小、复杂程度与所开发的信息系统的大小和复杂程度成正比。文档要尽可能地简单明了，便于阅读，并且尽量使用图、表进行说明。

3.3.2　信息系统的变更管理

　　信息系统按生命周期法实施的过程中，总会出现各种各样的变更。所谓项目的变更是指对于一个正在实施的信息系统项目本身，或是对于项目的整体计划，所提出的各种改动的要求。例如，增加、减少或者改变项目计划的任务需求，修改或修订项目计划中有关项目成本或进度安排等。这些变更的要求多数是在项目计划的实施过程中提出和确定的，所以它们也是生命周期法实施过程中必须重视的问题。

　　项目变更的总体控制涉及很多方面的管理问题。例如，如何去影响那些项目变更的要求，从而使项目变更能够产生有益的效果；如何能够确定那些要求的变更已经实现；在项目实施中如何管理正在发生的变更等。

　　项目变更的总体控制是针对项目变更的单项控制而言的。在项目实施过程中，项目的目标、计划、任务范围、进度、成本和质量等各个方面都会发生变动。在项目实施过程中，这些变动多数可以在项目变更的专项控制中予以解决。但是在项目计划的实施中，必须开展对于项目变更的总体控制，以协调和管理好项目各个方面的变动要求，和项目各相关利益者提出的项目变更要求。

项目变更的总体控制与项目范围、项目进度、项目成本、项目质量、项目风险、项目合同等专项变更控制是紧密相关的，它是更高一层的全局性的项目变更控制。

信息系统在开发过程中，无论是总体变更控制还是单项变更控制，都应纳入变更管理系统，需要一套变更管理的制度、流程和表格。表3-2即为信息系统开发过程中的一种变更管理表格。

表3-2　信息系统开发过程变更申请表

申请日期			变更内容的关键词	
申请人	姓名	职务	归属子系统或模块	
变更内容				
变更理由				
对其他子系统的影响及所需资源				
申请人评估				
	开发方负责人评估		用户方负责人评估	
若不变更	开发方负责人批复意见		用户方负责人批复意见	
若变更	开发方负责人批复意见		用户方负责人批复意见	
优先级		编号	执行人	结束时间
开发方负责人 签发日期			用户方负责人 签发日期	

下面对表3-2中的各填项作简要说明。

（1）申请人。申请人既可以是用户方成员，也可以是开发方成员。

（2）变更内容的关键词。变更内容的关键词通常是变更内容的主题，让人一看就大致知道变更的内容。

（3）归属子系统或模块。所申请的变更属于哪些子系统或模块以及涉及的工作范围。

（4）变更内容。详细地描述变更的内容。

（5）变更理由。造成变更的原因很多，主要有以下几种。

① 系统分析和设计不周密详细，有一定的错误或遗漏。例如在设计语音数据处理系统时没有考虑到计算机网络的承载流量的问题。

② 出现了或是设计人员提出了新技术、新手段或新方案。在项目实施过程中，常会出现制定计划时尚未出现的、可以大幅度降低成本的新技术。

③ 项目实施组织本身发生变化。比如，由于项目所在企业同其他企业合并或出现其他情况，项目班子成员组织发生变化。

④ 客户对项目、项目产品或服务的要求发生变化。

（6）对其他子系统的影响及所需资源。如果要实现变更，就应说明变更会对其他子系统产生什么影响、影响的程度以及实现变更所需要的资源，如人力、物力、时间等。

（7）申请人评估。申请人对变更的评估，包括对变更执行或不执行所带来的影响和后果。

（8）开发方负责人评估。开发方负责人从全局利益出发给出对此变更的评估。

（9）用户方负责人评估。用户方负责人从自身的利益出发给出对此变更的评估。

（10）若不变更。开发方负责人批复意见、用户方负责人批复意见。

（11）若变更。开发方负责人批复意见、用户方负责人批复意见。

（12）其他。优先级。该项变更在所有变更和总体开发进度中的优先级；编号：该项变更的编号；执行人：变更执行的负责人；结束时间：执行的期限。

通过以上变更管理表，就能将按生命周期法实施过程中出现的变更置于监控之中。实际上，填表 3-2 的过程，就是变更管理的流程，而表中各项内容的获得，需要变更管理的制度做支持。

3.3.3 信息系统实施的监理

信息系统建设监理是监理企业受用户方的委托，对信息系统建设实施的监督管理，笼统地说，其主要职能有以下几项或其中的一部分：① 协助用户方组织信息系统建设的招标、评标活动；② 协助用户方与中标企业签订信息系统的开发合同；③ 根据用户方的授权，监督管理开发合同的履行；④ 根据监理合同的要求，为用户方提供技术服务；⑤ 监理合同终止后，向用户方提交监理工作报告。

就生命周期法建设信息系统而言，开发方承担用户方的信息系统开发工作，需要完成包括系统规划、系统分析、系统设计、系统实现和运行维护等各项工作，监理方的工作实际上也贯穿于系统建设的全部过程。下面详细分析信息系统生命周期各阶段监理工作的要点。

1. 系统规划阶段

（1）为组织高层讲解信息化的意义，协助用户方根据组织战略目标制定信息系统的战略规划。

（2）对用户方现有信息资源、信息处理能力、技术基础、环境条件、资金设备等资料进行分析。

（3）协助用户方确定信息系统的开发方式。

（4）制定开发信息系统的技术路线和接口规范。

（5）组织招标和评标活动。

（6）协助组织做好投资风险分析，提出可靠的经济效益分析表，突出信息系统建设的竞争驱动和效益驱动原则。在此基础上，根据资金筹措的情况列出分期工程的实施计划。协助撰写可行性研究报告或对可行性研究报告进行审查。

2. 系统分析阶段

（1）协助用户方明确新系统的具体任务、目标、作用、地位。

（2）与开发方分工培训用户方的业务支持人员，使他们对信息系统的开发有初步的了解。

（3）协助用户方规范组织的业务流程，并能形式化表达。

（4）提出与新系统相适应的组织管理改进方案，并列出时间表。

（5）协助用户方审核开发方提交的系统分析报告。

3. 系统设计阶段

（1）协助用户方设计并制定现有业务流程的改进方案。

（2）协助用户方审核开发方提交的信息编码体系设计方案。

（3）协助用户方审核开发方提交的详细设计报告。

（4）协助用户方审核开发方提交的产品和设备的购置计划。

（5）对用户方单位管理人员开展有针对性的培训。

4. 系统实施阶段

（1）抽样审查程序设计说明书。

（2）按开发合同和详细设计报告检查各子系统的质量和进度是否按计划执行。

（3）督促用户方单位按照既定时间表调整业务流程和组织机构。

（4）协助用户方审查开发方的测试大纲和详细测试计划。

（5）对用户方企业的业务支持人员进行系统测试方面的培训，协助用户方准备测试用例。

（6）协助用户方对开发方交付的子系统或整个系统进行测试，撰写测试报告。

（7）审查开发方提交的技术报告、用户手册等相关文档。

5. 系统运行与维护阶段

（1）督促开发方与用户方相互配合，培训相关的操作人员和系统管理员。

（2）监督新老系统交替期间数据有序转换，监督用户方员工执行新的业务流程和操作规程，并在执行中加以改进。

（3）对出现的软件、系统接口等方面的技术问题，根据开发合同督促开发方进行修正。

（4）监督用户方企业认真做好各审计点的数据记录及分析，进行新老系统的生产效率、产品质量、成本效益及设备运行状态的对比分析。

（5）开始项目审计工作，根据审计结果对新系统进行综合评价。

如果用户方的信息系统建设人员缺乏，可以考虑聘请监理。监理可以按照以上的工作要求对生命周期中的用户方进行督促和协助，对开发方则进行监督和管理。

3.4　生命周期法的成功要素

总结以往采用生命周期法进行信息系统开发的经验，凡是遭到失败的，主要存在以下几个问题。

第一，对信息系统建设的目的不明确。即系统开发人员没有对用户的目前状况和现行系统做深入细致的调查研究，仅通过一些表面现象进行系统的设计、开发工作。结果开发出来的系统不符合用户的要求，无法在实际环境中使用。

第二，没有贯彻以用户为中心的观点。信息系统最终是要交付给用户使用的，因此，为了保证系统开发的顺利进行，必须非常重视吸收用户的意见。但有些系统开发人员在建设初期还听取用户的意见，以后就不怎么听取了，或者虽然听了，但不做认真研究，结果开发出来的系统得不到用户的认可。

第三，系统开发过程没有明确的阶段划分和分工，缺乏检查。信息系统是一个涉及面广、技术复杂的系统，需要购买软硬件等设备并需投入大量人力，如果到系统建成时才发现不符合使用要求，就将造成重大的经济损失。为了保证信息系统的开发能顺利进行，就必须将系统开发过程划分成若干阶段，每个阶段都规定明确的目标和任务，并且制定必要的检查措施，使系统的开发工作稳步进行，获得成功。但是由于许多系统开发人员并不深刻理解这种生命周期法的开发过程，一接到开发任务，马上就想到编程，对于系统的分析、设计工作很不重视，结果问题众多、矛盾百出。同时，由于没有明确的阶段和目标，中间又缺乏检查环节，使工期和费用失去控制。这是过去一些项目失败的一个重要原因。

第四，文档管理比较薄弱，开发人员和用户之间缺少能沟通思想的工具。一般说来，系统开发人员和用户具有不同的专业背景，因而彼此不理解对方的思维方法、技术术语等，不能及时地交流思想。而系统开发各个阶段所产生的结果没有以文件和图表形式表达出来。整个系统的分析和设计情况全装在设计者的脑袋里，一旦他离开，别人就很难插手，导致系统维护、改进工作无法进行。从目前大多数开发项目的情况来看，文档管理是一个非常薄弱的环节。这也是有些系统不能及时投入正常运行的原因之一。

所以生命周期法要成功实施，除要注意文档管理、变更管理和聘请监理外，还需要注意检查实施过程是否符合生命周期法的一些典型特点，这些特点又是生命周期法的成功要素：即 ① 树立面向用户的观点，根据用户需求来设计系统；② 自顶向下来规划或设计信息系统；③ 严格按阶段进行；④ 建立有效的工作文档；⑤ 运用系统的分解和综合技术，使复杂的系统结构化、模块化；⑥ 强调阶段成果的审定和检验。

以上成功要素中，第①条的思想贯穿在本书的第 4 章"需求分析和可行性分析"以及第 5 章"调查研究与现状分析"中，第②条、第③条和第⑥条贯穿在本章第 2 节"生命周期法的工作流程"的落实中，本节不再赘述。这里重点谈谈第④条文档的有效性和第⑤条结构化开发。

3.4.1 文档的有效性

为了使信息系统的文档能起到多种沟通作用，使它有助于程序员编制程序，有助于管理人员监督和管理软件开发，有助于用户了解信息系统的工作方式和应做的操作，有助于维护人员进行有效的修改和扩充，就必然要求文档的编制要保证一定的质量。

1. 造成文档质量差的原因

质量差的文档不仅使读者难于理解，给使用者造成许多不便，而且会削弱对信息系统的管理（管理人员难以确认和评价开发工作的进展），增加信息系统的开发成本(一些工作可能被迫返工),甚至造成更加严重的后果(如误操作等)。

造成信息系统文档质量不高的原因主要有四个。

(1) 认识上的问题。不重视文档编写工作。

(2) 规范上的问题。不按各类文档的规范写作,文档的编写具有很大的随意性。

(3) 技术上的问题。缺乏编写文档的实践经验,对文档编写工作的安排不恰当。

(4) 评价上的问题。缺乏评价文档质量的标准。

信息系统建设过程在很大程度上是应用软件的开发过程。就软件的两大部分——程序和文档而言,程序相对来说是"硬件",是必须最终完成的,开发者往往认为只要最终程序正确,能够满足系统需求就达到了系统要求;而文档是"软件",有一些必须完成,而有些则无严格要求,并且也可以事后补充。因而,为了追求开发进度,一些文档资料常被忽略。另外,文档经常是给别人看的,文档的作用很多是在事后才能体现出来的,使得系统开发人员缺乏书写文档的动力和自觉性。于是在程序工作完成以后,不得不应付一下,把要求提供的文档赶写出来。这样的做法是不可能得到高质量的文档的。

2. 高质量文档的特点

实际上,要得到真正高质量的文档并不容易,除去应在认识上对文档工作给予足够的重视外,还要规范文档的写作。高质量的文档应当体现在以下一些方面。

(1) 针对性。文档编制以前应分清读者对象,按不同类型、层次的读者,决定怎样适应他们的需要。例如,管理文档主要是面向管理人员的,用户文档主要是面向用户的,这两类文档不应像开发文档(面向开发人员)那样过多地使用信息技术的专业术语。

(2) 精确性与统一性。文档的行文应当十分确切,不能出现多义性的描述。同一项目的不同文档在描述同一内容时应该协调一致,应是没有矛盾的。

(3) 清晰性。文档编写应力求简明,如有可能,应配以适当的图表,以增强其清晰性。

(4) 完整性。任何一个文档都应当是完整的、独立的,应自成体系。例如,前言部分应作一般性介绍,正文给出中心内容,必要时还有附录,列出参考资料等。同一课题的几个文档之间可能有些部分相同,这些重复是必要的。例如,同一项目的用户手册和操作手册中关于本项目的功能、性能、实现环境等方面的描述是没有差别的。特别要避免在文档中出现转引其他文档内容的情况。比如，一些段落并未具体描述，而用"见××文档××节"的方式，这将给读者带来许多不便。

（5）灵活性。各种不同的信息系统项目，其规模和复杂程度有着许多实际差别，不能一律看待。第 3 节中所列的 10 种文档是针对中等规模的系统开发而言的。对于较小的或比较简单的项目，可做适当调整或合并。

（6）可追溯性。由于各开发阶段编制的文档与各阶段完成的工作有着紧密的关系，前后两个阶段生成的文档，随着开发工作的逐步扩展，具有一定的继承关系。在一个项目各开发阶段之间提供的文档必定存在着可追溯的关系。例如，某一项功能需求，必定在设计说明书、测试计划以至用户手册中都有所体现。必要时应能做到跟踪追查。

（7）易检索性。无论是发生频率固定的文档，还是频率不固定的文档，在结构的安排和文件的装订上都必须能使查阅者以最快的速度进行检索。

3. 文档管理的原则

为了最终得到高质量的信息系统文档，在信息系统的建设过程中必须加强对文档的管理。文档管理应从以下几个方面着手进行。

（1）文档管理的制度化。即形成一整套文档管理制度，其内容可以包含文档的标准、修改文档和出版文档的条件、开发人员在系统建设不同时期就其文档建立工作应承担的责任和任务。根据这一套完善的制度来最终协调、控制系统开发工作，并以此对每一个开发人员的工作进行评价。

（2）文档的标准化、规范化。在系统开发前必须首先选择或制定文档标准，在统一标准制约下，开发人员负责建立所承担任务的文档资料。对于已有参考格式和内容的文档，如系统分析说明书，应尽量按相应规范撰写文档。对于没有参考格式的文档，如需求变更申请书，应该由项目组内部制定相应的规范和格式。

（3）文档管理的人员保证。项目小组应设文档组或至少一位文档保管人员，负责集中管理本项目已有文档的两套文本。两套文本内容应完全一致，其中的一套可按一定手续办理借阅。

（4）文档的一致性。信息系统开发建设过程是一个不断变化的动态过程，一旦需要对某一文档进行修改时，要及时、准确地修改与之相关联的文档，否则将会引起系统开发工作的混乱。而这一过程又必须有相应的制度来保证。

（5）文档的可追踪性。由于信息系统开发的动态性，系统的某种修改是否最终有效，要经过一段时间的检验，因此文档要分版本来实现。而各版本的出版时机及要求也要有相应的制度。

对于信息系统开发过程中的文档应尽量引入配置管理的工具，以提高文档管理和版本管理的效率和质量。

3.4.2 系统的结构化开发

狭义的生命周期法要求信息系统的开发工作按照规定步骤，使用一定的图表工具，在结构化和模块化的基础上进行。结构化是把系统功能当作一个大模块，根据系统分析与设计的不同要求，进行模块的分解或者组合工作，这将贯穿于系统分析、系统设计和程序设计的各个过程。

这里的"结构化"的含义是"严格的、可重复的、可度量的"。结构化方法是从数据流的角度将问题分解为可管理的、相互关联的子问题，然后再将这些子问题的解综合成为整个业务问题解的一系列技术的总称。结构化的实质是"自顶向下，逐步求精，分而治之"。结构化系统设计的基本思想如下。

1. 将一个复杂的系统分解成一个多层次的模块化结构

结构化设计认为，任何一个系统都具有两个特征：过程特征，指任何一个系统都可以分解成若干个有序的过程；层次特征，指组成系统的各部分之间存在着一种上下级的隶属关系、管辖关系。

按照这种思想，可以将一个无论多么复杂的系统，逐步分解成若干个十分简单的模块的集合：先将系统按照过程特征分解成几个模块，再按照层次特征将上述模块中的每一个模块分解成更小的模块，这种分解可以进行多次，使得最底层的模块变得非常简单。这样就将一个原来十分复杂的系统分解成一个多层次的模块化结构，如图3-4所示。

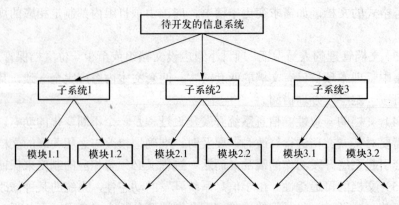

图3-4 信息系统的模块化开发

2. 每一个模块尽可能独立

尽量使每个模块成为一个独立的组成单元，使模块之间的联系降到最低程度。至于模块之间的耦合关系在本书第 7 章中将予以详细阐述。

3. 可用直观的工具来表达系统的结构

结构化方法为系统开发人员提供了一套简明的图形表达工具，如数据流图、数据字典、数据存储规范化、数据立即存取图以及功能分析的表达方法，包括决策树、决策表和结构式语言等。

采用结构化方法，可以自顶向下进行分析和设计，得到一系列的独立模块，然后对这些模块进行实现，依次组装、调试得到上层的模块，从而得到自底向上实现的结果。

3.5 使用生命周期法的条件

虽然生命周期法的理论比较完善，在系统开发中得到普遍应用，但也存在一些不足之处，主要表现在以下几方面。

（1）用户对信息技术的了解程度不够，加上环境不断变化，导致系统需求难以准确确定，并且不断变化。由于专业及知识背景不一样，影响了用户和系统分析人员之间的正常交流并形成障碍。在系统开发初始阶段，用户往往不能确切地描绘现行信息系统的现状和未来的目标，分析人员在理解上也会有错误和偏差，造成系统需求定义的困难；另外，又要求系统对不断变化的内外部环境具有一定的适应性，而这正是生命周期法所很难实现的。

（2）生命周期法开发周期长、文档过多。由于生命周期法严格依据阶段的目标和任务进行开发，使得开发周期拖长，各阶段文档资料较多，而且容量较大，用户难以真正理解这些文档。由于信息化市场竞争激烈，开发人员为了缩短开发周期，也会因为怕麻烦，从而有意放松文档的管理。

（3）各阶段文档的审批工作困难。必须由用户认可并审批的各阶段文档，不是用户所能真正理解和评审的，导致文档不能及时审批，或形式上已审批通过但问题依然存在。当然，采用监理方式可以在一定程度上帮助用户方加强审查工作。

（4）生命周期法不适合面向决策的应用。因为决策问题可能是高度非结构化和不固定的，需求经常变化；另外，决策应用往往缺乏很好的可定义模型及过程，决策者对自己的信息需求常无法预先确定，他们可能需要借助一个实际系统来进行试验；规范化的需求说明可能会影响系统开发者探索和发现问题。所以，对高度不确定性问题不适合用生命周期法进行解决。

因此，相对于原型法来讲，生命周期法更适合于以下场合：用户需求定义可以明确；系统运行程序确定、结构化程度高；系统具有较长的使用寿命，环境变化不大；开发过程要求有严格的控制；研制人员对系统任务了解且熟练程度较高；系统文档要求详而全；开发成果重复使用等。

本书以生命周期法为主，但专门设立章节讨论原型法和面向对象方法，关于这两种方法的介绍请参见第 10 章和第 11 章。

本章小结

信息系统开发方法按照时间过程可以分为生命周期法和原型法。生命周期法可以分为广义和狭义的理解。广义的生命周期法是任何信息系统都有生命周期，包括系统规划、系统分析、系统设计、系统实施和系统运行与维护五个不断循环的阶段。狭义的生命周期法主要指的是结构化系统开发方法，是自顶向下结构化方法、工程化的系统开发方法和生命周期方法的结合，又称为结构化生命周期法。

生命周期法具有如下特点，同时这些特点也是该方法实施的成功要素：建立面向用户的观点，根据用户需求来设计系统；自顶向下来规划或设计信息系统；严格按阶段进行；建立有效的工作文档；运用系统的分解和综合技术，使复杂的系统结构化、模块化；强调阶段成果的审定和检验。

生命周期法实施过程中，要重视文档管理、变更管理以及对开发的监理。要实施生命周期法，还要注意其实施条件。

关键词

生命周期法	系统规划
系统分析	系统设计
系统实施	系统运行与维护
文档管理	文档的有效性
变更管理	信息系统监理

思考题

1. 如何对信息系统开发方法进行分类？
2. 如何理解广义和狭义的生命周期法？
3. 请绘制生命周期法的工作流程图。
4. 如何对生命周期法实施中的变更进行管理？
5. 生命周期法的成功要素有哪些？
6. 如何进行有效的文档管理？
7. 简述信息系统开发的结构化思想。
8. 简述使用生命周期法的条件。

第 4 章　需求分析和可行性分析

本章要点

1. 目标分析的重要性和任务
2. 各种目标之间的关系
3. 可行性分析的任务
4. 可行性分析报告的撰写
5. 可行性分析报告的审议

一个企业要进行信息化建设，首先必须做好组织的信息化规划。要根据组织的战略制定出组织的信息战略，确定信息战略的目标。在此基础上，对于未来相当长一段时间的信息系统发展做出规划，给出信息系统的目标和子系统建设规划。对于决定目前要开发的系统，还要进一步界定信息系统的范围、明确信息系统的质量、提出进度和成本的要求。

在对信息系统做出规划的过程中，需要分析管理与决策的信息需求，对于确定的系统目标要进行分析、权衡和量化，以便对目标进行有效管理。对于待建项目，在实施之前还应该进行可行性分析，撰写可行性分析报告。如果可行性分析的结论是可行，则组织力量开始实施；如果条件欠佳，则要创造条件；如果结论是不可行，则要停止项目的实施。

4.1　战略目标、系统目标和项目目标

在第 2 章中，介绍了信息系统规划的主要方法，在制定信息系统规划时应该明确组织的战略目标和信息战略目标，从而导出信息系统的目标。在此基础上，制定出待开发的信息化项目规划，确定每个具体项目的范围、质量、进度和成本的目标。

4.1.1 组织战略与信息化建设

组织的信息战略直接服务于高层的愿景、战略和发展目标，为支持组织战略的实现，需要提供短、中、长期的信息化项目规划指南。信息战略的设计与实施应该紧紧围绕组织的业务模式、价值链和核心业务，分阶段地对组织运行的全流程实现信息化管理，并逐渐达到数据的信息化、流程的信息化和决策的信息化。图 4-1 描述了信息系统对组织战略的影响。

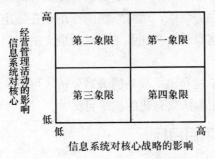

图 4-1　信息系统对组织战略的影响

如图 4-1 所示，沿着纵坐标，管理者对信息系统在当前的经营管理方面的影响进行评价。对于一些组织来说，准确可靠地使用信息系统对于组织的生存是非常关键的，即使是服务上很短的中断或质量上很小的瑕疵都会造成深远的影响；而对于另外一些组织来说，信息系统的失效可能并不会给企业带来直接的重大影响。

如图 4-1 所示，沿着横坐标，管理者对信息系统在组织未来持续发展方面的影响进行评价。对一些组织来说，引进信息系统带来的创新对于将来的战略定位是至关重要的；但对于另外一些组织来说，新系统只会改善局部经营业绩，而不会对整个组织的战略产生影响。

通过这两个维度，可以得出四种类型。

在第一象限，信息系统对核心战略的影响程度高，对核心经营管理活动的影响程度也高。对于这样一个组织，信息系统处于绝对的战略高度，此时组织的信息系统策略将促成组织和产业结构的变革。该信息化建设的领导需要组织的一把手，如首席执行官或董事长，亲自领导，整个信息系统建设将是一场管理变革。

在第二象限，信息系统对核心战略的影响程度低，对核心经营管理活动的影响程度高。对处于该象限的组织，信息系统的作用主要是提高流程绩效和工作绩效。该信息化建设的领导主要靠相应业务部门的主管，信息化建设的主要任务是流程改进。

在第三象限，信息系统对核心战略和核心经营管理活动的影响程度都低。对处于该象限的组织，信息系统主要起辅助支持的作用，帮助组织提高局部运作业绩。此类组织信息化建设由各部门监管人员督促即可，信息化建设还处于基础性实验阶段。

在第四象限，信息系统对核心战略影响程度高而对核心经营管理活动影响程度低。对处于该象限的组织，信息系统的作用是在新组建的部门或业务领域内发挥作用，信息化建设的主要任务是面对新成立的部门，由组织的策划部门负责。

通过以上对信息系统和组织战略的关系分析，可以从战略高度把握信息化建设的方向，从而确定组织信息化的战略目标。

4.1.2 系统目标和项目目标

组织信息化的战略目标确定以后，需要一个集成的信息系统为之服务。这个集成的信息系统由一系列的子系统组成，这些子系统可能安排在若干年内逐渐实施，这就要求我们确定集成的信息系统的目标、子系统的目标以及待建信息系统项目的目标。

要明确系统目标，首先要明确组织中存在的问题和机会。PIECES 方法是一种效果显著的进行问题识别和分类的方法。PIECES 是 6 个英文单词的缩写，具体如下。

（1）P 是 performance 的缩写，表示提高系统的性能。

（2）I 是 information 的缩写，表示提高信息的质量和改变信息的处理方式。

（3）E 是 economics 的缩写，表示改善组织的成本、效益等经济状况。

（4）C 是 control 的缩写，表示提高信息系统的安全和控制水平。

（5）E 是 efficiency 的缩写，表示提高组织的人、财、物等的使用效率。

（6）S 是 service 的缩写，表示将要提高组织对客户、供应厂商、合作伙伴、顾客等的服务质量。

通过研究 PIECES 框架中类别或子类中的内容，可以发现企业中存在的各种问题。PIECES 框架的内容如表 4-1 所示。根据组织现有信息系统的当前情况，按照 PIECES 方法逐个回答问题。通过对这些回答进行分析，就找到了当前系统中存在的问题、机会以及新系统应该达到的目标。

表 4-1 PIECES 框架的内容

类　别		内　容　描　述
性能		吞吐量，表示单位时间内处理的工作量
		响应时间，完成一项业务或请求所耗费的平均时间
信息和数据	输出	缺乏任何信息
		缺乏必要的信息
		缺乏有关的信息
		信息过多，即信息过载
		提供信息的格式不符合要求
		信息是不准确的
		信息是很难产生的
		信息的产生不是实时的，太慢了
信息和数据	输入	数据是无法捕捉的
		数据是无法及时捕捉的
		捕捉到的数据是不准确的，包含了错误
		数据的捕捉是非常困难的
		捕捉到的数据是冗余的，即某些数据被多次捕捉
		捕捉到的数据太多了
		捕捉到的数据是非法的，即不是通过合法途径捕捉到的数据
	已存储的数据	一个数据在多个文件或数据库中存储
		已存储的数据是不准确的
		已存储的数据是不安全的，容易遭到无意或恶意的破坏
		已存储的数据的组织方式是不合适的
		已存储的数据是不灵活的，即这些已存储的数据不容易满足新的信息的需要
		已存储的数据是不可访问的
经济	成本	成本是未知数
		成本是不可跟踪的
		成本过高
	收益	新的市场需求已经形成
		当前的市场营销方式已经改进了
		订单数量提高了

续表

类　　别	内 容 描 述	
控制和安全	安全性机制或控制手段太少	输入的数据是不完整的
		数据很容易受到攻击
		数据或信息可以轻而易举地被未授权的人使用,道德防线很容易突破
		存储在不同的文件或数据库中的冗余数据之间是不一致的
		无法保护数据隐私
		出现了错误的处理方式(由人、机器、软件等)
		出现了决策错误
	安全控制手段太多	复杂的官僚体制降低了系统处理的速度
		控制客户或雇员访问系统的方法很不方便
		过多的控制引起了处理速度的迟缓
效率	人或计算机浪费时间	数据被重复输入或复制
		数据被重复处理
		信息被重复生成
	人、机器或计算机浪费了物料	
	为了完成任务所付出的努力是多余的	
	为了完成任务所需要的物料是多余的	
服务	当前系统生成的结果是不准确的	
	当前系统生成的结果与数据是不一致的	
	当前系统生成的结果是不可靠的	
	学习当前系统是非常困难的	
	使用当前系统是非常困难的	
	当前系统的使用方式是笨拙的	
	对于新情况,当前系统无法处理	
	修改当前系统是困难的	
	当前系统与其他系统是不兼容的	
	当前系统与其他系统是不协调的	

　　信息系统目标确定以后,信息系统建设人员还应该进一步研究,明确目前待开发信息系统作为一个项目存在的问题、机会和目标,建立该项目的章程,以便确定项目的范围、质量、项目参加人员、财务预算、进度安排等。

　　项目章程是正式认可项目存在并指明项目目标和管理人员职责的一种组织级正式文件。项目主要干系人应该在项目章程上签字,以表示认可项目目的已经与组织战略达成一致。由于项目章程是证明项目存在的正式文件，可以说是项目经理或项目管理团队从事项目管理和资源调配的一个重要依据。通常从项目管理角度而言，有效的项目章程在项目进行时会起到十分关键的作用，因此显得非常重要。表 4-2 是建设一个信息系统的项目章程模板。实际使用时可以根据需要作相应修改。

表 4-2　建设一个信息系统的项目章程模板

项目名称		批准时间	
项目背景介绍	项目发起的原因		
	项目的机遇与优势		
	项目的挑战与劣势		
项目目标			
项目干系人			
项目产品	中间产品		
	最终产品		
项目经理	姓名	原先所在的部门和职务	在项目中的权力范围
资源条件	人员		
	物质		
	成本		
	结束时间		
项目完成的标准			
	签发人	签发时间	

4.2　管理与决策的信息需求

　　组织要进行信息系统建设，必然要分析本企业在管理与决策方面的信息需求。一般来讲，组织信息化包含四个方面的内容，分别是生产作业层、管理办公层、战略决策层、协作商务层的信息化。协作商务层是基于组织内部与外部联系讲的。前三者则是基于组织内部讲的，形成组织内部信息化的三个层次。

　　上述四个层次的信息化内容集成到一起，如果从系统的角度去理解，则称为计算机集成制造系统或计算机集成管理系统（computer integrated manufacturing/management system，CIMS）。若单纯从网络的角度去理解，则可分为企业内联网（Intranet）和企业外联网（Extranet）。前者是企业内部的联网，包括与远程的分公司和办事处联网；后者是企业与上游供应商、下游分销商等业务伙伴的联网。

所以，组织生产管理与决策的信息需求是很丰富的，一个组织要做到信息化建设比较全面和深入，就会有一段很长的路要走。当然，组织可以根据自身的实际情况，从某个层次入手，但一定要做好总体规划和建设的顺序安排，为将来的系统集成留出相应的接口。

4.2.1 生产作业层的信息化需求

生产作业层的信息化包括：设计、制造和工程的信息化，如计算机辅助设计/制造/工程（computer aided design/manufacturing/engineering，CAD/CAM/CAE）等；生产的信息化，如柔性制造系统（flexible manufacturing system，FMS）等；作业监控的信息化，如计算机辅助测试/检查/质量控制（computer aided testing/inspecting/quality controlling，CAT /CAI/CAQC）等。为了给读者一个感性的认识，这里举一个成功地完成生产作业层信息化的例子。

案例：汽车驶上E化路——哈飞汽车制造有限公司[①]

哈飞汽车制造有限公司（以下简称哈飞）主要从事松花江系列微型汽车的开发、研制、生产和销售。2000年生产汽车12万辆，完成销售收入33亿元，实现利润1.2亿元，同比分别增长了41.84%、46.98%和102.33%。在微型车行业，微客产量排名第一。哈飞能够取得这样的成绩与其广泛应用信息技术密不可分。这里，仅截取有关汽车设计信息化的内容。

众所周知，汽车的设计要求高、难度大，需要多方协作。国外汽车制造企业通过实现信息化，已经实现网上协同设计，我国汽车企业在这方面还很落后。1996年，哈飞同意大利宾尼法瑞那（PINNIFARINA）公司签订了联合开发松花江中意车的协议。为了使联合设计工作顺利开展，公司投资1 300万元购置了40套IBMRS-6000工作站和用于计算机辅助造型、辅助设计、辅助工程、辅助制造的（ALIAS、CATIA、PAM-CRASH、NASTRAN）各种软件，建立了局域网络，可以进行整车设计、强度分析、强度校核及模拟碰撞试验等多项工作。

松花江中意车的设计完全采用数字化无图纸方式，双方设计交流全部实现数字化传递，设计方案共同认可后，才能将设计最后锁定。松花江中意车从设计到投产只用了三年时间，显然，采用计算机辅助设计（CAD）技术之后，既节省了时间，又提高了设计的质量和水平。在松花江中意车投产的同时，哈飞

---

① 根据 http://www.chinabbc.com.cn/inc/hownews.asp?id=8911 的资料改编。

又采用 CAD/CAM 技术进行了系列车型的开发，先后开发出松花江中意普通型和行业车等多种车型。

在应用计算机辅助工程（CAE）技术之前，哈飞只能对设计的零件进行强度、疲劳计算，或对制造出的零件进行静力试验，而对焊接后车体的整体强度和碰撞安全性则无法预测，只能在盲目状态下通过实物碰撞作出结论。这样做的结果，一是费时，二是费力，三是费钱，四是心里没底。在松花江百利车的开发过程中，哈飞利用计算机辅助工程软件对该车型进行了模拟碰撞试验，达到了预期效果。为了验证模拟碰撞的结果，1999 年，在清华大学进行了百利车的实际碰撞试验，其结果与模拟情况基本吻合，使百利车的保安项一次达到合格。

CAD/CAM 等技术的应用，极大地增强了公司的技术实力，使公司的产品开发和新品研制提高到一个全新的水平，为公司的发展提供了有利的技术保障。正是因为有了 CAD/CAM 这个基础，哈飞正与日本三菱公司联合开发下一代松花江赛马新车型。这是国家批准立项的合作项目。

4.2.2 管理办公层的信息化需求

管理办公层的信息化，有根据企业量身定做的管理信息系统（management information system，MIS），也有通用程度很高的企业全面管理软件，如制造资源计划（manufacturing resource planning，MRPⅡ）和企业资源计划（enterprise resource planning，ERP）等，还有办公自动化系统（office automation system，OAS）、工作流系统（workflow system，WFS）等。

案例：北京燕京啤酒股份有限公司的管理信息系统[①]

北京燕京啤酒股份有限公司（以下简称为燕京啤酒）是燕京啤酒集团的上市公司，已经全面实现生产控制自动化，产品全部按国际标准组织生产，综合实力处于世界先进水平。燕京啤酒的成功与其科学管理有着密不可分的关系。

燕京啤酒的管理信息系统采用用友 ERP 通用软件，并为扩展功能预留了相应的接口。燕京啤酒管理信息系统主要由财务系统、销售管理系统、采购管理系统和存货管理系统等构成，该系统在实现企业信息共享、加强业务控制、培养客户忠诚度和利用信息加强企业管理等方面取得了显著的成效。这里仅举两个例子。

一是满足财务和业务协同，实现企业信息共享。实施管理信息系统后，销售发票一次录入，销售业务信息全公司使用，即在销售管理系统中输入销售发

---

① 根据 http://www.amteam.org/web/docs/bpwebsite.asp 上的内容改编。原作者是中国人民大学的张瑞君、殷建红和北京燕京啤酒有限公司的谢广军、许建国。

票，由计算机自动编制会计凭证、自动登记各相关账簿，实现一张发票一次录入，仓库、全公司各业务部门会计、统计的总账、明细账、业务台账由计算机一次完成。这就从根本上解决了长期以来一直困扰财务的账务串户、错账问题，解决了部门与财务、仓库与财务等账账不符、账证不符的问题；实现了数据共享和信息的有机集成，全公司各部门可以根据管理需要和相应的权限及时、准确地获取财务、业务以及管理信息；销售部门和仓库部门数据的共享，为杜绝假票现象创造了条件，在手工条件下会出现利用假票骗取企业利益的情况，使用计算机后，只要录入票据的保密信息，系统就会自动显示该票据的全部真实信息，票据的真伪当即就可以识别。

二是加强应收账款管理，加速资金周转。燕京啤酒已有近千家客户，手工条件下如果对客户的应收账款进行管理，则需要为每一个赊销客户建立一本明细账；否则，无法对每个客户进行应收账款分析，及时催收应收款项。在客户数量众多的情况下，为每个客户都建立一本账，不仅可能违背成本效益原则，而且信息不准确、不及时。因此，即便企业已有很先进的应收款管理方法，手工处理方式也制约了这些方法的使用，造成应收账款管理上出现失误。在燕京啤酒管理信息系统中，可以进行账龄分析，通过对各客户所欠款项进行账龄分析，可以快捷、全面地了解其欠款情况，及时对应收款项进行催收，加速资金周转，减少坏账损失。燕京啤酒是上市公司中采用账龄法计提坏账的第一家，账龄分析表为账龄法的使用创造了前提条件。

4.2.3 战略决策层的信息化需求

战略决策层的信息化包括：决策支持系统（decision support system，DSS）、战略信息系统（strategic information system，SIS）、经理或主管信息系统（executive information system，EIS）、专家系统（expert system，ES）等。在对管理者的决策支持方面，决策支持系统（DSS）、经理信息系统（EIS）和战略信息系统（SIS）是目前的热点。大多数的决策支持系统并非是经理人员直接使用，主管信息系统是专门针对部门主管使用的系统。战略信息系统是一种支持组织赢得或保持竞争优势、制定组织中长期战略规划的信息系统。专家系统是指在某个领域能达到人类专家水平的计算机软件系统。

案例：中国长城铝业公司决策支持系统[①]
中国长城铝业公司实施了一套决策支持系统，支持公司高级管理层的决

---

① 根据 http://www.chinabbc.com.cn/e/schemedetail.asp?schemeid=11 的内容改编。

策。下面对其采用的决策支持系统（DSS）进行简要分析。

　　该公司决策层的主要职能是：通过对企业内、外部的各种因素的分析，制定企业的战略目标、发展规划及各种计划，制定有关的生产经营方针，对企业进行宏观管理和预测。因而，公司决策支持系统应以支持经营决策为主要目的，其 DSS 应支持企业外部环境研究、企业内部条件分析、经营决策（包括产品决策、销售决策与财务决策）。

　　企业外部环境研究就是对企业外部环境进行调查和分析，预测其发展趋势。它包括相关科学技术发展情况调查、资源供应调查以及相关市场研究（包括市场需求研究、竞争情况研究等）。其中，市场需求研究是企业外部环境研究的重要内容。为了支持调查，公司 DSS 系统中应提供以下一些主要信息的检索机制：国家有关经济政策和法规，尤其是金融、财务、税收、外贸进出口方面的政策和法规；国际国内相关行业的市场行情及产量、价格等；产品市场分析；主要原料、燃料、材料供应情况及价格等。为了支持预测，系统中应提供相应的预测模型，如产品销售量预测、价格预测、主要原材料或燃料供应预测等。

　　企业内部条件分析涉及的内容很多，但一般来说，企业内部条件分析的重要内容是产品分析、市场分析和财务分析，因此，DSS 应支持产品分析、市场分析、资金利润分析、盈亏分析等。这里仅对产品分析作一简单说明。

　　产品分析涉及产品竞争能力、销售增长率或产品所处寿命周期位置、市场容量、产品获利能力、市场占有率、生产能力及适应性、技术能力、销售能力等因素。其中，前四个因素反映了产品在市场上的生命力情况，即该产品的市场吸引力；后四个因素反映了企业在经营方面的综合能力，即企业实力。为了有效地支持产品分析，公司 DSS 应提供产品综合评价模型。

　　中国长城铝业公司主要以生产经营型管理模式为主，其决策支持系统体系结构应主要支持经营决策，即支持产品决策、销售决策及财务决策。因此，为了支持产品决策，DSS 应提供产品评价模型，并采用不同的评价产品方法、从不同角度支持对产品给予较为合理的评价；为了支持销售决策，DSS 还应包括预测模型（可用于销售量预测、价格预测等）、市场潜力模型、价格模型等。这些模型作为销售决策的支持工具，可用于正确选择企业产品的目标市场和重点市场，制定开拓、占领和扩大市场的方针和策略，正确地制定产品的价格政策和促销策略等，提高企业生产经营活动的经济效益；为了支持财务决策，DSS 应建立投资经济效益分析模型、投资决策模型、资金利润率分析模型、盈亏分析模型等。

要强调的是，决策支持系统（DSS）作为一种现代化管理工具，它支持企业管理人员制定决策，而不是代替管理人员作出决策。

4.2.4　协作商务层的信息化需求

协作商务层的信息化包括：电子数据接口（electronic data interface，EDI）、电子商务（electronic commerce，EC）、供应链管理（supply chain management，SCM）、客户关系管理（customer relationship management，CRM）等。"要么电子商务，要么无商可务"，这是 IBM 公司对未来社会的预言。

电子商务从它的概念来看，经历了一个内涵逐渐缩小、外延逐渐扩大的过程。首先是电子商务（electronic commerce，EC），其次是电子业务（electronic business，EB），最后是电子任务（electronic everything，EE）。显然，在信息技术设备商的大力推广下，电子商务的概念在逐渐泛化，在向信息化的概念靠拢。

电子商务系统是一个以电子数据处理、互联网络、数据交换和资金汇兑技术为基础，集订货、发货、运输、报送、保险、商检和银行结算为一体的综合商务信息处理系统。电子商务系统的结构由一系列的电子商务标准或协议和信息系统两部分构成。

电子商务按照与企业的关系可以分为两种。B2C：企业与消费者之间的电子商务（business to consumer，B to C，因为 to 与 two 谐音，且有两个主体的意思，所以，一般缩写为 B2C，下面的缩写同此理）；B2B：企业与企业之间的电子商务（business to business，B2B），供应链管理系统就是 B2B 的一种。

案例：以订单为主线的海尔电子商务[①]

海尔集团是一个以家电为主，集科研、生产、贸易及金融各领域为一体的国际化企业。其品牌价值达到 300 亿元，目前已拥有包括白色家电、黑色家电、米色家电在内的 69 大门类 10 800 多个规格品种的产品群，在海外建立了 38 000 多个营销网点，产品已销往世界上 160 多个国家和地区。

海尔已经实现了网络化管理、营销、服务和采购，并且依靠海尔品牌影响力和已有的市场配送、服务网络，为向电子商务过渡奠定了坚实的基础。海尔实施电子商务之后，取得了许多成果。这里，仅举在线设计和网上采购的例子来说明电子商务的作用。

海尔电子商务使全球客户都能与海尔实现零距离接触。无论何时何地，www.ehaier.com 都会给客户提供在线设计的平台，客户，特别是个人用户，可

---

① 根据 http://www.chinabbc.com.cn/ 上《以订单为主线的海尔电子商务》一文改编，原文由海尔集团撰写。

以实现自我设计的梦想。海尔推行产品设计的模块化，把产品分成基本配置和可变配置，也就是模块配置。用户和分销商都可以根据自己的需要来进行选择和匹配（当然匹配关系是在设计时就要经过测试并且可行的）。这种分销商、用户设计产品的理念，满足了消费者的个性化需求。

这种模式由于是着眼于全球市场，需求量大，成本可以得到降低。一般来讲，每一种个性化的产品，如产量能达到3万台，一个企业就能保证盈亏平衡，而事实上，海尔的每一种个性化产品的产量都能达到3万台以上。这成本平摊下来，分销商和用户所得到的产品价格的增长是很微小的，是可行的。

通过与企业内部 ERP 紧密集成的 B2B 采购平台，实现了海尔与供应商之间进行的协同商务，使信息的实时沟通变成了现实，企业与供应商之间形成以采购订单为中心的战略合作伙伴关系，这种新型的关系给合作双方带来了双赢：一方面，供应商由于可以及时获得企业的各种需求信息，提高了其生产和配送的及时有效性；网上开展业务，可以降低成本，而且信息的准确率和办公效率大大提高。另一方面，海尔通过网上招投标和网上采购，可以在世界范围内选择合适的供应商，进行集中采购和控制，以获得更好的质量和更低的采购价格，由于准确及时补货和原材料寄售方式的实现，原材料的库存大大降低，仓库面积也减少了 2/3。

总而言之，海尔电子商务应用是一个持续的过程。海尔要通过创新机制，大力进行信息化建设并开展推广电子商务的应用，缩短进入国际化的进程。

组织的信息化需求有上述四个层次，原则上讲，信息化应该自下而上，由里而外，因为这样数据才取自于源头，真实、有效。但实际上，组织的发展是不平衡的，出现的问题在各个层次的分布是不均匀的。所以，组织在进行信息化规划时，对信息化的建设应该做出先后安排，最好先解决组织的瓶颈问题，也就是说将组织的瓶颈需求作为信息系统建设的突破口。这是比较理性的做法。

有的企业领导对信息化很有战略眼光，也很支持，而该企业的总体信息素质却不够高，这样的组织信息系统建设的突破口应该选在哪里呢？那么选瓶颈就不一定是很明智的做法。因为既然是瓶颈问题，那么可能牵涉的因素比较多，解决起来比较困难，加上员工的素质导致信息系统建设失败的风险比较高。这时组织应该将容易入手的、业务比较规范的、人员素质相对较高的部分作为信息系统建设的突破口，比如从财务、人事、产品的辅助设计等领域入手，取得示范效应，同时培训员工，逐步推广信息化领域。

还有一类组织的领导对信息技术的作用认识不够深，特别是信息系统建设失败的项目听得多了，对于信息化建设持观望徘徊的态度。对于这样的组织在做信息化规划时，建议选择办公自动化和电子商务为突破口。这是因为办公自动化的主要内容是公文流转系统和会议管理系统，与企业的领导直接接触，实现起来不是太难，但能切实让企业的领导感觉到信息化带来的好处，比如效率提高、信息更准确更完整等。而电子商务第一阶段的实施往往能起到在网上寻找商机的作用，也能较好地强化组织领导对信息化的认识。

办公自动化和电子商务都是信息化建设的一部分，它们建设好了，会对其他层次的信息化提出需求，比如电子商务，当由寻找商机阶段发展到网上交易、根据网上订单生产的时候就会对企业内部的信息化提出较高的要求，比如生产作业、管理办公、战略决策等的信息化以及它们与电子商务的集成。所以有人讲电子商务的建设能够进一步推进企业信息化。当然，如果企业内部的信息化水平已经很高，那就使电子商务的建设在一个高起点上进行。

4.3 目标的分析、权衡及量化

对于获得的组织管理与决策的信息需求，需要形成项目的目标。对于项目的目标，要进行分析、权衡与量化，从而有利于信息系统项目的建设和管理。

4.3.1 目标的分析

为了使组织的所有成员明确信息系统建设的方向，首先要对信息化项目的目标进行分析。要确定对目标系统的综合要求，并提出这些需求实现的条件以及需求应达到的标准，也就是解决要求所开发的信息系统做什么和做到什么程度。这些需求可以分为两大类：功能需求和非功能需求。

1. **功能需求**

功能需求是最主要的需求。列举出所开发信息系统在功能上应做什么，然后逐步细化所有的系统功能，找出系统各元素之间的联系、接口特性和设计上的限制，分析它们是否满足功能要求，是否合理。

2. **非功能需求**

功能需求主要是上一节获得的管理与决策的信息需求。功能性需求是人们普遍关注的，但常忽视对非功能性需求的分析。其实非功能性需求并不是无关紧要的，它们的主要特点是涉及的方面多而广，因而容易被忽略。表4-3简要列举了一些在信息系统作需求分析时，应当考虑到的非功能性需求。很显然，任何一个系统的非功能性需求都要根据系统目标和工作环境来确定。

表 4-3　信息系统的非功能性需求

性能	实时性 其他的时间限制 资源利用，特别是硬件配制限制 精确度、质量要求
可靠性	有效性 完整性
安全/保密性	安全性 保密性
运行限制	使用频度、运行期限 控制方式（如本地或远程） 对操作员的要求
适应性	可修改性、可维护性
项目管理限制	质量控制标准、验收标准 进度、交付时间 成本

（1）性能需求。给出所开发信息系统的技术性能指标，包括存储容量限制、运行时间限制、传输速度要求、安全保密性等。

（2）资源和环境需求。这是对信息系统运行时所处环境和资源的要求。例如，在硬件方面，采用什么机型、有什么外部设备、数据通信接口等；在软件方面，采用什么支持系统运行的系统软件，如采用什么操作系统、网络软件和数据库管理系统等；在使用方面，需要使用部门在制度上或者操作人员的技术水平上应具备什么样的条件等。

（3）可靠性需求。信息系统在运行时，各子系统失效的影响各不相同。在需求分析时，应对所开发软件在投入运行后不发生故障的概率，按实际的运行环境提出要求。对于那些重要的子系统，或是运行失效会造成严重后果的模块，应当提出较高的可靠性要求，以期在开发的过程中采取必要的措施，使信息系统能够高度可靠地稳定运行，避免因运行事故而带来的损失。

（4）安全保密需求。工作在不同环境的信息系统对其安全、保密的需求显然是不同的。应当把这方面的需求恰当地做出规定，以便对所开发的信息系统给予特殊的设计，使其在运行中安全保密方面的性能得到必要的保证。

（5）用户界面需求。信息系统与用户界面的友好性是用户能够方便有效愉快地使用该系统的关键之一。从市场角度来看，具有友好用户界面的系统有很强的竞争力。因此，必须在需求分析时，为用户界面细致地规定应达到的要求。

（6）成本消耗与开发进度需求。对信息系统项目开发的进度和各步骤的费用提出要求，作为开发管理的依据。

（7）预先估计的可扩展性需求。这样，在开发过程中，可对系统将来可能的扩充与修改做准备。一旦需要时，就比较容易进行补充和修改。

4.3.2　目标的权衡

在作需求分析时，应从含糊的要求中抽象出对信息和信息处理的要求。初始要求中，常把对人员、制度、物资设备的要求和对信息的要求混在一起提出来。在考虑信息系统的时候，应先把其他内容去掉，只留下对信息的要求。如果有的要求中既有对信息的要求，又有对其他方面的要求，则应该用抽象的语言把信息要求表达出来。

对于罗列出来的各种问题及要求，应认真分析它们之间的相互关系，根据实际情况抓住其中的实质需求。一般来说，这些罗列出来的问题之间有三种关系。第一种是因果关系，某一问题是另一问题的原因，只要前者解决了，后者就自然解决了，对于这类问题，说明目标时，只要抓住原因就行了，结果不必再提。第二种是主次关系，若干问题都需要解决，然而，在实际工作中，绝对并列的事情是没有的，在一定的条件下，总有一方面是当时的主要矛盾，必须根据实际情况，切实抓住使用者目前最亟须解决的问题，作为主要目标。第三种是权衡关系，某两项需求在实际工作中是矛盾的，此长彼消，此消彼长。这时使用者心目中往往有一方面是主要关心的，而另一方面则成为一种制约条件，要求保持在一定的可接受的范围之内。哪一方面是主要的，在权衡中，双方可以接受的最低标准是什么，这都需要明确。当然，要从以上三方面去明确问题就必须进行调查研究。

在这里，需要强调一下有界合理性的思想。当设定信息系统的目标时，由于很难全面了解所涉及的一切因素以及达到此目标的所有不同途径，因此比较合理的办法是把系统的功能限制在较少的基本指标或目的上，因为只要这些指标或目的达到了，其他许多变化就有可能实现，用不着过早地限制或讨论其细节。过早地讨论这些细节不仅无用，而且由于许多情况难以预测，其结果必然是流于空想。抓住那些真正起本质作用的要点，合理地确定这些要点的改变步骤与改造方向，就是需求分析的任务。否则，承诺越多，成功的可能就越小，用户的失望就会越大。这就是有界合理性的思想。

很明显，以上工作的基础在于对系统特点与具体情况的了解。在获得系统的目标需求后，还应与系统的用户一起分析目标需求的优先级安排。

4.3.3 目标的量化

对于各种需求目标应尽量确定定量的标准。对于速度、时间等数量指标，必须经过调查研究确定具体的定量标准；对于质量等定性指标，也应该制定能够检查的比较具体的指标，例如能够输出汉字，能够画出哪几种图表等。因为只有定量的指标，才是有利于检查和控制的。下面有两个从实际的工程中选出的对需求的描述。这些描述表面上定量化了，但并不准确，描述得很不好。

例1."系统应在不少于60s的正常周期内提供状态信息"

评述：这个需求是不完整和不准确的，没有说明状态信息是什么，如何显示给用户。这个需求有几处含糊：谈论的是系统的哪部分？状态信息间隔真的假定为不少于60s？甚至每10年显示一条新的状态信息也可以？问题的后果，就是需求的不可检验。

例2."系统应在1s内响应用户的需求"

评述：初看起来这个描述没有问题，但实际上这个需求是不准确的。因为没有规定是1个用户单独访问、10个用户同时访问，还是1万个用户同时访问。如果100个用户同时访问，系统能在1s内响应每个用户，是不是就可以了呢？对于门户网站和银行系统肯定是不可以的。如果10 000人同时访问，系统需要10s甚至死机，那这个系统肯定不能令用户满意。正确的说法应该是：1万个用户同时访问时，系统应在1s内响应每位用户的需求。

对于系统或项目的目标，定义得越清晰越好，能够定量化的应尽量定量化。

4.4　可行性分析

在信息系统项目的目标需求已经确定，对组织的基本情况又有所了解的情况下，系统建设人员就可以开始对项目进行可行性分析。

可行性分析的意思是根据系统的环境、资源等条件，判断所提出的信息系统项目是否有必要、有可能开始进行，如果要进行，那么采用什么建设方案？

所谓可行性应该包括必要性和可能性两个方面。

没有必要性的项目是不应该开始进行的。一些单位的信息系统应用项目开展不起来的重要原因之一就是领导和管理人员没有紧迫感，没有认识到信息化对组织竞争力的支持。一般来说，没有迫切的需要，勉强地开展信息系统建设，是很难取得好效果的。

信息系统项目建设的可能性主要从技术、经济、社会意义等三个方面去分析，更详细的结构和内容则参见下一节可行性研究报告的撰写。

4.4.1 技术可行性研究

这就是分析所提出的要求在现有技术条件下是否有可能实现。例如对加快速度的要求，对存储能力的要求，对通信功能的要求等，都需要根据现有的技术水平进行认真的考虑。这里所说的现有技术水平，应是指社会上已经比较普遍地使用的技术。不应该把尚在实验室里的新技术作为讨论的依据。对于组织文化体现为风险厌恶型的单位或者说相对保守的单位，那些还没有成为主流技术的产品也要尽量少考虑。

4.4.2 经济可行性研究

这包括对项目所需费用的预算和对项目效益的估算。这是非常重要的，如果忽略了，就会造成巨大的损失。在估算的过程中常是把费用估计低了而把收益估计高了，这是因为人们在考虑问题时经常忽略了一些重要的因素。比如人们在考虑费用的时候，常是以下情况。

（1）只考虑了计算机的费用，而低估了外围设备的费用。

（2）只考虑了硬件的费用，而低估了软件的费用。

（3）只考虑了研制系统时所需要的一次性投资，而忘记或低估了日常运行的维持性费用（如耗材备件、软盘、打印纸等各种耗材）。

（4）只考虑了设备材料等物资的费用，而忘记或低估了人员技术培训的费用等。

所有这些都使人们低估了改善信息系统的费用。

另外，对于项目的收益，人们往往把引进信息系统后所增加的信息处理的能力，与实际发展出来的效益混为一谈。必须明确，当引进计算机或其他新技术的时候，只是使信息系统在某一环节增加了处理的能力。

例如，用计算机代替手工生成表格，把原来要用 10h 才完成的制表任务在 10min 内完成，能不能说就一定能把效率也提高 60 倍呢？不能。因为制表任务是整个信息系统中的一个环节，它的前后都还有许多其他的工作。例如前面的数据整理和准备工作，后面的结果分发工作等。原先，由于制表任务花费人力太大，其他环节的弱点没有暴露出来。当这一环节采用新技术之后，这里不再是系统效率的"瓶颈"了，其他环节的限制就暴露出来了。例如，制表前的数据整理和准备工作需要 5h，那么计算机也必须等待 5h 后才能打印一张报表，实际上整个系统的效率只提高到原先的两倍，而不是 60 倍。这种情况是很常见的。因此在估计费用及收益的时候必须注意到这一点。

4.4.3 社会可行性研究

建设信息系统项目，还需要考察各种社会因素，才能确定项目是否可行。由于信息系统是在社会环境中工作的，除了技术因素与经济因素之外，还有许多社会因素对于项目的开展起着制约的作用。

例如，与项目有直接关系的管理人员是否对于项目的开展抱支持的态度，如果有各种误解甚至抱有抵触的态度，那应该说条件还不成熟，至少应该做好宣传解释的工作，项目才能开展。又如，有的组织的管理制度正在变动之中，这时信息系统的改善工作就应作为整个管理制度改革的一个部分，在系统的总目标和总的管理方法制定之后，项目才能着手进行。又如，某些工作环节的工作人员的文化水平比较低，在短时期内这种情况不会有根本的变化，这时如果考虑大范围地使用某些要求较高文化水平的新技术，那是不现实的。又如，2008年奥运会在北京举办，那么各种奥运场馆的信息系统就必须在2008年前完成，满足不了这个进度指标的方案就不是好方案。

总之，从以上三个方面来判断项目是否具备开始进行的各种必要条件，这就是可行性分析。在可行性分析结束之后，应该将分析结果用可行性报告的形式编写出来，形成正式的工作文件。

4.5 可行性分析报告的撰写与审议

撰写可行性分析报告应该遵照一定的规范，这既有利于分析和编写的效率，也有助于比较和审核。可行性分析报告成文以后，应该组织力量进行审议。

4.5.1 可行性分析报告的撰写

可行性分析报告的编写目的是：说明该信息系统项目的实现在技术、经济和社会条件方面的可行性，评述为了合理地达到建设目标而可能选择的各种方案，说明并论证所选定的方案。下面是可行性分析报告的章节结构①。

1. 引言

（1）编写目的。说明编写可行性分析报告的目的，指出预期的读者。

（2）项目背景。说明所建议开发的信息系统的名称；本项目的任务提出者、建设团队、最终用户及实现该系统的单位介绍；该信息系统与其他系统或其他机构的基本相互往来关系。

---

① 引自高展，陈红雨，薛劲松. 企业信息化自助纲要. 北京：清华大学出版社，2002。

（3）组织经营概况。包括组织现有的行业性质、质量保证体系、股东与股权、主营业务、经营目标、行业地位、客户类型、计算机总数、主要软件资源、其他重点资源、组织竞争力、开源节流等组织发展计划、人员情况、销售收入、利润（率）、纳税、固定资产等情况。

（4）定义。列出本文档中用到的专门术语定义和外文首字母词组的原词组。

（5）参考资料。列出所引用的参考资料，如本项目经核准的计划任务书或合同、上级机关的批文；属于本项目的其他已发表的文档；本文档中各处引用的文档、资料，包括所需用到的软件开发标准。

列出这些文档资料的标题、文档编号、发表日期和出版单位，说明能够得到这些文档资料的来源。

2. 可行性分析的前提

说明对所建议的开发项目进行可行性分析的前提，如要求、目标、假定、限制等。

（1）采用信息系统开源节流的业务发展计划要点。包括信息系统投资的单元或综合业务、投资依据。投资依据从成本控制点、价值挖掘点、主要预期开发目标三个方面展开，所建议系统的主要开发目标包括：人力与设备费用的减少；处理速度的提高；控制精度或生产能力的提高；管理信息服务的改进；自动决策系统的改进；人员利用率的改进。

（2）要求。说明对所建议开发系统的基本要求，主要包括以下几方面。

① 功能。

② 性能。

③ 输入。说明系统的输入，包括数据的来源、类型、数量、数据的组织以及提供的频度。

④ 输出。如报告、文档或数据，对每项输出要说明其特征，如用途、产生频度、接口以及分发对象。

⑤ 处理流程和数据流程。用图表的方式表示出最基本的数据流程和处理流程，并辅之以叙述。

⑥ 在安全与保密方面的要求。

⑦ 与本系统相连接的其他系统。

⑧ 完成期限。

（3）条件、假定和限制。说明对该信息系统建设中给出的条件、假定和所受到的限制，主要包括以下几方面。

① 所建议系统的运行寿命最小值。

② 进行系统方案选择比较的时间。

③ 经费、投资等方面的来源和限制。

④ 法律和政策方面的限制。

⑤ 硬件、软件、运行环境和开发环境方面的条件和限制。

⑥ 可利用的信息和资源。

⑦ 系统投入使用的最晚时间。

（4）进行可行性分析的方法。说明这项可行性分析将是如何进行的，所建议的系统将是如何评价的。摘要说明所使用的基本方法和策略，如调查、加权、确定模型、建立基准点或仿真等。

（5）评价尺度。说明对系统进行评价时所使用的主要尺度，如费用的多少、各项功能的优先次序、开发时间的长短及使用中的难易程度等。

3. 对现有系统的分析

这里的现有系统是指当前实际使用的系统，这个系统可能是一个人工管理系统、计算机系统，甚至是一个机械系统。分析现有系统的目的是为了进一步阐明建议开发新系统或修改现有系统的必要性。对现有系统的分析从如下几方面着手。

（1）组织机构。

（2）信息化系统应用情况。

（3）组织竞争力简述。

（4）采用信息化开源节流的业务发展计划要点。

（5）效益空间分析。

（6）处理流程和数据流程。

（7）工作负荷。列出现有系统所承担的工作及工作量。

（8）费用开支。列出由于运行现有系统所引起的费用开支，如人力、设备、空间、支持性服务、材料等各项开支以及开支总额。

（9）人员。列出为了现有系统的运行和维护所需要的人员的专业技术类别和数量。

（10）设备。列出现有系统所使用的各种设备。

（11）局限性。列出本系统的主要局限性，例如，处理时间不能满足需要、响应不及时，数据存储能力不足，处理功能不够等。并且要说明，对现有系统的改进性维护已经不能解决问题的原因。

4. 所建议的系统

这部分内容将用来说明所建议系统的目标和要求将如何被满足。

（1）宏观管理水平需求定位。宏观管理水平需求定位包括管理制度与资源优化配置两方面。

（2）对所建议系统的说明。概括地说明所建议系统，并说明在第二部分中列出的那些要求将如何得到满足，说明所使用的基本方法及理论根据。

（3）处理流程和数据流程。给出所建议系统的处理流程和数据流程。

（4）改进之处。按要求中列出的目标，逐项说明所建议系统相对于现存系统进行的改进。

（5）影响。说明在建立所建议系统时，预期将带来的影响，包括以下几个方面。

① 对设备的影响。说明新提出的设备要求及对现存系统中尚可使用的设备须做出的修改。

② 对软件的影响。说明为了使现存的应用软件和支持软件能够同所建议系统相适应，而需要对这些软件所进行的修改和补充。

③ 对用户单位机构的影响。说明为了建立和运行所建议系统，对用户单位机构、人员数量和技术水平等方面的全部要求。

④ 对系统运行过程的影响。说明所建议系统对运行过程的影响，如用户的操作规程；运行中心的操作规程；运行中心与用户之间的关系；源数据的处理；数据进入系统的过程；对数据保存的要求，对数据存储、恢复的处理；输出报告的处理过程、存储媒体和调度方法；系统失效的后果及恢复处理办法；等等。

⑤ 对开发的影响。说明对开发的影响，如为了支持所建议系统的开发，用户需进行的工作；为了建立一个数据库所要求的数据资源；为了开发和测试所建议系统而需要的计算机资源；所涉及的保密与安全问题等。

⑥ 对地点和设施的影响。说明对建筑物改造的要求及对环境设施的要求。

⑦ 对经费开支的影响。扼要说明为了所建议系统的开发、设计和维持运行而需要的各项经费开支。

（6）局限性。说明所建议系统尚存在的局限性以及这些问题未能消除的原因。

（7）技术条件方面的可行性。本节应说明技术条件方面的可行性，主要包括以下几点。

① 在当前的限制条件下，该系统的功能目标能否达到。

② 利用现有的技术，该系统的功能能否实现。

③ 对开发人员的数量和质量的要求，并说明这些要求能否满足。

④ 在规定的期限内，本系统的开发能否完成。

5. 可选择的其他系统方案

扼要说明曾考虑过的每一种可选择的系统方案，包括需开发的和可以从国内外直接购买的。如果没有供选择的系统方案可考虑，则在文中说明这一点。

（1）可选择的系统方案 1。参照第 4 部分的提纲，说明可选择的系统方案 1，并说明它未被选中的理由。

（2）可选择的系统方案 2。按类似方案 1 的方式说明第 2 个乃至第 n 个可选择的系统方案。

6. 投资及效益分析

（1）支出。对于所选择的方案，说明所需的费用。如果已有一个现存系统，则包括该系统继续运行期间所需的费用。

① 基本建设投资。包括采购、开发和安装下列各项所需的费用，如房屋和设施；计算机设备；数据通信设备；环境保护设备；安全与保密设备；计算机操作系统软件和应用软件；数据库管理软件等。

② 其他一次性支出。包括下列各项所需的费用，如研究（需求的研究和设计的研究）；开发计划与测量基准的研究；数据库的建立；计算机软件的转换；检查费用和技术管理费用；培训费、差旅费以及开发安装人员所需要的一次性支出；人员的退休及调动费用等。

③ 非一次性支出。列出在该系统生命期内按月或按季或按年支出的用于运行和维护的费用，包括：设备的租金和维护费用；软件的租金和维护费用；数据通信方面的租金和维护费用；人员的工资、奖金；房屋、空间的使用开支；公用设施方面的开支；保密安全方面的开支；其他经常性的支出等。

（2）收益。对于所选择的方案，说明能够带来的收益，这里所说的收益，表现为开支费用的减少或避免、差错的减少、灵活性的增加、动作速度的提高和管理计划方面的改进等，包括以下几项。

① 一次性收益。说明能够用货币数目表示的一次性收益，可按数据处理、用户、管理和支持等项分类叙述，列举如下。

开支的缩减。包括改进了的系统运行所引起的开支缩减，如资源要求的减少，运行效率的提高，数据进入、存储和恢复技术的改进，系统性能的可监控，软件的转换和优化，数据压缩技术的采用，处理的集中化/分布化等。

价值的提升。包括由于一个应用系统使用价值的提升所引起的收益，如资源利用的改进，管理和运行效率的改进以及出错率的减少等。

其他。如从多余设备出售回收的收入等。

② 非一次性收益。说明在整个系统生命期内，由于运行所建议系统而导致的按月的、按年的、能用货币数目表示的收益，包括开支的减少和避免。

③ 不可定量的收益。逐项列出无法直接用货币表示的收益，如服务的改进、由操作失误引起的风险的减少、信息掌握情况的改进、组织机构对形象的

改善等。有些不可捉摸的收益只能大概估计或进行极值估计（按最好和最差情况估计）。

（3）收益/投资比。求出整个系统生命期的收益/投资比值。

（4）投资回收周期。求出收益累计数开始超过支出累计数的时间。

（5）敏感性分析。所谓敏感性分析是指一些关键性因素，如系统生命期长度、系统的工作负荷量、工作负荷的类型与这些不同类型之间的合理搭配、处理速度要求、设备和软件配置等发生变化时，对开支和收益影响最敏感范围的估计。在敏感性分析的基础上做出的选择当然会比单一选择的结果要好一些。

7. 社会因素方面的可行性

本部分用来说明对社会因素方面的可行性分析结果，具体如下。

（1）法律方面的可行性。法律方面的可行性问题很多，如合同责任、侵犯专利权、侵犯版权等方面的陷阱，系统开发人员通常是不熟悉的，有可能陷入，务必要注意研究。

（2）使用方面的可行性。例如从用户单位的行政管理、工作制度等方面来看，是否能够使用该信息系统；从用户单位的工作人员的素质来看，是否能满足使用该信息系统的要求等，都是要考虑的。

8. 结论

在进行可行性分析报告的编制时，必须有一个研究的结论。结论包括如下几种。

（1）可以立即开始进行。

（2）需要推迟到某些条件（例如资金、人力、设备等）落实之后才能开始进行。

（3）需要对开发目标进行某些修改之后才能开始进行。

（4）不能进行或不必进行（例如因技术不成熟、经济上不合算等）。

4.5.2　可行性分析报告的审议

可行性分析报告的审议是非常必要的。因为把项目的目标用语言表达出来，并按照理解把它明确化、定量化，列出优选顺序并进行权衡考虑，这些是否符合使用者的原意，有没有偏离使用者的目标，都还没有得到验证。虽然，我们是尽力去体会使用者的意图，但是，由于工作背景和职业的差别，仍然难免发生一些误解与疏漏。因此，与使用者交流，请他们审议可行性分析报告是十分必要的。

从上一小节可行性分析的结论可知，可行性分析报告的结果并不一定是可行，也有可能是得出在目前条件下不可行的结论，这是完全正常的。如果限定必须证明可行，那么可行性分析就没有意义了。甚至可以说，判断不可行性比判断可行性的收获还大，因为这就避免了巨大的浪费。如果把大量的人力物力投入一个客观条件不具备，事先就认定是劳而无功的项目，其损失是难以预计的。另外，可行性分析的结果也有可能是要求作一些局部性的修改，例如修改某些目标、追加某些资源、等待某些条件的成熟再实施项目等。

对可行性分析报告的审议是研制过程中的关键步骤，必须在项目的目标及可行性问题上和领导及管理人员取得一致的认识，才能正式开始项目的详细调查研究。为了进行这一次讨论，在条件许可的情况下，可以请一些外单位的参加过类似系统研制的专家来讨论，他们的经验以及他们所处的局外人的立场都有利于对于项目目标和可行性做出更准确的表达、判断与论证。可行性分析报告通过之后，项目就进入了实质性的阶段。

本章小结

组织的信息战略应该依据组织的战略。信息战略目标确定以后，要制定一个集成的信息系统的目标，并根据信息系统的规划，设立一系列的项目。组织的信息需求分为四个层次，分别是生产作业层的信息化、经营管理层的信息化、战略决策层的信息化和协作商务层的信息化。要根据组织的实际情况选择信息系统建设的突破口。对于确定的信息系统项目，要明确其目标，并对目标进行权衡和量化。信息系统需求分为功能需求和非功能需求两类。项目的可行性分析主要从技术可行性、经济可行性和社会可行性三个方面着手。可行性分析报告一定要规范，并且要进行审议。

关键词

战略目标	系统目标
项目目标	PIECES 方法
组织信息化的层次	功能需求
非功能需求	有界合理性
可行性分析	

思考题

1. 信息系统与组织战略有着怎样的关系？

2．如何理解 PIECES 方法？

3．组织的信息需求有哪些层次？应该如何选择信息系统建设的突破口？

4．非功能需求为什么很重要，包含哪些方面？

5．如何进行可行性分析？

6．可行性分析报告的框架主要包含哪些方面？

第5章　调查研究与现状分析

本章要点

1. 数据字典的概念和应用
2. 数据流程图的概念和应用
3. 业务流程的分析方法和工具
4. 业务和部门的关系分析
5. 调查研究的组织和实施

　　调查研究与现状分析是系统开发的重要环节。通过调查研究与现状分析，全面、准确地认识组织的管理现状，找出原系统存在的问题，对系统的成功开发具有决定性的作用。由于系统的调查研究与现状分析覆盖了组织管理的方方面面，涉及众多的业务流程、数据、组织等，需要很好地组织和展开。本章将系统阐述调查研究与现状分析的有关步骤、业务流程和数据流程分析工具、数据字典表示方法，以及现状分析评价方法等。

5.1　调查研究概述

5.1.1　调查研究的组织

　　系统调查研究涉及面广、任务重。由于组织信息系统的复杂性，为了获得对组织管理的全面认识，调查研究必须在一定的组织下，按科学的方法和步骤进行。能否有效地组织与协调各方面的工作至关重要，决定了调查研究能否顺利完成。在组织上应注意以下问题。

1. 成立调查研究机构

　　调查研究需要各个部门的配合，需要成立由技术人员、管理人员组成的调查研究机构，并由企业领导或者综合部门领导负责，便于各个部门之间的协调。

2. 做好计划和用户培训

根据需要明确调查任务的划分和规划，列出必要的调查研究大纲，具体规定每一步调查的内容、时间、地点、方式和方法等。对用户要进行培训和调查研究的说明，使用户理解调查的目的、过程和方法，便于用户参与到整个调查工作中，并积极主动配合调查研究工作。

3. 采用工程化组织

任何一个组织或企业都是复杂的。以企业来说，大企业管理机构庞大，关系复杂，而小企业由于没有经过很好的规划，部门和功能的设置有随意性，这些都给调查工作带来一定的困难。以工程化的方法进行调查研究，将每一步工作都事先计划好，对调查中使用的表格、问卷和调查结果进行规范化处理，便于沟通和协作。

4. 主动沟通及亲和友善的工作方式

系统调查研究涉及组织管理的各个方面和全部过程，涉及不同类型的人，调查者和被调查者的沟通十分重要。友善、亲和的人际关系和积极、主动的工作方式有利于调查工作的展开。一个好的人际关系可能使调查工作事半功倍，反之则可能无法进行下去。这项工作说起来容易，做起来很难，对开发者有主观上积极主动和行为心理方面的要求。

5.1.2　调查研究的原则

系统调查研究必须按一定的原则进行，才能保证信息的翔实、全面，防止片面性和局部性，这是正确分析企业信息管理现状的基础。系统调查研究的原则如下。

1. 自上而下全面展开

调查研究应严格遵循系统化的观点，自上而下，全面展开。一般来说，根据管理的层次，先从高层管理入手，了解其需求，再分析下一层次为高层管理提供的支持，一直到底层的事务性工作。这样做的好处是可以理清组织管理的全部层次和环节，不至于面对庞大复杂的管理组织结构无从下手，或者因调查工作量太大而顾此失彼、有所遗漏。

2. 全面展开与重点调查相结合

如果要开发整个企业的信息系统，全面展开调查研究是必然的。但如果信息系统的应用是分步进行的，就应该采用全面展开与重点调查相结合的方法，在自上而下全面展开的同时，重点调查近期需要开发的子系统的相关部分。例如，要调查企业的生产系统，调查工作也应该从高层的组织管理开始，先了解总经理或厂长的工作、公司的分工、下设部门的主要工作，然后略去无关部门的具体业务调查，而把调查研究的重点放在生产系统上。

3. 深入细致的调查研究

组织内部的每一个管理部门和每一项管理业务都是根据组织的具体情况和管理需要而设置的，调查研究的目的就是要搞清楚这些管理工作存在的道理、环境条件和工作过程，然后分析业务过程在新的信息系统支持下将有怎样的变化。在调查研究中，要实实在在调查清楚业务现状及其环境条件，不能让先入为主的观念和设想影响了对现有业务的准确认识。

5.1.3　调查研究的内容和方法

1. 调查研究的内容

调查研究应该围绕组织内部的信息流动过程进行。组织中的信息流是物流过程和控制过程的反映，而物流和控制涉及企业生产、经营、管理等各个方面，因而调查研究的内容也应该包括这些方面的内容。具体如下。

（1）组织机构和功能业务。

（2）组织目标和发展战略。

（3）工艺流程和产品构成。

（4）管理方式和具体业务的管理方法。

（5）业务流程与工作方式。

（6）数据与数据流程。

（7）决策方式与决策过程。

（8）占有资源与限制因素。

（9）存在的问题和改进意见。

以上内容是一种大致的划分，实际工作中应视具体情况增减或修改。围绕这些方面设计调查问卷，目的就是全面了解管理现状，为分析设计工作做准备。

2. 调查研究的方法

常用的调查研究的方法如下。

（1）问卷调查法。用来调查普遍性的问题，可以获得对组织基本情况的认识。在问卷调查中，要精心设计问卷中的问题，使得调查结果既能反映本企业的特点又能全面反映业务内容。

（2）召开调查会。集中调查企业主要业务的常用方法。

（3）业务实践。详细了解主要业务流程的具体细节的有效方法。

（4）专家访谈。主要是为了获得关于企业管理中存在的问题或者需要改进的方向等有关的问题。

（5）电子问卷。采用电子邮件或者网页调查方法，可以以较低的边际成本获得大范围的调查结果。如果企业已经建有内部网络应用平台，这种方法可以方便快捷地获得相应的需求。

在调查研究中，要注意系统性和完整性，详细了解管理过程的方方面面和来龙去脉，从系统现状出发，了解管理的实际状况，得到客观资料，并以此为基础全面分析企业管理现状，避免从局部出发得出不符合实际的结论。

5.2   业务流程分析

业务流程分析是在调查研究的基础上，把有关该业务流程的资料进行综合分析，以了解业务的具体处理过程，发现系统的薄弱环节和不尽合理之处，寻找在新的信息系统基础上进行优化和改进的方法。

5.2.1   业务流程分析的内容

1. 业务功能分析

业务功能分析就是在调查研究的基础上，按照企业组织结构，详细列出企业功能。由于企业业务会经常变化，而基本的管理功能则相对稳定，按功能设计系统，将会使系统对于流程和组织的变化具有相对独立性。业务功能的分析一般是和组织分析同时进行，列出组织的业务功能一览表，使我们在了解组织结构的同时，对依附于组织结构的各项业务功能有个概括的了解，对业务功能在组织间的交叉、各层次的管理深度以及一些不尽合理的现象也有个初步认识。

2. 业务关系分析

企业业务是由逻辑上相关、时间上承继的一系列活动组成的业务流程，每个活动即为业务功能。在调查研究过程中，已经对业务功能进行了细致的调查，明确了每个活动所要完成的工作、使用的资源以及与其他活动的联系，但各个活动是分别考虑的，没有考虑到各个活动间的依存关系。为发现问题、分析不足、进行业务流程的优化，还必须进行业务关系分析。

业务关系分析的内容包括根据流程中各个活动间的逻辑联系、时序关系、数据联系、资源约束和活动的相关性等，分析各个活动之间的关系。

3. 业务流程优化

新的信息系统的应用，必然会给原来手工方式下的业务运行过程提供变革的可能性。在现有业务流程分析的基础上，进行业务流程优化，是系统分析的重要内容之一。

现有业务流程分析是分析现有业务流程中的各个处理过程是否有存在的价值，哪些过程可以删除、合并或者进行改进和优化。

业务流程优化是按计算机信息处理的要求，分析哪些过程存在冗余信息处理，哪些活动可以变串行处理为并行处理，变事后监督为事前或事中控制，产生更为合理的业务流程。

通过这些分析和优化，可以设计出符合信息处理特点的新流程，从而使新系统的业务流畅，数据流动和处理简洁、方便，信息技术的应用效果充分发挥。

5.2.2 业务流程图

业务流程一般采用业务流程图（transaction flow diagram, TFD）来表示，就是用一些规定的符号和连线来表示某个具体的业务过程。业务流程图的绘制一般是按照业务处理的实际过程和步骤进行的。

1. 基本符号

业务流程图中的基本符号只有 6 个，简单明了，分别代表了信息系统中的最基本概念和处理功能，如图 5-1 所示。

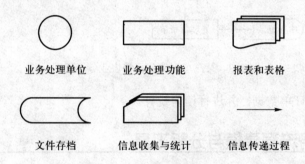

图 5-1　业务流程图中的基本符号

2. 业务流程图举例

绘制业务流程图应根据实际的管理业务，按照原系统中信息流动的过程，详细描述各个环节的处理业务、信息来源、处理方法、信息流流向以及提供信息的形态（报告、单据等）。比如，数据处理产生的单据往往采用多联单的形式，此时就要弄清楚每一联的去向及使用情况，便于进一步分析各个业务活动之间的信息联系。

图 5-2 是某汽车配件公司销售业务流程。对这个流程的分析如下。

（1）顾客发订单给销售部门。

（2）销售部门经过订单检查，把不合格的订单反馈给客户。

（3）对合格的订单，通过核对库存记录，缺货订单通过缺货统计，向采购部门发出缺货通知，并登记缺货记录；对于可供货订单，登记客户档案，开出备货单，通知仓库备货。

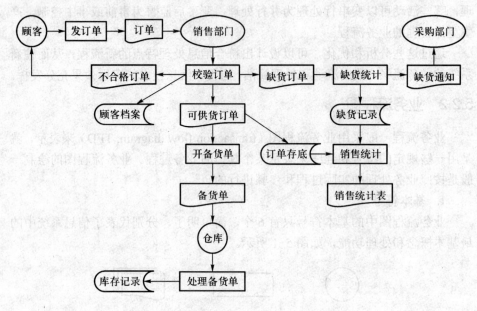

图 5-2 某汽车配件公司销售业务流程图

（4）保存订单数据，并进行销售统计。

5.3 业务流程建模与分析工具

业务流程模型的建立对于企业生产经营活动的优化有重要意义，依靠模型，可以迅速地对复杂的企业经营活动进行全面的分析，建立资源、组织、人和过程之间的关系，从而指导信息系统的开发。目前，对于业务流程的建模和分析出现了很多工具，有力地支持了信息系统开发，如 IBM WBI、CIMOSA、GRAI-GIM、ARIS、FirstSTEP、IDEF 等，都是近年来出现的比较有代表性的业务流程建模工具。下面以 IBM WBI 为例，介绍这些工具的功能和使用。

IBM WBI（websphere business integration workbench and monitor）是用来定义、分析和监控业务流程的软件包，包括 WBI Workbench、WBI Workbench Server 和 WBI Monitor 三种产品。其核心是 WBI Workbench，涵盖了全部业务流程模型建立的整个周期，其中流程建模工具 Process Modeler 提供了友好的图形工具，用来定义和描述当前业务流程。在多用户环境中，可以用 WBI Workbench Server 方便地共享和发布业务流程定义。定义完业务流程之后，用户可以使用 WBI Workbench 中的 Business Analyzer 来优化和改进业务流程模型。在完成建模工作之后，WBI Workbench 可以将业务流程模型自动地转换为 MQ Workflow 所要求的 FDL 模型描述语言，在 MQ Workflow 流程处理引擎中执行。WBI Monitor 监控工具可以实时地监控流程的运行情况，发现潜在的问题，并重新利用 WBI Workbench 对流程进行优化，经过这个过程的循环，达到最优的业务流程处理和运作模式。下面简要介绍这三种工具。

5.3.1 流程建模工具：WBI Workbench

WBI Workbench 提供了四个组件，分别为用户提供不同的建模方式选择。

1. Business Modeler

（1）Enterprise Modeling（企业建模）。它提供一个统一的数据仓储库（data repository），帮助用户将重要的企业信息存储在一个通用的数据库或称数据仓储库中，这些可以重用的信息，如企业策略、业务规则、业务目标、存在的问题等，保证了流程模型建立在统一的业务数据之上。一旦建立了某个数据记录，无论它是在数据仓储库中还是在某个流程模型中被创建的，均可被记录下来，并且可以被其他流程模型使用。

（2）Process Modeling（流程建模）。它为用户提供了一个图形化工具，实现对流程模型的规划和设计。

（3）Business Analysis。完成建模工作之后，可以利用 WBI Workbench 提供的这个分析工具，通过仿真工具和图、表、报告、图像等形式，产生对流程模型的有效分析，优化业务流程。

（4）Workflow Translation。它将 WBI Workbench 中定义的流程转化为 FDL 模型描述语言，便于输出到 MQ Workflow 环境中，并可以对其进行 MQ Workflow 的合法性校验。同时，WBI Workbench 还可以将流程模型转化为其他符合业界标准的输出形式，如 XML、WPDL（workflow process definition language）等。

2. UML Modeler

UML 是一种面向对象的建模语言。WBI Workbench UML Modeler 提供一个业务人员和 IT 人员之间沟通的桥梁，利用 UML Modeler 可以创建用户用例图（use case）、状态转换图（sequence）、协同图（collaboration）、类图（class）等。UML 文件可以输出到 Rational Rose 等建模工具，UML 文件也可以被输入到 Workbench 中。

3. Xform Designer

Xform Designer 使得用户可以自行设计，并将业务需求中的图形界面结合起来。业务人员使用这个工具可以将流程进行可视化表示，供开发人员在其基础上进行代码开发。

4. XML Mapper

它使用 XML 格式来描述应用程序之间的数据流，将流程的输入和输出指定为 XML 文件，从而实现不同系统和应用程序之间的数据格式转换。

5.3.2 流程监控工具：WBI Business Process Monitor

它包括以下几种工具。

1. Administration Utility

它是 WBI Monitor 提供的相应的管理工具，该管理工具主要由以下几部分组成。

（1）Import Utility（输入工具）。在对流程进行监控分析之前，通过输入工具，将欲监控的流程输入到 Monitor Database 中。

（2）Cleanup Manager（清除管理器）。将不需要的数据从监控数据库中清除，其中包括流程模型数据和实时运行数据。

（3）Setup Manager（设置管理器）。Monitor 的配置工具。

（4）EventQueue（事件队列）。用来控制队列的触发，启动和停止监控服务等。

2. Workflow Dashboard

Workflow Dashboard 从工作流系统管理人员的角度监控 MQ Workflow 的数据和进行审计追踪，管理人员可以对工作流系统进行管理和操作，包括察看流程的运行状态，对流程实例进行控制，如暂停、终止、重新进行任务分派等。同时，管理人员可以跟踪和衡量员工、部门和流程的运行性能，从而进行必要的工作负荷调配。

Workflow Monitor 是一个 Web-based Java 应用程序，管理人员可以通过浏览器随时察看和管理维护自动化的流程，当得到一个指令之后，它会通过相应的 API 通知 MQ Workflow。

3. Business Dashboard

Business Dashboard 从更加贴近业务的角度来分析业务流程，它可以为高级管理层提供决策支持。Workflow Dashboard 显示的是实时的运行数据，而Business Dashboard 可以记录和维护历史数据，由 Business Dashboard 产生的统计数据可以被反向输入到 WBI Workbench 中，以便对流程进一步优化。

利用 Business Dashboard，可以获得在指定时间段内、根据预定义的衡量标准和自定义的衡量标准得出的统计数据，如启动的流程实例的数量，没有完成的流程实例的数量，完成的流程实例的数量，流程实例空闲的时间、运行的时间，成本等。

5.3.3　WBI Workbench Server

WBI Workbench Server 提供了仓储库管理（repository management）和 Web 发布（Web publishing）功能，实现流程设计协同和流程信息的快速存取。使用 Workbench Server 可以实现版本管理，以及使每个员工随时随地获取最新的信息。

WBI Workbench Server 包含以下两个组件。

1.　Repository

资源仓储库（repository）是一个安全的数据仓库，它集中存储了与业务流程相关的数据，如流程模型、企业数据等。它通过检入、检出功能实现版本管理功能，保证那些最新的信息被具有相关权限的人读取。

2.　Web Publisher

Web Publisher 是一个 Internet/Intranet 的应用程序，使得具有相关权限的人存取和使用位于资源仓储库中的流程相关的信息。这个工具使用基于人员权限的定义，有权限的人可以通过 Internet/Intranet 登录并存取发布的信息。此外，某个部门可以利用 Web Publisher 来发布有关企业方针政策、业务规则、策略、目标和性能评测指标、组织架构、流程运作等信息，并可就此进行培训。

5.4　数据流程分析

从信息的角度来看，组织的运行总是表现为信息的收集、加工、传递和利用的过程。数据是信息的载体，是组织运行过程的反映，也是信息系统处理的主要对象。在数据流程分析中，要根据业务流程调查的结果，抛开物质要素的成分，对数据的收集、加工和传递过程进行全面分析，以保证数据采集全面、处理高效、传递通畅、利用充分。

5.4.1　数据流程分析的内容

数据流程分析是把数据在组织中的流动过程抽象出来，专门考虑业务处理中的数据处理模式，目的在于发现和解决数据处理中的问题。

数据流程的分析包括以下内容。

1.　围绕系统目标进行分析

该分析可以从两个方面进行：从业务处理角度看，为满足正常的业务运行，需要哪些信息，哪些信息是冗余的，哪些信息需要但现在没有采集上来；从管理角度看，为满足科学管理的需要，应当需要何种精度的信息，信息的及时性、信息处理的抽象层次是否满足企业生产运作和管理的要求，对于一些定量的分析能否提供支持等。

2. 信息环境分析

为了对数据进行分析，还需要了解信息与环境的关系：信息的上下层次结构是什么样的，信息来自现有组织结构的哪个部门，信息受周围环境中哪些因素的影响较大，是否具有稳定的处理方式等。

3. 围绕现行业务流程进行分析

分析现有报表的数据是否全面，是否满足管理需要，是否正确、全面地反映了业务的物质流动过程；根据现有业务流程改进的需要，信息和信息流程要做哪些相应的改进；对信息的收集、加工、处理有什么新要求等；根据业务流程，还要确定哪些信息是实际采集的初始信息，哪些信息是系统内部产生的，哪些是临时数据，哪些需要长期保存等。

4. 数据的逻辑分析

逻辑分析主要是为了对各种各样的信息梳理出不同的层次，从而根据需要提出相应的处理方法和存储结构，以便于计算机信息处理。

5. 数据汇总

在系统调查研究过程中获得了各种数据，这些数据涉及企业的各个过程，形式多样，来源和目的不明确。为了建立合理的数据流程，必须对这些数据进行汇总分析，通过归纳和甄别，确定每个流程中的实际数据流的内容。为此，在分析中要把调查研究中获得的资料按业务过程分类编码，按处理过程的顺序整理，弄清各环节上每一栏数据的处理方法和计算方法，把原始数据和最终处理结果单独列出。

6. 数据特征分析

分析各种单据、报表、账本的制作单位、报送单位、存放地点、发生频度，每个数据的类型、长度、取值范围等；分析整个业务流程的业务量以及与之相应的数据流量、时间要求、安全要求等；按照数据的来源、管理的职能与层次、共享程度、数据处理层次等特征进行分类。数据分析与数据调查不能截然分开，在分析过程中，还需要不断调查，补充完善。

7. 数据流程分析

数据流程分析的目的是要发现和解决数据流程中存在的问题，包括数据流程不畅、数据处理过程不合理、前后数据不匹配等。这些问题可能是由于原系统管理混乱、数据处理流程本身有问题，也可能是由于调查分析有误。通过流程分析，建立畅通高效的数据处理过程，是新系统设计的基础。

5.4.2 数据流程图

数据流程分析的主要工具是数据流程图（data flow diagram, DFD）。数据流程图是对现有数据流程的抽象，它舍弃了具体的组织结构、物流、场所等信息，仅从信息流动的角度考察业务执行的过程。数据流程图具有两个特征。

第一，抽象性。数据流程图仅描述了数据的流动、存储、处理等，而舍弃了具体的业务处理的内容和处理的具体方式，更实质地反映了信息处理的内在规律。

第二，概括性。数据流程图把各个业务处理活动联系起来，作为一个整体考虑，具体描述了各个业务之间的信息联系，把各个活动联系成为一个统一的整体。

数据流程图的绘制，要注意以下几点。

第一，数据处理与业务处理过程相对应。数据处理的内容、过程、产生的数据、数据的来源与去向要与业务流程图相对应。

第二，数据流程图的确定要和业务人员反复讨论。对于不合理的或者不满足业务处理要求的数据流程要及时修改，同时修改业务流程图和相应的数据字典。

第三，对数据流要进行分析和优化。按照信息处理的特点，决定信息处理的缺失或冗余，并根据信息处理的要求进行数据处理的优化，并按照数据流分析的结果，优化业务过程，保持业务流与数据流的同步优化。

1. 基本符号
数据流程图中的基本符号如图 5-3 所示。

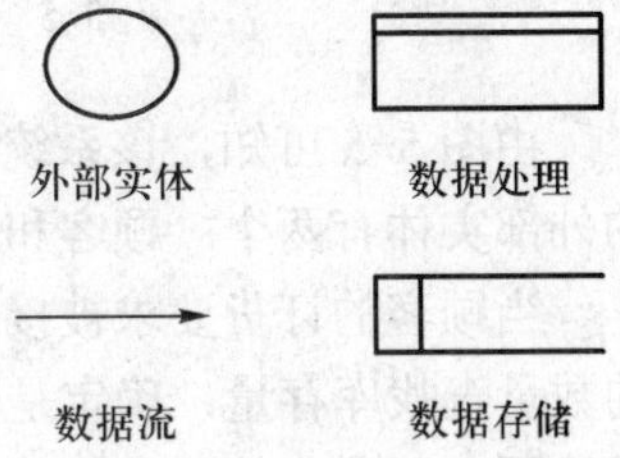

2. 数据流程图的绘制
数据流程图一般分为多个层次。绘制数据流程图时的具体做法是：按业务流程图理出的业务流程顺序，将数据处理过程绘制成数据

图 5-3 数据流程图中的基本符号

程图。对于每个具体业务，再进一步细化，通过更详细的数据流程图描绘更具体的数据处理过程。

3. 数据流程图举例
以汽车配件公司为例，第一层数据流程图要反映汽车配件公司最主要的业务，显然是采购和销售，外部实体是顾客和供应商。其数据流程图如图 5-4 所示。

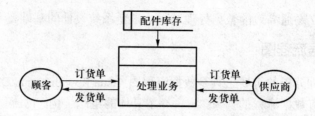

图 5-4 汽车配件公司第一层数据流程图

图 5-4 表示系统从顾客那里接受订货要求，把汽车配件卖给顾客。当存货不足时，汽车配件公司向供应商发出订货要求，以满足销售的需要。但该图没有反映账务，而且销售和采购也没有分开表示，只是高度概括地反映了汽车配件公司的主要业务，因此要进一步扩展出第二层数据流程图，如图 5-5 所示。

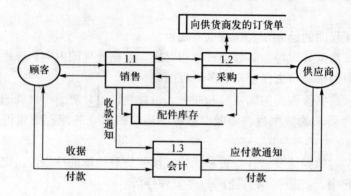

图 5-5 汽车配件公司的第二层数据流程图

由图 5-5 可知，该系统的主要逻辑功能有三个：销售、采购、会计。主要的外部实体有两个：顾客和供应商。当然，允许有许多顾客和许多供应商。

当顾客的订货要求被接受以后，就要按照顾客要购买的汽车配件以及需要的数量查找库存量，确定是否能够满足顾客的订货要求。如果能够完全满足，就给顾客开发货单，并修改汽车配件的库存量，同时还要通知会计准备收款。如果只能满足一部分或完全不能满足顾客的订货要求，就要把不能满足的订货记录下来，并通知采购部门，应向供应商发出订货要求。当供应商接到汽车配件公司的订货要求，把货物发来后，采购部门要办入库手续，修改库存量，同时向销售部门发出到货通知，销售部门按到货配件检索订货单，向顾客补齐所要求的配件数量。会计部门收到供应商的发货单后，应该准备办理付款业务。

第二层数据流程图比较具体地反映了汽车配件公司的数据流程，但是只考虑了正常情况，未考虑发生错误或特殊的情况。例如，顾客订货单填写不正确，供应商发来的货物与采购部门的订货要求不符合等，都属于出错或例外处理。原则上讲，第二层数据流程图不反映出错处理和例外处理，它只反映主要的、正常的逻辑处理功能，出错或例外处理应该在低层的、更为详细的数据流程图里反映。可以从"销售"、"采购"、"会计"三个处理逻辑分别扩展出第三层数据流程图。图5-6反映了销售模块的具体数据处理功能。

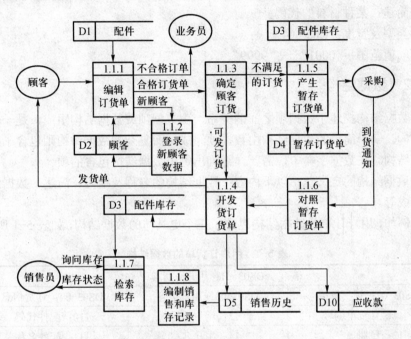

图 5-6　第三层数据流程图（以销售模块为例）

5.5　数据字典

　　数据字典的作用主要是对数据流程图中的数据项、数据结构、数据流、处理逻辑、数据存储和外部实体等方面进行具体的定义。建立数据字典的目的是为了保证全局数据的一致性和准确性。数据字典和数据流程图共同构成对系统逻辑模型的准确完整描述。

5.5.1　数据项

　　数据项又称为数据元素，是数据的最小单位。数据特性可以从静态和动态两个方面考虑。在数据字典中，只考虑数据的静态特性，包括数据项的名称、编号、别名和简述，数据项的长度和取值范围。例如，对数据项材料编号可定义如下。

数据项编号：I02-01

数据项名称：材料编号

别名：材料编码

简述：某种材料的代码

类型及宽度：Char（4）

取值范围："0001"～"9999"

5.5.2　数据结构

数据结构描述了数据项之间的关系，由数据项或数据结构组成，是一个嵌套结构。一个简单的数据结构由数据项组成，而复杂的数据结构则包含了其他数据结构。在数据字典中，需要详细列出每个数据结构包含的项。

数据结构的定义包括以下内容：数据结构的名称及编码、简述、数据结构的组成等。

例如，用户订单的数据结构包含了三个更具体的数据结构，如表 5-1 所示。

表 5-1　用户订货单的数据结构

DS03-01：用户订货单		
DS03-02：订货单标志	DS03-03：用户信息	DS03-04：订货信息
11：订货单编号	13：用户编号	110：配件代码
12：日期	14：用户名称	111：配件名称
	15：地址	112：配件规格
	16：联系人	113：订货数量
	17：联系方式	
	18：开户行	
	19：账号	

则其数据结构可以定义如下。

数据结构编号：DS03-01

数据结构名称：用户订货单

简述：用户订货要求等

数据结构的组成：DS03-02、DS03-03、DS03-04

由于其中包含的三个数据结构在其他部分已有定义，这里只需引用这些结构的名称即可，而不需要在这里详细列出所含的数据项。

5.5.3 数据流

数据流用来描述数据的流动过程，由一个或一组固定的数据项组成。在数据流的定义中，不仅要说明数据的名称、组成，还要说明数据的来源、去向和数据流量等。例如，车间领料单的数据流可以定义如下。

数据流编号：DF03-01

数据流名称：领料单

简述：车间开出领料单，凭此单去仓库领料

数据流来源：车间

数据流去向：发料处理模块

数据流组成：材料编号、材料名称、领用数量、日期、领用单位等

数据流量：10 份/h

高峰流量：20 份/ h

5.5.4 处理逻辑定义

处理逻辑定义指数据流程图中数据项的处理方式，包括输入数据流和处理方式等。举例如下。

处理逻辑编号：P02-03

处理逻辑名称：计算电费

输入数据流：电价、用电量和用户类别数据分别来自数据存储文件价格表、电表读数和存储文件用户信息

处理方式：根据用户类别和价格表确定电价，电费为电价×用电量

输出数据流：数据去向一是给外部实体用户，二是存储到用户电费文件

处理频率：每月一次

5.5.5 数据存储

数据字典中只描述数据的逻辑存储结构，而不涉及它的物理组织。举例如下。

数据存储编号：F03-08

数据存储名称：配件库存账

简述：存放配件的库存量和单价

数据存储组成：配件编号、配件名称、单价、库存量、备注等

关键字：配件编号

相关联的处理：P02，P03

5.5.6　外部实体定义

外部实体描述了数据流入、流出和处理的实际发生地点和有关的主体。外部实体的定义包括实体编号、名称、简述、输入和输出数据流。举例如下。

外部实体编号：S03-1

外部实体名称：客户

简述：购置本单位配件的用户

输入数据流：D03-06，D03-08

输出数据流：D03-01

数据字典是系统开发的一项基础工作。由于数据字典全面反映了系统运行的所有数据属性及其处理方式，在系统分析设计中可以像查字典一样随时查找每个数据的准确定义，使得全局数据处理中，同一个数据项定义一致，不会产生歧义。

5.6　功能与数据的交互分析

在对实际系统的管理功能、业务流程、数据分析都有了详细了解之后，就可以在此基础上进行系统化分析，以便整体考虑新系统的功能。功能/数据分析就是进行这种分析的工具，通过 U/C 矩阵的建立和分析，可以明确子系统的划分和数据资源分布的合理性。

5.6.1　U/C 矩阵

U/C 矩阵主要用来对系统功能划分进行分析和优化。其基本原理与采用系统思想进行子系统的划分相一致，即在系统之间尽可能保持相对独立性，每个功能的数据处理要求高内聚、低耦合。U/C 矩阵是一个进行内容分析的二维表，纵坐标和横坐标分别表示要分析的两个变量，二维表中的 U, C 表示两个变量之间的关系。

U/C 矩阵中，U（use）表示该功能为数据的使用者，即某个功能使用某类数据；C（create）表示该功能为数据的生产者或创建者。建立 U/C 矩阵首先要进行系统化，自顶向下地划分，具体确定每一个功能和数据，最后把功能和数据之间的关系填到二维表中，就建立了 U/C 矩阵。

U/C 矩阵建立之后，还要进行完备性、一致性检验。完备性检验是指每个数据项必须有一个生产者和至少一个使用者，而每个功能都必须有数据的生产和使用活动。一致性检验则要求一个数据只能有一个生产者，避免数据有多个源头，产生不一致现象。

U/C 矩阵不仅适用于功能/数据分析，也适用于其他方面的管理分析，应该很好地掌握这种方法。

5.6.2 U/C 矩阵的求解

　　U/C 矩阵的求解是通过表上作业来完成的。U/C 矩阵的行或者列之间没有固定的顺序，通过行或者列的调整，使得矩阵中的 C 尽量靠近对角线，然后以 C 为标准划分子系统，即构成了 U/C 矩阵的解，据此可以进行系统的功能划分和资源分布。由此可见，U/C 矩阵的求解过程就是对系统进行结构划分的过程。这样划分的子系统有较好的独立性和凝聚性，可以不受干扰地独立运行，如图 5-7 所示。

功能＼数据		计划	财务	产品	零件规格	材料表	原材料库存	成品库存	工作令	机器负荷	操作顺序	材料供应	客户	销售区域	订货	成本	职工
经营计划	经营计划	C	U													U	
	财务规划	C	U													U	U
	资产规模		C														
技术准备	产品预测	U		U									U	U			
	产品设计开发			C	C	U							U				
	产品工艺			U	C	C	U										
生产制造	库存控制						C	C	U			U					
	调度			U					C	U							
	生产能力计划									C	U	U					
	操作顺序								U	U	U	C					
	材料需求			U		U						C					
销售	销售区域管理			U									C	U			
	销售			U									U	C	C		
	订货服务			U									U		C		
	发运			U				U							U		
财会	通用会计	U	U										U				U
	成本会计														U	C	
人事	人员计划																C
	人员招聘/考核																U

图 5-7　U/C 矩阵的求解

　　U/C 矩阵的功能主要有以下四点。

　　（1）通过对 U/C 矩阵的正确性检验，及时发现前期调查和分析中的错误及疏漏。

　　（2）通过对 U/C 矩阵的正确性检验，分析数据的正确性和完整性。

（3）通过对 U/C 矩阵的求解，得到子系统的合理划分。

（4）通过子系统之间的数据使用关系（U），确定子系统之间的共享数据。

5.6.3　系统逻辑功能划分与数据资源分布

1. 系统逻辑功能划分

在上述 U/C 矩阵求解的基础上，根据功能的实际业务需要，沿对角线用方框把相对集中的数据联系框起来。小方框的划分是任意的，但必须把所有的"C"都包含在小方框内，每个小方框既没有重叠也不会遗漏任何一个数据和功能。如图 5-7 中方框所示。在实际划分中，可参考业务处理的要求和分析员个人的习惯进行。在子系统划分以后，仍然存在着子系统以外的"U"元素，表明存在着跨子系统的数据使用，即子系统间的数据联系，如图 5-8 所示。由于这些数据资源需要在不同子系统间共享，必须考虑数据的分布以及如何通过网络共享的问题。

功能	数据	计划	财务	产品	零件规格	材料表	原材料库存	成品库存	工作令	机器负荷	操作顺序	材料供应	客户	销售区域	订货	成本	职工
经营计划	经营计划	经营计划子系统														U	
	财务规划															U	U
	资产规模																
技术准备	产品预测	U		产品工艺子系统									U	U			
	产品设计开发													U			
	产品工艺						U										
生产制造	库存控制																
	调度				U												
	生产能力计划					生产制造计划子系统											
	操作顺序																
	材料需求				U	U											
销售	销售区域管理				U									销售子系统			
	销售				U												
	订货服务				U												
	发运				U			U									
财会	通用会计	U	U										U			财会	U
	成本会计													U		财会	
人事	人员计划																人事
	人员招聘/考核																

图 5-8　子系统间的数据联系

2. 数据资源分布

逻辑功能划分的过程中实际上也大致确定了数据资源的分布。信息结构就是按产生和使用信息的 U/C 矩阵中子系统的划分，来确定不同子系统数据的分布。即利用 U/C 矩阵的功能与数据分类表，找出过程与数据的依存关系。通过 U/C 矩阵的求解，得到子系统的初步划分。由图 5-7 可见所有数据使用关系，即表中的"U"被分割成两类，一类在小方框内，表示数据只在一个子系统内产生和使用，可以考虑把数据放在子系统的计算机设备中处理；另一类数据使用关系"U"在小方框之外，表示不同子系统之间存在着数据联系，需要考虑数据在网络中的分布和传递问题。这里的子系统是系统的一个基本框架，并不是系统的功能模块。

信息系统的基础结构是网络计算。网络计算是把各种数据处理功能分布在整个网络中，按照业务发生的实际需要进行信息处理，在业务处理、政府办公和网络教学中已经成为基本的计算平台。网络计算把分布在不同地理位置的计算机和其他数字设备连接起来，使得一个应用程序可以访问不同位置的数据资源，实现工作的协同。

按照 U/C 矩阵分析中对子系统的划分，按数据的产生和使用过程，把数据存放在数据产生的源头，有利于数据的维护，并保证数据的全局一致性。同时，由于信息系统是个整体，数据需要全局共享。在子系统数据的分布上，还应该考虑不同子系统在网络上的分布、数据传输量和存储量的大小，并确定哪几个子系统共用一个数据存储设备。

考虑到不同的数据管理要求和应用需要，数据可以集中存放，也可以分布存放。对于各个部门内部经常使用的数据，可以存放在各自的服务器上，这样既便于数据的分散维护，也有利于减轻网络负担。而对重要数据，采用集中存放方式，有利于数据的集中分析处理，充分利用数据资源，实现信息的价值，也有利于采取更加安全可靠的措施，保证数据的安全性。

5.7　组织信息管理现状的分析与评价

在调查研究的基础上，还需要对信息管理过程进行分析，认识现行系统的优点和不足之处，以明确新系统的需求，为新系统的设计打好基础。

5.7.1　信息管理现状的分析与评价的内容

现状的分析与评价是为了获得关于现行系统的总体认识。这一阶段不是系统设计阶段，也不包括对业务运行的所有细节的分析，而是分析现有信息管理手段的水平，对新系统方案的需求给出明确的评价。分析与评价的内容包括如下几个方面。

1. 管理现状

现行系统哪些方面比较完善，还有什么不足？如果要满足未来发展的要求，还有什么需要改进的地方？除了调查研究中得到的被调查者对这些问题的认识，还有没有其他需要考虑的因素？这些都是确定新系统需求中需要回答的问题。例如，用户为了提高应收账款处理的效率，希望开发一个应收账款处理系统。但在进行系统调查和分析时发现，企业真正的问题可能在于对现金处理中的控制，比如缺少检验监督，可能比处理效率低更为严重。这时候，在系统开发中，必须先对管理现状有深入的认识，这是系统分析的依据。

2. 信息技术应用现状

现有系统是不是经过很好的规划？文档资料是否齐全？哪些系统已经在应用？哪些系统应用效果良好，哪些系统需要升级或重新开发？信息资源的利用是否充分？如果应用效果不好，是什么原因？是因为系统技术落后、流程不合理，还是因为管理或人员等其他因素？这些问题不仅决定了今后系统开发的方向，而且也是估算新系统开发投入的依据。

5.7.2　信息管理现状的分析与评价的指标

信息管理现状的分析与评价必须在一定的可测量的指标体系下才有意义。如何分析上述信息管理中的问题，并对现有系统做出准确的评价，是系统分析的依据。信息管理现状不是孤立的东西，而是和组织管理的各方面相联系的，对它的评价可以从信息管理的各个要素来衡量，从而建立评价指标体系，主要包括以下几方面。

（1）企业的信息化基础设施水平。

（2）企业的信息技术应用范围和深度。

（3）企业的信息资源开发和利用程度。

（4）通过信息管理增加企业产品和服务的技术含量和信息附加值的能力。

（5）企业管理再造，包括企业生产、经营、管理和决策水平的信息化程度。

（6）以信息管理为基础的制度创新，如制度、规范、监督等手段。

（7）信息化人才的权重。

5.7.3　信息管理现状的分析与评价的方法

对组织信息管理现状的分析与评价是在调查研究结果的基础上进行的。通过分析与评价，对信息管理的水平、存在的问题和目标定位有清楚的认识，为新系统的逻辑设计打好基础。常用的分析与评价方法如下。

1. 事件跟踪

对系统运行中发生的关键事件进行跟踪，记录偶然和意外发生的对工作产生较大影响的事件。这些事件往往反映了现有系统不能很好地处理的一些业务，可能是系统设计中没有预料到的或者设计不合理的地方，这些正是新系统需要考虑的问题。

2. 效果比较

从信息处理速度、差错率、活动的集成、数据冗余和共享程度，以及信息对提高整个工作效率的作用等方面，对信息管理现状与期望的效果进行比较。

3. 人的因素评价

用户意见和对现行系统的看法，反映了系统中人的因素。人的因素涉及面广，不同人出于自身利益的考虑，不一定能给出一个关于现行系统的客观评价。需要在调查材料的基础上进行认真分析，对定量信息和主观信息进行综合分析。

4. 综合研究

在上述分析、评价的基础上，综合各方面因素，探讨现行系统存在不足的原因以及进行新系统开发仍然缺少的因素，并按照不同的流程和组织结构分别给出相应的评价结果。

5.7.4　信息管理现状的分析与评价的步骤

通过对组织原来生产经营过程的各个方面、每个环节进行全面的调查研究和细致分析，确定每个环节的合理性、必要性。具体实施的步骤如下。

（1）寻找现有流程中管理成本增加的主要原因、组织结构设计不合理的环节，分析现存管理业务的功能、制约因素以及关键问题。

（2）根据市场、技术变化的特点及企业的现实情况，分清问题的轻重缓急，找出需要重点解决的问题。

（3）根据市场的发展趋势以及客户对产品、服务需求的变化，对关键环节以及各环节的重要性做出明确定位。

（4）确定每个管理环节需要改进的具体内容。

本章小结

调查研究与现状分析是信息系统分析设计的基础。在调查研究中，为了防止疏漏，全面准确地掌握组织管理的现状，需要在一定的原则和方法指导下进行。

通过对组织管理的调查，掌握了组织管理的基本情况，就可以对组织的业务流程进行分析，以便了解业务的具体处理过程，发现和处理系统调查研究中的错误和疏漏，并在新系统的基础上优化和改进业务流程。

信息系统的处理对象是数据。通过数据流程和数据的分析，准确认识全面的数据处理任务，并把分析结果建立数据字典，为建立数据库系统和设计功能模块打下基础。

在对业务和数据流程有了准确分析之后，就可以通过功能/数据的交互分析，对信息系统的功能模块进行划分。

对系统的功能/数据分析完成以后，还需要对组织的信息管理状况进行分析与评价，以便根据前面分析的结果，对整个组织以及每个功能模块和处理过程的状况做出准确评价，为确定系统设计和开发的方向和重点提供参考。

关键词

调查研究的系统性	数据字典
业务流程	U/C 矩阵
数据流程	功能/数据分析
数据流程图	人的因素

思考题

1. 调查研究的目的是什么？如何保证调查研究的准确全面？
2. 用业务流程图描述一个熟悉的业务流程。
3. 根据业务流程图，抽象出数据流程图。
4. 数据字典建立的过程中，如何保证数据项及其处理的完整性？
5. 分析利用 U/C 矩阵进行功能/数据交互分析的基本思想。
6. 如何全面认识组织信息管理的现状？

第6章 逻辑设计

　　逻辑设计的任务是在调查研究与现状分析的基础上，提出新系统建设的逻辑方案。逻辑方案从一般信息处理的角度，规定了新系统所要达到的目标和完成的任务，提出了对原系统改进的具体方案，根据前一阶段调查和分析的结果，确定新系统中的管理模型和信息处理的方法，为今后系统的设计和实施提供基本的框架，这就称为系统的逻辑设计。

6.1　逻辑设计的目标与原则

6.1.1　新系统逻辑模型的提出

　　新系统的逻辑模型是在现行系统逻辑模型的基础上提出的。在对现行系统的调查和分析完成后，对系统各方面的情况都有了较深入的了解，也弄清楚了存在的问题和缺陷，结合对用户信息需求的分析，可以明确新系统的基本任务和信息处理方式，即新系统的逻辑模型。系统逻辑模型从本质上说是规定系统应该做什么，包括新系统的业务流程、数据流程以及数据与功能的详细分析与描述。

　　从形式上看，新系统的逻辑模型与现行系统的逻辑模型没有太大差别，可能只是业务流程和数据流程在某些方面加以改进，或者是数据和存储的重新组织，但这些改变对新系统有着重要的意义。新系统就是考虑了计算机信息处理的特点，摒弃了原系统中不适应新技术处理要求的方面。新系统模型更能适应现代企业运行环境的特点，在数据处理、企业组织等方面做了合理的改变，从而可以从根本上提高系统运行效率。

对现行系统的分析和改进一般可以从下列几方面进行。

1. 现行系统在整体功能上存在什么问题

现行系统涉及的实体和业务范围是否满足企业管理的要求？是否需要增加或者改进系统功能？子系统的划分是否合理？通过对这些问题的分析，明确新系统的功能和整体结构、大致范围和系统规模。

2. 业务流程中是否有缺少或多余的环节

通过对原系统业务的分析，理顺各功能间的关系，对于多余的环节可以删减，对于缺少的环节应该补上，使新的业务流程科学、合理、流畅。

3. 数据流程中是否有不合理的数据流向、数据存储和冗余处理环节

对不合理的数据流向要进行修改，冗余的数据处理环节要消除，不合理的数据存储要优化。努力使得数据流程清晰、流畅、简洁、高效。

4. 数据处理的功能是否满足要求

对于数据的输入、输出和处理方式是否合理，数据的连接是否通畅，数据的抽象和分析是否符合决策任务的需要等进行分析，使得数据处理功能准确、优化，满足管理目标。

通过上述分析，对新系统的逻辑功能有了清楚的认识，就可以着手进行系统的逻辑设计。系统的逻辑设计采用一系列的图表和工具，在逻辑上表达新系统具有的各项功能，以及输入输出、信息流程、系统界面和环境等新系统概况。这些工具共同组成新系统的逻辑模型。

6.1.2 逻辑设计的目标

逻辑设计的目标在于根据对上述现有业务处理模式局限性的分析，按照计算机信息处理的特点，抛弃手工处理模式下的组织方式和业务分工，建立合理的新系统逻辑设计方案，确定新系统的处理模式和管理模型，明确新系统开发中努力的方向。在逻辑设计中，必须明确以下几方面内容。

1. 新系统的目标

根据详细调查结果对可行性分析报告中提出的系统目标重新考察，对项目的可行性和必要性进行重新考虑，并根据对系统建设的环境和条件的调查分析重新确定系统目标，使系统的目标更适应组织的管理需要和战略目标。由于系统目标对系统建设举足轻重，必须经过仔细论证才能修改。

2. 新系统的业务流程

分析原系统业务流程的不足，提出业务流程改造和重新设计的方法，建立新的业务流程，确定新系统业务流程中人机界面的划分。原系统的不足可能是管理思想和方法落后，业务流程不尽合理。计算机系统的应用为优化原系统业务流程提供了新的可能性，需要在对现有业务流程进行分析的基础上，根据新技术条件下信息处理的特点进行分析和重新设计，产生更为合理的业务流程。

3. 新系统的数据流程

数据流程是系统中信息处理的方法和过程的统一。由于原系统的数据处理是建立在手工处理或陈旧的信息处理技术之上的，信息技术的发展必然会为数据处理提供更为有效的手段，因此，与业务流程的改造相对应，在新系统开发中，还应该分析原数据流程中不适应新系统处理方法的部分，通过对数据流程的优化和改进，建立新的数据流程，确定新的数据流程中人机界面的划分。

4. 新系统的逻辑结构

大的系统通常是由各个功能子系统构成的。把系统划分为不同的功能子系统，可以大大简化系统的设计工作。子系统划分完成以后，只要定义好子系统之间的连接关系，每一个子系统的设计、调试可以独立进行。如果部分功能发生变化，只需要对个别子系统进行维护或重新设计，而不需要对整个系统进行大的改动。一般子系统的划分是在系统逻辑设计阶段，根据对系统的功能/数据分析的结果提出的。在子系统划分时，还要对子系统的数据联系及系统整体协调和优化的方法进行统一考虑。

5. 数据资源的分布

根据功能与数据的关系分析，确定数据的存储结构、数据模型以及数据在不同子系统的服务器资源中的分布。

6. 具体业务的处理方法和管理模型

具体业务的处理方法各不相同，需要分析原系统的数据流程图，据此确定应当增加、取消、合并或者改进的业务处理过程。由于在手工管理模式下受数据处理和传递手段的限制，只能采取一些简单的管理模型。而在计算机系统支持下，许多复杂的计算可以接近实时完成，像 MRP Ⅱ 等现代管理方法的应用就有了实现的可能性。在系统逻辑设计中，要根据每个管理业务的信息处理需要，确定适应具体业务使用的管理模型和管理方法。由于管理模型是个广泛的概念，涉及不同的管理业务。不同的单位由于管理业务和使用环境的不同，对模型会有不同的要求，必须与用户协商，共同决定采用哪些模型。

6.1.3　逻辑设计的原则

信息系统涉及企业管理的各个方面和企业运行的全部过程，在信息系统的逻辑设计中，要对系统的一般性、关联性、整体性和层次性进行整体考虑，由粗到细，逐步深入。设计的主要原则如下。

1. 管理信息化和现代管理思想相结合

信息系统的开发不是简单的利用计算机信息处理技术代替原来的手工信息处理过程，而是在现代信息技术的支持下，改善业务过程，改进管理方法，提高组织运行效率，必须充分考虑现代信息处理的特点，建立新的管理模式，创新管理思想。

2. 分解和协调相结合

系统分解是指将一个复杂的系统根据功能和任务分解为若干个子系统，系统协调则是根据系统的总体结构、功能、任务和目标的要求，建立子系统之间的联系方式，使各个子系统之间互相协调配合，在各个子系统局部优化基础上，通过内部平衡的协调控制，实现系统的整体优化。

3. 模型化结构设计

在逻辑设计中，把流程中的各项业务功能作为独立的对象设计，充分考虑它们与其他各种业务对象模块的接口，通过业务对象模块的相互作用实现业务流程，这样，在业务流程发生有限的变化时（每个业务模块本身的业务逻辑没有变化的情况下），就能够比较方便地修改系统程序模块间的调用关系而实现新的需求。把各种模块存储在软构件库中，则只需修改数据字典里的模块调用规则，即可实现功能的重新配置。

4. 全局一致性原则

在逻辑设计中，应采用统一的规范、统一的编码标准和统一的文件格式。比如：采用统一的命名规则，给每个对象取一个统一命名的容易理解的名字。采用统一的编码规则，便于不同子系统之间的数据连接与数据共享。这样就容易保证子系统之间的联系准确、流畅，实现整个系统的集成性。

5. 静态与动态相结合

在建立了功能子系统划分、数据资源分布等静态结构的基础上，还需要在业务流程图、数据流程图的基础上建立描述系统处理过程的动态处理过程，以便完整地刻画信息系统功能。

6.2 业务流程的改造与设计

在信息系统应用的早期实践中，主要是实现业务处理的自动化，仅用计算机系统模拟原来手工业务处理，虽然提高了信息处理环节的效率，但作用的发挥十分有限。后来，随着计算机技术应用的深入，信息系统逐渐由业务处理自动化转向流程优化，通过对现有业务流程的改造，从根本上提高业务运作效率。

6.2.1 业务流程重组

业务流程是指为完成一定的目标或任务而进行的一系列时间上承继的业务活动序列，是企业或组织运行的方式。在传统的企业管理中，组织或企业都已经形成了确定的流程和工作方式。而在信息技术条件下，由于信息的采集、处理、传递和使用的方式发生了变化，就要求改变原有流程中不适合计算机信息处理特点的工作方式，按现代信息处理的要求，进行业务流程重组（business process reengineering, BPR），以事物发生的自然过程寻找解决问题的方法。1993年，Hammer 和 Champy 提出了企业流程重组的概念，即对企业进行根本性的再思考和彻底的重新设计，从而使成本、速度、质量和服务等企业的关键要素能取得根本性的改善。

业务流程与组织的运行方式、组织的协调合作、人的组织管理、新技术的应用与融合等密切相关，业务流程重组涉及技术、人文等多方面的因素。其中信息技术应用是流程重组的核心。信息技术既是流程重组的出发点，也是流程重组的最终目标的体现者。

6.2.2 流程重组的类型

不同行业、不同性质的企业，流程重组的形式不可能完全相同。企业可根据竞争策略、业务处理的基本特征和所采用的信息技术的水平来选择实施不同类型的 BPR。根据流程范围和重组特征，可将 BPR 分为以下三类。

1. 功能内的 BPR

功能内的 BPR 指对职能内部的流程进行重组。在旧体制下，各职能管理机构重叠，中间层次多，而这些中间管理层一般只执行一些非创造性的统计、汇总、填表等工作，而且每个环节只对自己完成的职能负责，无人对整个流程的效率和质量负责，造成整个流程运行效率低。计算机完全可以取代这些业务而将中间管理层取消，使每项职能自始至终只由一个职能机构管理，做到机构不重叠、业务不重复。例如，物资管理由分层管理改为集中管理，取消二级仓库；

财务核算系统将原始数据输入计算机，全部核算工作由计算机完成，变多级核算为一级核算等。

2. 功能间的 BPR

功能间的 BPR 指在企业范围内，跨越多个职能部门边界的业务流程重组。例如，在新产品开发机构重组中，以开发某一新产品为目标，组成集设计、工艺、生产、供应、检验人员为一体的承包组，打破部门的界限，实行团队管理，以及实现设计、工艺、生产制造并行交叉的作业管理等。这种组织结构灵活机动，适应性强，将各部门人员组织在一起，使许多工作可平行处理，从而可大幅度地缩短新产品的开发周期。

3. 组织间的 BPR

组织间的 BPR 指发生在两个及以上企业之间的业务重组，如通用汽车公司（GM）与 SATURN 轿车配件供应商之间的购销协作关系就是企业间 BPR 的典型例子。GM 公司采用共享数据库、EDI 等信息技术，将公司的经营活动与配件供应商的经营活动连接起来，配件供应商通过 GM 公司的数据库了解其生产进度，拟订自己的生产计划、采购计划和发货计划，同时通过计算机将发货信息传给 GM 公司。GM 公司的收货员在扫描条形码确认收到货物的同时，通过 EDI 自动向供应商付款。这样，GM 公司与其零部件供应商如同一个企业，实现了对整个供应链的有效管理，缩短了生产周期、销售周期和订货周期，减少了非生产性成本，简化了工作流程。这类 BPR 是目前业务流程重组的最高层次，也是重组的最终目标。

由以上三种类型的业务流程重组可以看出，各种重组过程都需要数据库、计算机网络等信息技术的支持。ERP 的核心管理思想是实现对整个供应链的有效管理，与 ERP 相适应而发展起来的组织间的 BPR，则是经济全球化和 Internet 广泛应用环境下的 BPR 模式。

6.2.3 流程改造和设计的步骤与方法

流程改造实际上是从信息时代的管理要求出发，对业务流程的重新思考和再设计，是一个系统工程，必须在一定的原则和方法的指导下进行。流程改造包括在系统规划、系统分析、系统设计、系统实施与评价等系统规划与开发的整个过程，这里仅以组织内部的 BPR 为例，说明流程改造和设计的原则方法。

（1）以过程管理代替职能管理，取消不增值的管理环节。

（2）变事后管理为事前管理，减少不必要的检查、控制、调整等活动。

（3）以计算机协同处理为基础的并行过程取代串行和反馈控制管理过程。

（4）用信息技术实现过程自动化，尽可能抛弃手工信息处理过程。

（5）取消不必要的信息处理环节，消除冗余信息。

（6）在信息技术支持下，将现在的多项业务或工作组合、合并。

（7）业务流程的各个步骤按其自然顺序进行。

（8）权力下放，压缩管理层次，给予员工参与决策的权力。

（9）制定与业务流程改进方案相配套的组织结构、人力资源配置和业务规范等方面的改进规划，形成系统的业务流程重组方案。

（10）在业务流程的改造和设计中，必须充分利用信息技术。国内外业务流程重组的实践中，都非常重视信息技术的作用。表 6-1 描述了信息系统在各种业务处理中的不同作用。在业务流程的改造中，必须注意信息化对管理的影响，及时变革管理方式。

表 6-1　信息技术在业务流程重组中的作用

	信息系统功能	目　标	作　用
1	自动化处理	效率提升	减少人力劳动
2	信息处理	处理效率	进行业务信息处理
3	控制方式	缩短时间	改串行处理为并行处理
4	远程交互	空间	随时随地的异地信息处理
5	监控与跟踪	安全性	减少人为失误
6	决策处理	复杂性	员工参与决策
7	电子商务处理	提高服务效率	基于 Internet 的客户服务

流程的改造涉及多个方面，不同的流程设计人员会从各自的角度提出不同的方案。对于提出的多个业务流程改进方案，要从成本、效益、技术条件和风险程度等方面进行评估，选取可行性强的方案。

6.2.4　流程重组举例

福特汽车发动机公司对包括采购、订货、验货、应付款处理在内的整个供应业务流程进行重组。原系统业务流程如图 6-1 所示。

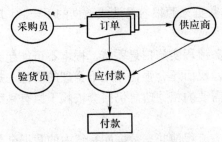

图 6-1　原系统业务流程

（1）采购员向供应商下达订单之后，随即传一份订单副本给应付款处理部门。

（2）供应商送来的货物抵达指定的库房时，验货员对货物进行清点、记录，然后将点货清单转给应付款处理部门。

（3）供应商在送出货物的同时，将货款发票送给应付款处理部门。

（4）对每一批货物的三套单据——订单、点货清单和发票核对无误后，应付款处理部门发出货款支票。

经过分析，福特公司决定采用计算机系统代替原来的手工管理过程，以提高单据处理的速度。但在系统分析中发现，通过网络信息的传递，新的业务流程中根本不需要处理单据，原来的单据传递过程被计算机信息传递取代。得到的新业务流程如图 6-2 所示。

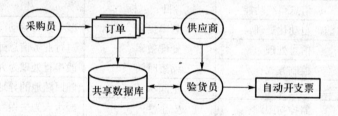

图 6-2　重组后的系统业务流程

（1）采购员通过共享的计算机系统生成采购订单。

（2）供应商将货物送到库房。

（3）验货员根据共享数据库系统中的订单验收货物。

（4）验货员将处理结果返回共享数据库系统。

（5）系统自动生成凭证，并开具支票给供应商。

对照新旧业务流程可以发现，原有业务流程完全是按照部门来划分的。各部门分别完成大量的单项任务（填写、传递、验货、单据核对、付款），订单、发票、点货清单上的很多项目都是相同的（如订购货物的名称、单价、数量、供应商等）。但不同的数据来源很容易造成数据的不一致，应付款处理部门要寻找差异存在的原因。

如果依照原有业务流程实施信息系统，根本不可能起到改进管理、提高效率、降低成本的作用，反而还会强化原来不合理的流程，加重企业的负担。原有业务流程不变，所需要的相关信息仍旧会依赖于原有系统，就无法实现新系统的目标。

按照重组后的业务流程使共享数据库系统中的数据全部由采购员输入，保证了系统数据入口的唯一。同时,"付款审核"这项原来由应付款处理部门完成的业务改由验货员来完成,所审核的订单来自系统,把它与所验收的货物核对,并将核对结果送回系统,由系统自动生成凭证并开具支票付款,增加了验货员的责任,因此对流程工作人员提出了更高的要求。整个业务流程实现了跨职能部门的业务管理。

6.3 数据处理与数据存储的设计

数据处理描述了各主要处理活动之间的关系,包括所有的数据处理活动和有关的输入/输出的描述。数据存储设计则根据数据资源分布具体确定数据存储的逻辑方式。这一阶段的设计是下一步进行数据处理和存储的详细设计的基础。系统设计人员根据这一结果选择具体的信息处理技术和数据库系统。

6.3.1 数据处理

功能/数据分析描述了逻辑功能划分和数据资源分布的关系,但在逻辑设计中对各功能间数据的传递关系还需要更细致的描述。数据处理描述了模块间关联的方式和模块内部的功能和数据输入/输出关系,是逻辑设计的核心内容之一。这部分工作的常用工具有信息系统流程图、HIPO 图等。

1. 信息系统流程图

信息系统流程图是以新系统的数据流程图为基础绘制的。绘制过程如下:为数据流程图中的处理功能画出数据关系图(如图 6-3 所示),弄清楚输入数据、中间数据和输出数据的关系,然后按整个系统的流程把各个数据关系图综合起来,形成整个系统的数据关系图,就构成信息系统流程图。

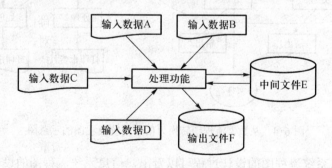

图 6-3 数据关系图的一般形式

从数据流程图到信息系统流程图的转换不是单纯的符号变换。由于信息系统流程图描述的是计算机信息处理过程，而数据流程图表述的是全部数据处理过程，其中包含了手工信息处理部分，因此绘制信息系统流程图的前提是已经确定了系统边界、人机接口和数据处理方式。

在信息系统信息流程图的设计中，需要根据业务处理的需要，考虑在信息技术支持下，哪些数据处理功能可以合并或进一步分解，进一步确定各个数据处理功能。

图6-4是从数据流程图转换为信息系统流程图的示意图。图中，数据流程图的输入1转换为信息系统流程图的手工输入1，输出1和输出2分别转换为信息系统流程图的打印报告1和打印报告2。在信息系统流程图中还增加了一个临时用的中间文件，作为不同处理之间的数据联系。数据流程图和信息系统流程图之间的处理步骤不一定要一一对应，可以根据实际情况进行合并或分解。如图6-4中，处理1和处理2在信息系统流程图中被合并为一个处理1。从这个转换过程也可以看出，转换方案不是唯一的，有时候需要进行方案论证。

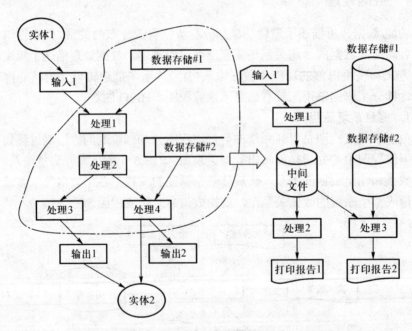

图6-4 从数据流程图转换为信息系统流程图的示意图

从信息系统流程图的设计过程可以看出，信息系统流程图的设计基本上是根据原系统流程按实际业务处理的过程进行设计，并不鼓励分析员使用系统设计的自顶向下或模块化的方法。因此，用流程图方法设计的系统，不仅难以采用工程化开发方法，而且难于理解和维护，因此现在的信息系统开发中已经较少使用。由于它是最早出现的逻辑设计方法，可以帮助我们明确新系统信息处理的过程，进行流程图设计仍然有其重要意义。

2. HIPO 图

层次化输入—处理—输出法（hierarchy input-process-output, HIPO）是一种描述系统结构和模块内部处理功能的工具。HIPO 图由层次化结构图（structure chart）和 IPO 图两部分组成，在一层次体系中将系统设计按其详细程度分层，依次地说明所有的输入、处理和输出。

图 6-5 描述了一个修改库存文件模块的层次化结构图。整个系统被划分成由若干逻辑模块所组成的一个层次体系，利用粗框图和细框图还可以将这些模块进一步划分成更小模块。层次化结构图主要关心模块的外部属性，即上下级模块、同级模块间的数据传递和调用关系，不涉及模块内部的处理。

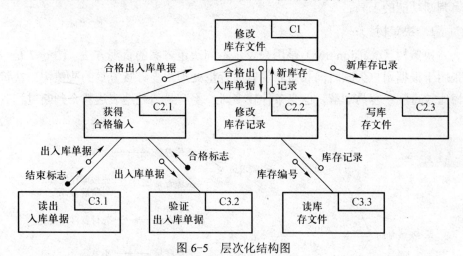

图 6-5　层次化结构图

IPO 图则是描述模块内部功能的工具，包含了输入、处理、输出和与之相应的数据库/文件，所在的模块等信息，如图 6-6 所示。

IPO 编号：	HIPO 编号：	模块名称：		文件编号：
输入部分	处理描述		输出部分	
上组模块送入单元数据 读单据存根文件 读价格文件 读用户记录文件 ……	核对单据与存根记录 计算并核对价格 检查用户记录和信贷情况 …… 处理过程		将合格标志送到上一级 调用模块 将检查记录记入文件 修改用户记录文件 ……	

图 6-6　IPO 图

IPO 图中，比较复杂的部分是处理逻辑的描述。由于处理过程复杂，如果不能准确无歧义地描述，将会给以后的编程工作带来混乱，需要使用比较规范的描述方法，如结构化英语、决策树、判定表和算法描述语言等，将在下一小节介绍。由 HIPO 图的描述过程可以看到，这种方法需要编写大量烦琐的设计文档，往往抵消了系统描述的清晰性带来的好处。

各种逻辑设计方法都有特点，应该根据组织信息系统设计的实际情况，选择各种方法综合使用。

6.3.2 处理逻辑的描述工具

简单的处理逻辑可以在数据字典中加以说明，但对于一些比较复杂的处理逻辑，可以使用一些描述处理逻辑的工具加以说明。下面简单介绍两种描述逻辑判断功能的工具。

1. 决策树

决策树（decision tree）是用来表示不同决策方案的直观方法。图 6-7 是一张用于根据用户欠款时间长短和现有库存量处理用户订货方案的决策树。决策树比较直观，容易理解，但当条件较多时，不容易清楚地表达整个判断过程。

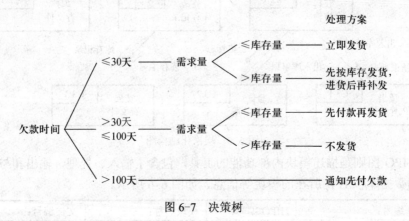

图 6-7　决策树

2. 决策表

决策表是用表格方式描述处理逻辑的工具，实际上是决策树的另一种表达方式。采用表格方式，便于表达复杂条件下的多元逻辑关系，可以清楚地表达决策条件、决策规则和应采取的行动之间的关系。其缺点是决策表的建立过程复杂，不如决策树直观方便。这里仍以处理用户订货的例子来说明，其决策表如表 6-2 所示。

表 6-2　处理订货单的决策表

	决策规则号	1	2	3	4	5	6
决策条件	欠款时间≤30 天	Y	Y	N	N	N	N
	欠款时间>100 天	N	N	Y	Y	N	N
	需求量≤库存量	Y	N	Y	N	Y	N
应采取的行动	立即发货	×					
	先按库存发货、进货后再补发		×				
	先付款再发货					×	
	不发货						×
	通知先付欠款			×	×		

3. 结构化英语表示法

结构化英语是一种模仿计算语言的处理逻辑描述方法。这种方法借助于程序设计的基本思想，使用 IF, THEN, ELSE, END, OR, NOT 等词组成规范化语言，包括顺序、判断和循环等三种基本结构，完成对处理过程的描述。仍以订单处理逻辑为例，这里将条件和应采取的行动用中文表示，则处理过程可以描述如下。

```
IF 欠款时间≤30 天
THEN IF 需求量≤库存量
        THEN  立即发货
        ELSE
              先按库存发货，进货后再补发
ELSE
        IF 欠款时间≤100 天
        THEN IF 需求量≤库存量
                THEN 先付款再发货
        ELSE
                不发货
ELSE
        要求先付欠款
END
```

6.3.3　数据存储设计

信息系统的主要任务是数据处理。建立合理的数据存储体系，充分反映物流活动的变化过程，满足各级管理业务对信息的需求，是信息系统设计的重要环节。在数据存储设计中，应该充分考虑信息系统开发的特点和系统目标，使得后继系统开发工作方便快捷，系统开销合理，易于管理和维护。为此，要根据数据的不同用途、使用要求、统计渠道、安全保密性等来决定数据的整体组织形式。

1. 数据组织的规范化

现代信息系统的数据处理都是采用关系数据库系统。关系数据库系统都是按关系方式组织的，对于系统中处理的数据，必须按关系数据库的要求进行规范化处理。

1971 年，E.F. Codd 提出了关系的规范化理论，通过随后的进一步研究，形成一整套数据规范化模式，这些模式已经成为建立关系数据库的基本范式。在关系的规范化表达中，数据是以二维表的方式组织的，一个表就是一个关系，每个数据项称为数据元素，为表中的一个字段，一个表中还必须定义一个字段，能唯一确定相关的元素，称为关键词。

在对表的形式进行规范化以后，就可以按照关系规范化理论进行关系的规范化。关系规范化理论定义了五种规范化模式，称为范式（normal form）。五种范式是包含关系，即满足高一级范式的关系必然也满足低一级范式的要求。

关系规范化的方法可以参考有关数据库方面的教材。一般来说，满足第三范式的关系即可满足信息处理的要求，就可以认为是比较规范的关系。

2. 整体关系结构的建立

（1）E-R 模型。规范化以后的关系只是描述了单个事物的属性或者关于全局的某一方面的信息，对于事物之间的相互作用和联系，则需要通过表之间的关联来实现。数据库分析中的数据模型，一般采用实体-联系模型（E-R 模型）转换而来。E-R 模型采用 E-R 图来表示。图 6-8 是按 E-R 方法画出的学生成绩管理的部分 E-R 图。E-R 图用长方形表示实体型，在框内写实体名；用菱形表示实体之间的联系，在菱形框内写上联系名，并用无向边将菱形分别与有关的实体相连接，还要将联系类型写在连线旁，联系的类型可以是 $1:1$，$1:m$ 或 $m:n$ 等；用椭圆形表示实体的有关属性，并标出实体与其属性之间的联系。

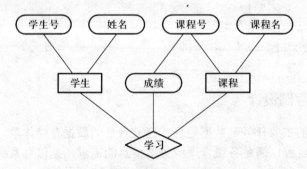

图 6-8　学生成绩管理的部分 E-R 图

（2）E-R 模型转换成关系数据模型。将 E-R 模型转换成一般的数据模型（层次、网状或关系）时，必须遵循一定的转换规则。E-R 模型转换为关系数据模型的规则如下。

① 每个实体对应一个关系模式。实体名作为关系名，实体的属性作为对应关系的属性。

② 实体间的联系对应一个关系，联系名作为关系名。

③ 实体和联系中关键字对应的属性在关系模式中仍为关键字。

根据这些规则，很容易把实体和联系转换为关系数据模型。例如，图 6-8 的 E-R 模型可以转换成如下三个关系框架。

学生关系：（<u>学生号</u>，姓名，……）

课程关系：（<u>课程号</u>，课程名，……）

选课关系：（<u>学生号</u>，<u>课程号</u>，成绩，……）

其中带下划线的属性为关键词。为了使转换成的关系模型不出现操作异常，还要依据关系规范化方法，对已经转换成的关系框架进行规范化。

实际上，E-R 模型虽然是一个简便的描述实体、关系及属性的方法，但在本书的调查和分析方法中，都是按实体属性和关系来分析设计的。其中的组织、人或者功能就是实体，而各类业务流程表达了实体之间的联系，与这些实体和联系相关的各种属性以及处理的数据、报表、文件都是关系的属性，因而系统的关系是清楚的，一般不需要再绘制 E-R 图来辅助分析。这里介绍 E-R 模型的目的仅是用来说明通过结构化分析建立数据模型的方法。

3. 数据资源的分布和安全保密属性

（1）数据资源的分布。在大型的信息系统中，数据往往是分布式的，这就要考虑数据资源在网络上的分布问题。在 5.6 节的功能与数据的交互分析中，已经确定了数据资源在不同子系统之间的分配，这里需要进一步考虑数据资源在网络上的分布，否则数据在不同子系统之间的分配就无从实现。考虑数据资源分布的原则是：同一子系统的数据尽量放在本系统使用的服务器上，只有公用数据和最后统计汇总的数据才放在公用服务器上。公共数据资源的分配应当考虑数据访问的特性，进行恰当的分布，以使网络负荷均衡，提高整个系统的效率。

（2）安全保密定义。安全保密性是系统应用深入的必然要求。数据库内容涉及保密的数据资料时，要在数据存储设计时就提出保密要求和调用权限。一般来说，用户对数据操作的权限有四种，即读、写、修改和删除。

定义用户操作的通常原则为：根据 U/C 矩阵中对数据的操作，按使用和创建对数据分类，一般业务数据只有产生这些数据的功能环节上同时具有数据的读、写、修改和删除权限，其他功能只根据需要授予读权限。

6.3.4　数据立即存取分析

　　数据流程图和数据字典定义了数据的存储结构和处理过程，但没有说明哪些数据要立即存取，哪些查询要立即响应。在系统分析中，分析员要根据调查的结果，分析用户对立即存取的要求，以便用户确认，这是数据处理分析的一项重要任务。

　　数据存取的要求来自于业务实际，一般有以下六种类型。

　　（1）查询实体的某一属性。

　　（2）通过某一属性的值，查询与该属性值有某种关系的实体。

　　（3）已知实体名和属性值，查询具有该实体的所有属性值。

　　（4）给定一个实体，查询其所有的属性值。

　　（5）查询所有的实体的某一属性的值。

　　（6）已知某个值，查询哪些实体的哪个属性符合这个值。

　　从这些查询要求分析，有的查询需要相当大的系统开销，例如，对于第6种查询，需要对每个实体的每个属性进行查询，为此需要以每个属性为次关键字建立倒排文件，系统开销很大，有时候难以做到立即存取。为此，系统分析员需要和用户沟通，根据自己的数据处理和数据库知识，结合新系统的实际情况，舍弃难以实现的和不重要的查询，确定哪些立即查询需要实现，并以图形方式和用户交互。

　　数据立即存取图（data immediate-access diagram）是进行这一分析的工具。以汽车零件供应查询为例，按照上述查询要求，可以画出数据立即存取图，如图6-9所示。

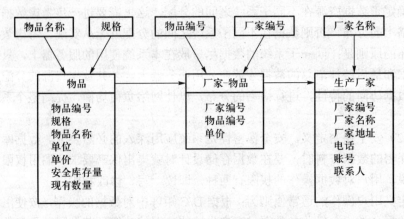

图 6-9　物资供应查询数据立即存取图

图 6-9 中，用户的一次查询往往涉及很多数据存储，比如供应人员要通过查询，确定向哪个厂家订货最物美价廉，涉及三个数据存储，实现步骤如下。

（1）在"物品"数据存储中可通过"物品名称"和"规格"查询"物品编号"，这是通过属性查实体的查询。

（2）用得到的"物品编号"在"厂家–物品"数据存储中查全部相应的"厂家编号"。因为"厂家编号"和"物品编号"共同构成关键字，这也是通过属性查实体的查询。

（3）以"厂家编号"、"物品编号"作为关键字，在"厂家–物品"数据存储中查询"单价"，通过比较，找出最低价。这也是通过实体确定属性的查询。

（4）在"厂家–物品"数据存储中通过最低价查询厂家编号。这是通过属性的值，查询与该属性值有某种关系的实体。

（5）通过厂家编号，在"生产厂家"数据存储中查询厂家信息。这是通过实体查属性值的查询。

6.4　设计方案的交互检验

逻辑设计确定了信息系统的整体结构和信息处理方式，提出了整个系统的逻辑方案。这一方案是以后信息系统设计和实施的依据。在逻辑设计完成以后，还应该进行系统的检验，以确定系统分析结果是否正确、合理、系统、完整。

6.4.1　交互检验概述

设计方案交互检验的目的是实现系统需求说明的完整性和精确性。这是保证系统开发顺利进行的前提，因为软件的需求说明是后续开发过程的依据，是不同设计组织和人员的共同出发点，这个过程对保证系统开发的成功非常重要。

为了保证软件的可靠性，应在软件生命周期的各个阶段千方百计地减少缺陷。据调查，软件开发周期各阶段错误的百分数和软件各种故障的百分数分别如表 6-3 和表 6-4 所示。

表 6-3　软件开发周期各阶段错误的百分数

软件开发周期各阶段	需求分析	设计	编码与单元试验	综合与试验	运行与维护
错误百分数/%	55	17	13	10	5

表 6-4　软件各种故障的百分数

故障分类	需求变化	逻辑设计	数据	相互	环境	人的因素	计算	文件提供	其他
百分数/%	36	28	6	6	5	5	5	2	7

表 6-3、表 6-4 的统计数据表明，在软件生命周期的各个阶段都可能发生软件错误或故障。而需求分析和软件设计阶段发生的错误或故障占有很大的比重。这就意味着对系统开发中的错误认识得越晚，则错误的改正所需费用就会越高。

为保证信息系统开发的质量和效率，在信息系统分析各个阶段都需要采取措施，通过严格的检验，证明无误再进入下一个阶段。

1. 需求分析阶段

需求分析阶段的主要措施是全面理解用户的使用要求、使用条件和系统功能，在全面分析和与用户充分交换意见的基础上，制定出软件的需求说明书。该说明书要说明检验和测试系统的方法，有完整的软件技术要求，用语要准确、规范。

2. 逻辑设计阶段

逻辑设计阶段的主要任务是把软件的技术要求转换成逻辑方案。为保证逻辑方案的科学合理，应采用工程化、规范化的设计方法和过程。需要贯彻以下设计原则。

① 自顶向下设计。
② 采用结构化程序设计。
③ 容错设计。
④ 设计评审。
⑤（标准）模块化设计。
⑥ 制定和贯彻软件可靠性设计准则。

3. 交互检验的过程与组织

检验阶段的主要任务是发现逻辑设计中的缺陷，并加以清除。这个阶段对于保证分析结果的正确性很关键，需要认真组织。

在交互检验中，为保证检验过程的独立性，要求参与检验的人员应来自不同的领域，包括分析设计人员、管理人员以及其他与本项目无关的专业人员及领域专家，分别从不同的角度对设计方案提出意见和建议。

为了查找缺陷，首先要对系统功能进行系统分析，对照功能需求，查找每个业务流程是否有功能的遗漏，是否有不必要的冗余功能。为此，须检查常规的和例外的情况。对逻辑方案，还需检查新系统流程的改造是否符合管理和业务运行的要求，数据处理方式和数据存储方案是否有利于系统的扩充等。此外，对数据处理中的安全性、容错性是否满足要求，也需要做具体的分析。

6.4.2   结构预演

1. 结构预演的目的

结构预演是一种预测评价方法，它能有效地发现逻辑设计中某些被忽略的或做错的环节，也给检验者提供一种评价逻辑设计提交的方案的方法，从而提出一些建设性的建议。结构预演的目的是给项目组提供有价值的反馈信息，而不是对系统的质量下决定性的结论。

2. **结构预演的组织**

结构预演的时间应由项目组确定。通常，结构预演是在系统设计以及系统开发过程中其他一些关键点完成之后才进行。如逻辑方案确定以后，可以进行结构预演，以检验方案的可行性。

参与结构预演的人员包括项目组成员、管理人员以及第三方经理作为"中立者"。项目组成员作为"推荐者"，负责解释他们所承担设计的系统，管理人员作为"参加者"，来判断方案是否满足需求。"协调员"负责组织预演和协调"推荐者"与"参加者"之间的相互配合。"参加者"应该是没有直接参与本项目的，具有有关领域知识的专家。秘书将对一些要点作书面记录。通常邀请一个"中立"的经理参加第一次预演。中立经理的出席将促使参与预演的每一个人认真工作。

3. **结构预演的过程**

在进行结构预演的前几天将需要审查的材料（即系统设计方案）分发给"参加者"，"协调员"负责与参加预演的所有人联系。在实际的预演期间，"推荐者"解释系统设计以及有关的资料。这是通过一步一步地预演系统来进行的，有时可能还借助于某种设计工具。"参加者"提供出讨论的建议，而秘书则记录下来以形成资料。如果有必要，可以安排几次会议来完成预演。

项目组评价所有的建议，并且把所有有价值的建议纳入到系统逻辑设计中。通过这一过程，设计者可以获得重要的反馈信息，从而进一步完善系统的逻辑方案。

6.4.3 软件过程评价

软件过程是指实施于软件开发和维护中的阶段、方法、技术、实践及相关产物（计划、文档、模型、代码、测试用例和手册等）的集合。有效的软件过程可以提高软件开发过程的生产效率，提高软件质量，降低成本并减少风险。目前市场上领先的软件过程主要有 RUP（rational unified process）、OPEN Process 和 OOSP（object-oriented software process）。以 RUP 为例，软件过程的评价包含以下方面。

RUP 中的软件生命周期在时间上被分解为四个顺序的阶段，分别是：初始阶段（inception）、细化阶段（elaboration）、构建阶段（construction）和交付阶段（transition）。每个阶段结束于一个主要的里程碑（major milestones），每个阶段本质上是两个里程碑之间的时间跨度。在每个阶段的结尾执行一次评估，以确定这个阶段的目标是否已经达到。如果评估结果令人满意，可以允许项目进入下一个阶段。

1. 初始阶段

初始阶段的目标是为系统建立商业案例并确定项目的边界。为了达到该目标，必须识别所有与系统交互的外部实体，较高层次上定义交互的特性。本阶段具有非常重要的意义，这个阶段所关注的是整个项目进行中的业务和需求方面的主要风险。对于建立在原有系统基础上的开发项目来讲，初始阶段可能很短。

初始阶段的终点是第一个重要的里程碑——生命周期目标（lifecycle objective）里程碑。生命周期目标里程碑用来评价项目基本的生存能力。

2. 细化阶段

细化阶段的目标是分析问题领域，建立健全体系结构基础，编制项目计划，淘汰项目中最高风险的元素。为了达到该目标，必须在理解整个系统的基础上，对体系结构作出决策，包括其范围、主要功能和诸如性能等非功能需求。同时为项目建立支持环境，包括创建开发案例，创建模板、准则并准备工具。

细化阶段的终点是第二个重要的里程碑——生命周期结构（lifecycle architecture）里程碑。生命周期结构里程碑为系统的结构建立了管理基准，并使项目小组能够在构建阶段中进行衡量。此时，要检验详细的系统目标和范围、结构的选择以及主要风险的解决方案。

3. 构建阶段

在构建阶段，所有剩余的构件和应用程序功能被开发并集成为产品，所有的功能被详细测试。从某种意义上说，构建阶段是一个制造过程，其重点是管理资源及控制运作，以优化成本、进度和质量。

构建阶段的终点是第三个重要的里程碑——初始功能（initial operational）里程碑。初始功能里程碑决定了产品是否可以在测试环境中进行部署。此时，要确定软件、环境、用户是否可以开始系统的运作。此时的产品版本也常被称为"beta"版。

4. 交付阶段

交付阶段的重点是确保软件对最终用户是可用的。交付阶段可以跨越几次迭代，包括为发布做准备的产品测试，基于用户反馈的少量调整。在生命周期的这一点上，用户反馈应主要集中在产品调整、设置、安装和可用性问题，所有主要的结构问题应该已经在项目生命周期的早期阶段解决。

交付阶段的终点是第四个里程碑——产品发布（product release）里程碑。

此时，要确定信息系统目标是否实现，是否应该开始另一个开发周期。

6.5　系统分析报告的撰写与审议

系统分析报告也称为系统说明书，是调查研究和系统分析阶段成果的总结。它反映了这一阶段调查研究和分析的全部情况，是下一步进行系统设计和实现的纲领性文件。

6.5.1　系统分析报告的撰写

一份好的系统分析报告要能够充分展示前阶段的调查结果和系统分析结果，描绘出新系统的逻辑方案。系统分析报告主要包括以下内容。

1．组织情况概述

（1）对分析对象的基本情况作概括性的描述，它包括组织的结构、组织的目标、组织的工作过程、性质和业务功能。

（2）系统与外部实体（如其他系统或机构）之间的物质和信息交换关系。

（3）参考资料和专门术语说明。

2．现行系统运行状况

现行系统运行状况包括以下两方面。

（1）现行系统现状调查说明。通过现行系统的组织结构图、数据流程图、概况表等工具，说明现行系统的目标、规模、主要功能、组织机构、业务流程、数据存储和数据流、数据处理方式、现有的技术手段以及存在的薄弱环节。

（2）系统需求说明。用户要求以及现行系统存在的主要问题等。

3．新系统逻辑方案

新系统逻辑方案是系统分析报告的主体，包括了本章的主要内容和分析结果。主要内容如下。

（1）新系统拟订的业务流程和业务处理方式。提出明确的功能目标，并与现行系统进行比较分析，重点要突出计算机处理的优越性。

（2）新系统拟订的数据指标体系和分析优化后的数据流程，各个层次的数据流程图、数据字典和加工说明以及计算机系统将完成的工作部分。

（3）新系统在各个业务处理环节拟采用的管理方法、算法和模型。

（4）与新系统相配套的管理制度和运行体制的建立。

（5）出错处理要求。

（6）其他特性要求。例如系统的输入输出格式、启动和退出等。

（7）遗留问题。根据目前条件，暂时不能满足的一些用户要求或不能实现的设想，并提出今后解决的措施和途径。

4. 系统设计与实施的初步计划

系统设计与实施的初步计划主要包括以下内容。

（1）工作任务的分解。根据资源和其他条件确定各子系统开发的先后顺序，在此基础上分解工作任务，落实到具体组织或个人。

（2）根据系统开发资源与时间进度估计，制定时间进度安排计划。

（3）预算。对开发费用的进一步估计。

需要说明的是：在系统分析报告中，数据流程图、数据字典和加工说明这三部分是主体，是系统分析报告中必不可少的组成部分，而其他部分则应根据所开发目标系统的规模、性质等具体情况酌情选用，不一定要面面俱到。

6.5.2　系统分析报告的审议

系统分析报告是下一步进行系统设计的依据，也是整个系统的基本蓝图，如果其中存在重大问题，不能满足企业目标，整个系统开发应用就不可能成功。由上节软件故障分析可以看出，软件故障的很大部分都是在逻辑设计阶段以前。为减少错误，避免返工现象，尽可能把问题发现在早期。系统分析报告形成后，必须组织各方面的人员（包括组织的领导、技术人员、管理人员和系统分析人员等）一起对已经形成的逻辑方案进行论证，尽早发现其中可能的疏漏和问题。

在系统分析报告的审议中，应对以下问题作出评价。

（1）一致性。系统分析报告中描述的所有系统需求与系统目标是否一致，是否有相互矛盾的地方。

（2）完整性。用户需求是否完整，系统分析报告中是否包括了用户需要的每一个功能，性能是否能达到用户要求。

（3）现实性。指定的需求用现有的硬件、软件技术是否可以实现。

（4）有效性。系统分析报告中提出的解决方案是否正确有效，是否能解决用户面临的问题。

对于存在的问题和疏漏要及时纠正，对有争议的问题要重新核实原始调查研究资料，做进一步分析或者做更进一步的调查研究，对于重大的问题，甚至可能需要调整或修改系统目标，重新进行系统分析。也有可能发现条件不具备、不成熟，导致项目终止或暂缓的。一般说来，经过认真的可行性分析之后，不应该出现后一种情况，除非情况有重大变动。系统分析报告一旦被批准，将成为新系统开发中的权威性文件，作为系统设计的主要依据，也是将来评价和验收系统的依据。

系统分析报告的审议中，应有局外专家参加，局外专家指研制过类似系统而又与本企业无直接关系的专业人员。他们一方面协助审查研制人员对系统的了解是否全面、准确，另一方面审查提出的方案，特别是对实施后给企业的运行带来的影响做出估计。这种估计需要借助局外专家的经验。

本章小结

逻辑设计是在调查研究与分析的基础上，提出新系统的逻辑方案。根据前一阶段调查和分析的结果，确定新系统中的管理模型和信息处理方法，为今后系统的设计和实施提供基本的框架。

系统的逻辑方案包括新系统的业务流程、数据流程、逻辑结构、数据资源分布和存储结构，还应当包括新系统的管理模型和数据处理方式。逻辑设计必须在一定的原则方法指导下进行，以保证逻辑方案的整体性和系统性。

在确定新系统的管理模型时，必须按照新系统下信息处理的技术特点，对原有流程进行改造和重新设计。流程的改造没有确定的方法，需要利用本书提到的一些原则方法，根据个人的经验和有关知识灵活运用。

确定了业务流程以后，就需要对各个功能间的数据联系和数据处理过程进行分析。分析的工具有系统流程图和 HIPO 图等，对于处理逻辑则主要采用决策树、决策表或结构化英语等工具。数据存储结构则是通过对全局数据的分析，建立整体的数据分布。对于具体的数据结构，可根据实体联系分析，建立基本关系模式，通过关系的规范化建立数据的具体结构。

在系统逻辑方案完成以后，要对逻辑方案进行交互检验，通过技术人员和管理人员的交互，发现和解决原方案的不足和疏漏，并加以改进。

在整个系统分析实际完成以后，要形成系统分析报告。系统分析报告是调查研究和系统分析阶段成果的总结。它反映了这一阶段调查研究和分析的全部情况。在系统分析报告完成以后，要通过审议正式确定下来，作为下一步进行系统设计和实现的纲领性文件。

关键词

信息系统逻辑方案	处理逻辑描述工具
业务流程重组	信息系统数据结构
并行、串行业务流程	数据资源分布
HIPO 图	交互检验
系统流程图	系统分析报告

思考题

1. 逻辑设计的主要任务是什么？它为下一阶段提供怎样的基础？

2. 如何确定新系统业务流程？

3. 系统逻辑设计中，如何体现业务流程改造对建立新系统业务流程的意义？

4. 如何画出信息系统流程图？需要注意哪些问题？

5. HIPO 图的主要内容是什么？

6. 试述决策树、决策表、结构化英语的特点和在表达系统功能中的作用。

7. 数据存储结构是如何确定的？

8. 如何确定数据资源的分布？

9. 逻辑方案确定以后，如何进行检验和改进？

10. 系统分析报告的目的是什么？包含哪些内容？

第 7 章 总 体 设 计

本章要点

1. 总体设计的任务和原则
2. 系统结构设计的方法和工具
3. 数据库设计的方法和工具
4. 通信结构规划设计

系统分析阶段要回答的中心问题是系统"做什么"，即明确系统功能，这个阶段的成果是得到系统的逻辑模型。系统设计阶段要回答的中心问题是系统"怎么做"，即如何实现系统分析说明书规定的系统功能。系统设计包括总体设计和详细设计两大部分，本章讨论系统总体设计阶段的任务、内容和方法。系统总体设计是根据系统分析的要求和组织的实际情况，来对新系统的总体结构形式和可利用的资源进行大致设计，它是一种宏观、总体上的设计和规划。总体设计的核心任务是完成系统模块结构设计，即在目标系统逻辑模型的基础上，把系统分解为若干功能单一、彼此相对独立的模块，形成系统的模块结构，包括系统模块的组成、模块的功能和模块间的相互关系。

7.1 系统设计的任务与原则

系统设计是在系统分析的基础上，根据系统分析阶段所提出的新系统逻辑模型，建立起新系统物理模型。具体地讲，就是根据新系统逻辑模型所提出的各项功能要求，结合组织的实际情况详细地设计出新系统的处理流程和基本结构，并为系统实施阶段的各项工作准备好实施方案和必要的技术资料。

7.1.1 系统设计的任务

在信息系统开发中，突出信息系统特征的业务、管理、决策等因素已经在前阶段中被消融和解决，到了系统设计阶段，将根据系统分析阶段的结果，在已经获准通过的系统说明书的基础上，进行新系统的设计工作。系统设计一般分为总体设计和详细设计两个阶段。总体设计又称为初步设计或概要设计，它的主要任务是把系统的功能分解成许多基本的功能模块，确定它们之间的联系，规定它们的功能和处理流程；详细设计的主要任务是在系统初步设计的基础上，将设计方案进一步具体化、条理化和规范化。因此，系统研制人员在系统分析阶段的任务是在逻辑上弄清楚系统"做什么"，在系统设计阶段的任务是在物理上确定系统"怎么做"，所以系统设计阶段也称为系统的物理设计阶段。具体来说，系统设计的主要任务可以概括如下。

1. 总体设计

（1）模块结构设计。具体如下。

① 将系统划分成模块。

② 决定每个模块的功能。

③ 决定模块间的调用关系。

④ 决定模块间的接口，即模块间数据的传递。

（2）系统物理配置方案设计。包括：设备配置、通信网络的选择和设计，以及 DBMS 的选择等。

（3）总体数据库设计。总体数据库设计是系统开发过程中很关键的一步。系统的质量及一些整体特性基本上是这一步决定的。系统越大，总体数据库设计的影响越大。

2. 详细设计

（1）代码设计。完成的主要工作成果是代码编写规则、编码设计和代码维护设计。

（2）数据库设计。根据数据字典和数据存储要求，确定数据库的结构。

（3）输出设计。根据用户的要求设计报表或其他类型输出信息的格式。

（4）输入设计。设计原始单据的输入格式，使其操作简单。

（5）人机界面设计。从系统角度出发，按照统一、友好、漂亮、简洁、清晰的原则，设计人机界面。

（6）处理过程设计。对结构图中的每一个处理模块进行处理流程设计。

（7）安全保密设计。为确保管理信息系统的运行安全和数据保密，提出安全保密设计方案。

（8）编写系统设计说明书。按照规定的格式，汇总系统设计的成果，完成系统设计说明书的编写，为系统实施提供依据。

7.1.2 系统设计的原则

从逻辑模型到物理模型的设计是一个由抽象到具体的过程，有时没有明确的界限，甚至可能有反复。经过系统设计，设计人员应该能为程序员提供经过评审的完整、清楚、准确、规范的系统设计文档，且对设计规范中不清楚的地方作出解释。系统设计总的原则是保证系统设计目标的实现，并在此基础上使技术资源的运用达到最佳。在进行系统设计过程中，应遵循以下原则。

1. 系统性原则

系统是作为一个有机整体而存在的。因此，在系统设计中，要从整个系统的角度进行考虑，使系统有统一的信息代码、统一的数据组织方法、统一的设计规范和标准，以提高系统的设计质量。

2. 经济性原则

经济性原则是指在满足系统要求的前提下，尽可能减少系统的费用支出。一方面，在系统硬件投资上不能盲目追求技术上的先进，而应以满足系统应用需要为前提；另一方面，系统设计应避免不必要的复杂化，各模块应尽可能简洁，以便缩短处理流程，减少处理时间。

3. 可靠性原则

可靠性既是评价系统设计质量的一个重要指标，又是系统设计的一个基本出发点。只有设计出的系统是安全可靠的，才能在实际中发挥它应有的作用。一个成功的管理信息系统必须具有较高的可靠性，如安全保密性、检错及纠错能力、抗病毒能力、系统恢复能力等。

4. 简单性原则

在系统达到预定目标、完成规定功能的前提下，应该尽量简单。具体来说，在设计过程中，要设法减少数据输入的次数和数量，提高系统中数据的共享性；要使操作简单化，使用户容易理解操作的步骤和要求，确保用户的主动地位；系统结构清晰合理，易于理解和维护。

5. 灵活性原则

系统对外界环境的变化要有很强的适应能力，系统容易修改和维护。因此系统设计人员要有一定的预见性，要从通用的角度考虑系统设计。

7.2 系统结构设计

系统结构设计的主要任务是在系统分析的基础上进行功能模块划分。在第3章中已讨论了系统结构化设计的基本思想，本节详细讨论如何根据数据流程图和数据字典，以系统的逻辑功能和数据流关系为基础，借助于一套标准的设计准则和图表工具，通过"自顶向下"和"自底向上"的多次反复，把系统分解为若干个大小适当、功能明确、具有一定的独立性且容易实现的模块，从而把复杂系统的设计转变为多个简单模块的设计。由于组成系统的模块基本独立，功能明确，因此系统模块可进行单独维护和修改，而不会影响系统中的其他模块。由此可见，合理地进行模块的分解和定义，是系统结构设计的主要内容。

系统结构设计的基本特点是：用分解的方法简化复杂系统；采用图表表达工具；有一套基本的设计准则；有一组基本的设计策略；有一组评价标准和质量优化技术。

7.2.1 结构设计的原则

1. 结构化系统设计

结构化系统设计方法是运用一套标准的设计准则和工具，采用模块化的方法进行系统结构设计，将一个信息系统的结构，分解成由许多按层次结构联系的功能结构图，即模块结构图。该方法提出一种用于设计模块结构图的方法，还有一组对模块结构进行评价的标准及进行优化的方法。这种方法是系统设计使用最广的一种设计方法，可与系统分析阶段的结构化分析方法与系统实施阶段的结构化程序设计方法前后衔接使用。

结构化系统设计方法的基本思想是使系统模块化，即把一个系统自顶向下逐步分解为若干个彼此独立而又有一定联系的组成部分，这些组成部分称为模块。任何一个系统都可以按功能逐步自顶向下，由抽象到具体，逐层分解为一个由多层次的、具有相对独立功能的模块所组成的系统。在这一基本思想的指导下，设计人员以系统的逻辑模型为基础，并借助于一套标准的设计准则和图表等工具，逐层地将系统分解成多个大小适当、功能单一、具有一定独立性的模块，把一个复杂的系统转换成易于实现、易于维护的模块化结构系统。

结构化系统设计的工作过程可以分为两步：第一步是根据数据流程图导出系统初始结构图，第二步是对结构图的反复改进过程。因此，系统结构图是结构化系统设计的主要工具，它不仅可以表示一个系统的层次结构关系，还反映了模块的调用关系和模块之间数据流的传递关系等特性。

结构化系统设计具有以下特点：对于一个复杂的系统，用分解的方法予以化简；采用图表表达工具，有一套基本的设计准则，有一组基本的设计策略；有一组评价标准和质量优化技术。

2. 模块

所谓模块(module)，是指可以分解、组合及更换的单元，是组成系统、易于处理的基本单位。在管理信息系统中，任何一个处理功能都可以看做一个模块。

模块可以理解为能被调用的"子程序"，它具有输入和输出、逻辑功能、运行程序和内部数据四种属性。模块的输入和输出是模块与其外部环境的信息交换，一个模块中的输入来源和输出去向都是同一个调用者；模块的逻辑功能是指它能做什么事，它是如何把输入转换成输出的；模块的运行程序是指它如何用程序实现这种逻辑功能；模块的内部数据是指模块内部产生和引用的数据。输入、逻辑功能、输出构成模块的外部特性，运行程序和内部数据则是模块的内部特性。系统结构设计主要关心模块的外部特性，模块的内部特性是程序设计阶段要解决的问题。

模块的大小是一个相对概念，因为模块的分解、组合要视具体的状态环境而定。一个复杂的大系统可以分解为几个大模块，每个大模块又可以分解为多个小模块。在一个系统中，模块都是以层次结构组成的，从逻辑上说，上层模块包括下层模块，最下层是工作模块，执行具体功能。层次结构的优点是严密，管辖范围明确，通信渠道简单，便于管理，不会产生混乱现象。例如，某工厂的组织结构就是一个用模块表示的层次结构，如图 7-1 所示。

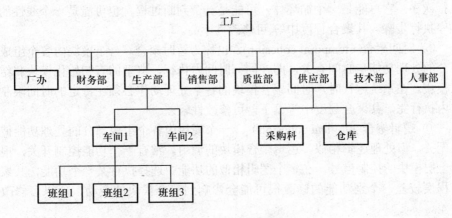

图 7-1 某工厂的组织结构

由于系统的各个模块功能明确，且具有一定的独立性，因此模块可以独立设计和修改，当把一个模块增加到系统中或从系统中去掉时，只是使系统增加或减少了这一模块所具有的功能，而对其他模块没有影响或影响较少。正是由于模块的这种独立性，才能确保系统具有较好的可修改性和可维护性。

3. 模块的聚合与耦合

（1）模块聚合（module cohesion）。模块聚合是用来衡量一个模块内部各组成部分间整体统一性的指标，它具体描述一个模块功能专一性的程度。简单地说，理想的聚合模块只完成一件事情。根据模块内部的构成情况，模块聚合可以划分为七个等级，这七个等级的模块聚合程度具有由强到弱变化的特点。

① 功能聚合（functional cohesion）。一个模块只完成一个单独的、能够确切定义的功能。它对确定的输入进行处理后，输出确定的结果，如计算机语言中的一个函数。这是一种理想的聚合方式，具有"黑盒"特征，独立性最强，复用性好，使得模块便于修改，便于分块设计。

② 顺序聚合（sequential cohesion）。一个模块内部各个组成部分执行几个处理功能，且一个处理功能所产生的输出数据直接成为下一个处理功能的输入数据。顺序聚合模块包含了一个线性的、有序的数据转换链，其聚合程度较高。

③ 数据聚合（data cohesion），也称通信聚合。一个模块内各个组成部分的处理功能，都使用相同的输入数据或产生相同的输出数据，且其中各个处理功能是无序的。通信聚合能合理地定义模块功能，结构比较清晰，其聚合程度中等偏上。

④ 过程聚合（procedure cohesion）。一个模块内各个组成部分的处理功能各不相同，彼此也没有什么关系，但它们都受同一个控制流支配，决定它们的执行次序，它可能是一个循环体，可能是一个判断过程，也可能是一个线性的顺序执行步骤。其聚合程度中等，可修改性不高。

⑤ 时间聚合（temporal cohesion），也称为暂时聚合。一个模块内各个组成部分的处理功能与时间有关，即在同一时间内执行，典型的有初始化模块和结束模块。在系统运行时，时间聚合模块的各个处理动作必须在特定的时间限制之内执行完，其聚合程度中等偏下，可修改性较差。

⑥ 逻辑聚合（logical cohesion）。一个模块内各个组成部分的处理功能彼此无关，但处理逻辑相似。逻辑聚合模块的调用，常有一个功能控制开关，根据上层模块的控制信号，在多个逻辑相似的功能中选择执行某一个功能，其聚合程度较差，个别功能的修改很可能会影响到整个模块的变动，所以可修改性差。

⑦ 偶然聚合（coincidental cohesion）。一个模块由若干个并不相关的处理功能偶然地组合在一起。如为了缩短程序长度而将具有部分相同语句段的无关处理功能组合在一起，形成偶然聚合。这种模块内部组织结构的规律性最差，无法确定其功能，其聚合程度最低。

在上述七种模块聚合方式中，其聚合程度是依次下降的。由于功能聚合模块的聚合程度最高，所以在划分模块的过程中，应尽量采用功能聚合方式。其次，根据需要可以适当考虑采用顺序聚合或数据聚合方式，但要避免采用偶然聚合和逻辑聚合方式，以提高系统的设计质量和增加系统的可修改性。图 7-2 为模块聚合方式的判断树。在模块设计与分解过程中，有时很难确定模块聚合的方式，事实上也没有必要精确判定其方式，重要的是力争做到设计模块的高聚合，避免模块的低聚合。

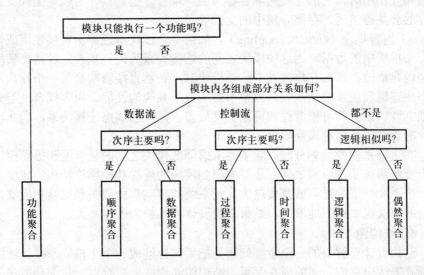

图 7-2　模块聚合方式的判断树

（2）模块耦合（module coupling）。模块耦合是衡量一个模块与其他模块之间相互作用程度的指标。如果两个模块中的任意一个模块无需另一模块的存在而能独立工作，则它们彼此没有联系和依赖，模块耦合程度为零。但是，一个系统中的所有模块间不可能都没有联系。模块耦合程度的高低将直接影响到系统的可修改性和可维护性。在一般情况下，系统全部组成模块的耦合程度越低，说明各模块相互之间的联系越简单，即每个模块的独立性越强，越容易独立地进行设计、调试与维护。也就是说，对一个模块进行的修改，会尽可能少地影响到其他模块。

根据耦合的强度，两个模块之间的耦合可以划分为下面几种类型。

① 数据耦合（data coupling）。两个模块之间通过调用关系来传递信息，相互传递的信息是数据，则两模块间的联系是一种数据耦合。数据耦合联系简单，耦合程度低，模块的独立性强，模块的可修改性和可维护性高，是一种较为理想的耦合形式。

② 控制耦合（control coupling）。两个模块之间，除了传递数据信息外，

还传递控制信息。这种耦合对系统的影响比较大，它直接影响到接收该控制信号模块的内部运行，因此，这种模块不是一个严格意义上的"黑盒"，对系统的修改工作很不利，尤其是自顶向下传递控制信号，影响面更大，使系统维护工作更加复杂化。一般来说，控制耦合出现在模块的中上层。

③ 公共耦合（common coupling）。当两个或多个模块通过一个公共数据环境相互作用时，它们之间的耦合称为公共耦合。公共耦合可以是全局变量、内存的公共覆盖区、存储介质中的文件等。

④ 内容耦合（content coupling）。如果一个模块不经调用直接使用或修改另一个模块中的数据，则这种模块之间的连接关系为内容耦合。若两个模块之间是内容耦合，那么在修改其中一个模块时，必然直接影响到另一个模块，甚至产生连锁反应或波动现象，以至于影响整个系统的性能。内容耦合使得模块的独立性、系统的可修改性和可维护性最差，是一种病态连接关系，因此，在设计时必须避免这种模块耦合。

在进行系统模块划分时，除了要考虑降低模块之间的耦合度和提高模块的聚合度这两条基本原则之外，还要考虑到模块的层次数和模块结构的宽度。如果一个系统的层数过多或宽度过大，则系统的控制和协调关系也就相应复杂，系统的模块也要相应地增大，结果将使设计和维护的困难加大。

4. 结构图

结构设计要解决的一个主要问题是把系统分解成一个个模块，并以结构图的形式表达出它们之间的内在联系。结构图的构成主要有以下几个基本部分。

（1）模块。结构图中，模块用矩形方框表示。矩形方框中要写有模块的名称，模块的名称应能恰当地反映这个模块的功能。

（2）调用。调用是结构图中模块间的联系方式，它将系统中的所有模块结构化地有序组织在一起。模块间的调用关系用箭头表示，箭尾表示调用模块，箭头表示被调用模块。调用只能是上一级模块调用下一层模块，不允许下一级模块调用上一级模块，通常也不允许同级模块间的调用。

模块间的调用分为直接调用、判断调用和循环调用三种。

一个模块可以直接调用一个下层模块，也可直接调用多个下层模块。模块间的判断调用表示根据判断条件，决定是否调用或调用哪个下层模块。判断条件用菱形符号表示。模块间的循环调用表示调用模块中存在一个主循环，以便循环调用某个或多个下层模块。循环调用用带箭头的弧形线段来表示。

（3）数据。调用箭头线旁边带圆圈的小箭头线，表示从一个模块传送给另一个模块的数据。

（4）控制信息。调用箭头线旁边带圆点的小箭头，表示从一个模块传递给另一个模块的控制信息。

模块加上数据流、控制流以及模块之间的调用关系，就组成了系统模块结构图。系统模块结构图中的基本符号如图 7-3 所示。

图 7-3 （a）中，模块 A 调用模块 B，A 将数据 x，y 传递给 B，调用结束时，B 将数据 z 返回给 A。图 7-3 （b）中，模块 A 调用模块 B，A 将数据 x 和控制信息 p 传递给 B，调用结束时，B 将数据 y 返回给 A。

图 7-3 （c）中，模块 A 判断调用模块 B、C，直接调用模块 D。

图 7-3 （d）中，模块 A 循环调用模块 B、C 和 D。

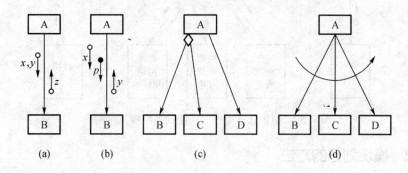

图 7-3 系统模块结构图的基本符号

应该指出的是，把系统模块结构图设定为树状结构，可保证系统的可靠性。一个模块只能有一个上层模块，可以有几个下层模块。在系统模块结构图中，一个模块只能与它的上一层模块或下一层模块进行直接通信，而不能越层或与它同层的模块发生直接通信。若要进行通信时，则必须通过它的上层或下层模块进行传递。

下面给出一个小例子的数据流程图与系统模块结构图。

图 7-4 为"销售订单处理"功能的数据流程图。

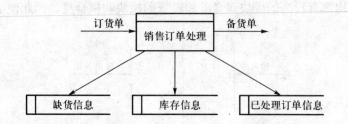

图 7-4 "销售订单处理"功能的数据流程图

"销售订单处理"功能的输入部分为销售订货单；处理部分为根据订货单内容先确定能否供货，然后再结合库存信息决定是处理缺货订单还是处理可供货订单；输出部分是备货单。相应的系统模块结构图如图 7-5 所示。

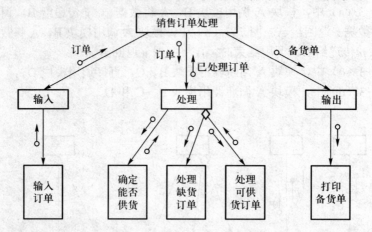

图 7-5 "销售订单处理"功能的系统模块结构图

7.2.2 模块划分的方法

1. 由数据流程图导出结构图

（1）数据流程图的典型结构。管理信息系统的数据流程图一般有两种典型结构：变换型结构和事务型结构。变换型结构是一种线状结构，它可以明显地分为输入、主加工和输出三个部分，如图 7-6 所示。事务型结构中通常都可以确定一个处理逻辑为系统的事务中心，该事务中心应该具有以下四种逻辑功能：获得原始的事务记录；分析每一个事务，从而确定它的类型；确定每一个事务都能够得到完全的处理；为每一个事务选择相应的逻辑路径，如图 7-7 所示。

这两种典型的结构分别通过"变换分析"和"事务分析"技术，就可以导出结构图的两种标准形式，即变换型结构图和事务型结构图。变换型模块结构和事务型模块结构都有较高的模块聚合度和较低的模块间耦合度，因此便于修改和维护。

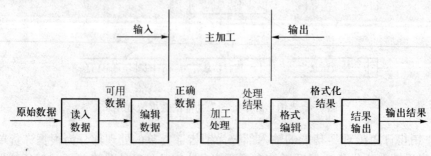

图 7-6 变换型结构的数据流程图示例

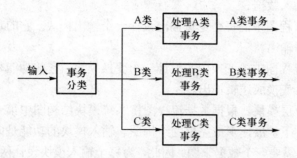

图 7-7　事务型结构的数据流程图示例

　　变换分析和事务分析这两种方法都是首先设计顶层模块，然后自顶向下，逐步细化，最后得到一个满足数据流程图所表示的、用户要求的系统模块结构图。

　　（2）变换分析。变换型结构的数据流程图由输入、主加工和输出三部分组成，其中，主加工部分执行系统的主要处理功能，对输入数据实行变换，是系统的中心部分，也称为变换中心。同时，把主加工的输入和输出数据流称为系统的"逻辑输入"和"逻辑输出"。显然，逻辑输入与逻辑输出之间的部分即是系统的变换中心。而系统输入端和系统输出端的数据流分别称为"物理输入"和"物理输出"。

　　运用变换分析从变换型结构的数据流程图导出变换型模块结构图的过程可分为两步。

　　① 确定主加工（或变换中心）。在数据流程图中多股数据流的汇合处一般是系统的变换中心。若没有明显的汇合处，可先确定逻辑输入和逻辑输出的数据流，作为变换中心。从物理输入端开始，沿着数据流输入的方向向系统中间移动，直至到达不能被作为系统输入的数据流为止，则前一个数据流就是系统的逻辑输入。从系统的物理输出端开始，向系统的中间移动，可找出离物理输出端最远的、但仍可作为系统输出的部分就是系统的逻辑输出。逻辑输入和逻辑输出之间的部分是系统的变换中心。

　　② 设计模块结构图的顶层和第一层。系统模块结构图的顶层是主控模块，负责对整个系统进行控制和协调，通过调用下层模块来实现系统的各种功能。在与变换中心对应的位置上画出主控模块，作为模块结构图的"顶"，然后"自顶向下，逐步细化"，每一层均按输入、变换中心、输出等分支来处理。

　　对于第一层，按如下规则转换。

　　• 为数据流程图中的每个逻辑输入设计一个输入模块，它的功能是向主控模块提供逻辑输入数据。

• 为数据流程图中的每个逻辑输出设计一个输出模块，它的功能是把主控模块提供的数据输出。

• 为数据流程图中的变换中心设计一个变换模块，它的功能是对逻辑输入进行加工处理，变换成逻辑输出。

设计中、下层模块。根据数据流程图将系统模块结构图中第一层的各模块自顶向下逐级向下扩展，形成完整的结构图。输入模块的功能是向调用它的模块提供数据，故需要一个数据来源。因此，为每个输入模块设计两个下层模块：输入模块、变换模块，为每个输出模块设计两个下层模块：输出模块、变换模块，直到物理输入端或物理输出端为止。图 7-8 是变换型结构的数据流程图导出的结构图的示例。

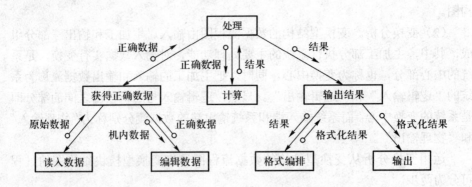

图 7-8　由变换型结构的数据流程图导出的结构图示例

（3）事务分析。从一般意义上讲，事务可以是指一个信号、一个事件或一组数据，它们在系统中能引起一组处理动作。在数据处理工作中，事务是指一组输入数据，它可能属于若干种类型中的一种，对于输入到系统中的每一种事务都需要采用一组特定的处理动作。

当数据流程图呈现"束状"结构时，应采用事务分析的设计方法，它像变换分析法一样是结构化系统设计的重要方法。

用事务分析法设计模块结构图，与变换分析法大部分类似，分以下几个步骤进行。

• 分析数据流程图，确定它的事务中心。如果数据沿着输入通路到达一个处理 T，这个处理根据输入数据的类型在若干动作序列中选出一个来执行，那么，处理 T 称为事务中心。

● 设计高层模块。事务型结构的数据流程图转换成系统模块结构图，其高层的模块结构具有图 7-9 所示的基本形式。

● 设计中、下层模块。自顶向下，逐层细化，对高层模块进行必要分解，形成完整的模块结构图。

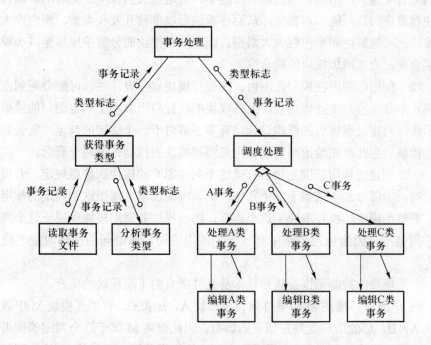

图 7-9　由事务型结构的数据流程图导出的结构图示例

当初始的系统模块结构图完成后，应根据模块结构设计的原则进行检查和改进，特别是应按照"耦合小，聚合大"的标准对结构图进行检查和修改。

变换分析法和事务分析法是进行系统模块结构设计的两种基本方法，但是，一个实际的管理信息系统的数据流程图是相当复杂的，往往是变换型和事务型的混合结构，此时可把变换分析和事务分析的应用列在同一数据流程图的不同部分，以导出初始的系统模块结构图，然后再根据模块结构设计原则对初始的系统模块结构图进行修改和优化，以求获得设计合理的系统模块结构图。

2. 模块划分的原则

（1）低耦合、高聚合原则。耦合是表示模块之间联系的程度。紧密耦合表示模块之间联系非常强，松散耦合表示模块之间联系比较弱，非耦合则表示模块之间无任何联系，是完全独立的。模块耦合度越低，说明模块之间的联系越少，相互间的影响也就越小，产生连锁反应的概率就越低，在对一个模块进行修改和维护时，对其他模块的影响程度就越小，系统可修改性就越高。聚合则用来表示一个模块内部各组成成分之间的联系程度。一般说来，在系统中各模块的聚合度越大，则模块间的耦合度越小。但这种关系并不是绝对的。耦合度小使得模块间尽可能相对独立，从而各模块可以单独开发和维护。聚合度大使得模块的可理解性和维护性大大增强。因此，在模块的分解中应尽量减少模块的耦合度，力求增加模块的聚合度。

（2）作用范围应在控制范围内。在进行模块划分设计时，可能会遇到在某个模块中存在着判定处理功能，某些模块的执行与否取决于判定语句的结果。为了搞好判定处理模块的结构设计，需要了解对于一个给定的判定，它会影响哪些模块。为此，先给出判定的作用范围和模块的控制范围两个概念。

一个判定的作用范围是指所有受这个判定影响的模块。按照规定，若模块中只有一小部分加工依赖于某个判定，则该模块仅本身属于这个判定的作用范围；若整个模块的执行取决于这个判定，则该模块的调用模块也属于这个判定的作用范围，因为调用模块中必有一个调用语句，该语句的执行取决于这个判定。

一个模块的控制范围是指模块本身及其所有的下层模块的集合。

图 7-10 中，模块 M 有条件地调用模块 A，B 和 C，说明在模块 M 中调用模块 A，B，C 的语句受判定结果的影响。因此模块 M 属于这个判定的作用范围，当然，模块 A，B，C 也属于这个判定的作用范围。而模块 M 的控制范围是模块 M，A，B，C 构成的集合。

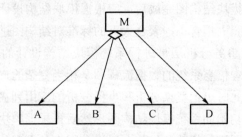

图 7-10 作用范围与控制范围

分析判定的作用范围和模块的控制范围之间的关系，可以较好地处理系统的模块关系，合理地分解模块。因此，在分解模块时应该按以下要求进行。

（1）分解模块时作用范围与控制范围的要求如下。

① 判定的作用范围应该在判定所在模块的控制范围之内。

② 判定所在模块在模块层次结构中的位置不能太高。

根据以上两点可知，最理想的模块划分是判定范围由判定所在模块及其直接下层模块组成。

（2）当出现作用范围不在控制范围之内时的纠正措施如下。

① 把判定所在的模块合并至上层模块中，或从低层模块移到高层模块，使判定的位置提高。

② 把受判定影响的模块移到模块控制范围之内。

（3）合理的模块扇入和扇出数。模块的扇入表达了一个模块与其直接上层模块的关系。模块的扇入数是指模块的直接上层模块的个数。图 7-11（a）中模块 A 的扇入数等于 3。模块的扇入数大，表明它要被多个上层模块所调用，其公用性很强，说明模块分解得较好，在系统维护时能减少对同一功能的修改。因此要尽量提高模块的扇入数。在系统设计过程中，每次准备在结构图上增加一个新的模块之前，要检查一下系统中是否已经存在了具有这种功能的模块，如果已经存在，只要用箭头把它连接起来即可。这样可以提高模块的扇入数。如果一个规模很小的底层模块的扇入数为 1，则可以把它合并到它的上层模块中去。若它的扇入数较大，就不能向上合并，否则将导致对该模块做多次编码和排错。

模块的扇出表达了一个模块对它的直接下层模块的控制范围。模块的扇出数是指一个模块拥有的直接下层模块的个数。图 7-11（b）中模块的扇出数等于 4。模块的直接下层模块多，表明它要控制许多模块，所要做的事情也就越多，它的聚合度可能越低。所以要尽量把一个模块的直属下层模块控制在较小的范围之内，即模块的扇出数不能太大。一般来说，一个模块的扇出数应该控制在 7 以内，如果超过 7，则出错的概率可能会加大。但是如果一个模块比较大，而它的扇出数却很小（等于 1 或 2），也不太合适。在这种情况下，或者是上层模块仍然很大，或者是下层模块很大，所以要适当地加大扇出数，简化模块的结构。

（4）合适的模块大小。如果一个模块很大，那么它的内部组成部分必定比较复杂，或者它与其他模块之间的耦合度可能比较高。因此对于这样一个较大的模块，应该采取分解的方法把它尽可能分解成若干个功能单一的较小的模块，而原有的大模块本身的内容被大大减少，并成为这些小模块的上层模块。一般来说，一个模块中所包含的语句条数为几十条较好，但这也不是绝对的。在分解一个大模块时，不能单凭语句条数的多少，而主要是按功能进行分解，直到无法做出明确的功能定义为止。在分解时既要考虑到模块的聚合度，又要考虑到模块之间的耦合度，在这两者之间选择一个最佳方案。

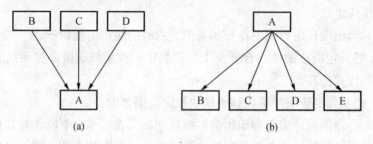

图 7-11　模块的扇入与扇出

7.3　总体数据库的设计

信息系统的主要任务是通过大量的数据获得管理所需的信息，所以需要存储和管理大量的数据。从使用者角度看，信息系统是提供信息并辅助人们对环境进行控制和进行决策的系统。数据库是信息系统的核心和基础，它把信息系统中大量的数据按一定的模型组织起来，提供存储、维护、检索数据的功能，使信息系统可以方便、及时、准确地从数据库中提供所需的信息。一个信息系统的各个部分能否紧密地结合在一起以及如何结合，关键在于数据库。因此，只有对数据库进行合理的设计，才能开发出完善而高效的信息系统。数据库设计是信息系统开发和建设的重要组成部分。

7.3.1　总体数据库设计原则

总体数据库的设计对一个信息系统的建设和运行具有重要的影响。它不同于系统分析，又区别于系统的详细设计，这一部分工作既能使系统分析过程中对数据的需求描述从逻辑上进一步具体化，又为下一阶段的数据库设计工作从系统上提供较好的支持，起到承上启下的作用。

通常，在进行总体数据库设计时应遵循的基本原则如下。

1. 数据结构的合理性

数据结构的合理性要求数据文件组织合理，数据元素归类和划分合理，以及对数据项进行合理描述。

2. 数据存储的安全性

数据存储的安全性要求从存储总体结构上保证数据的安全性、一致性和完整性。一般来说，提高安全性的最有效措施是增加数据的冗余，而数据的大量冗余往往为维护数据的一致性带来困难。这是一对不可调和的矛盾。对此应进行合理取舍，在尽量降低冗余的前提下，确保数据的安全性与可靠性。

3. 维护和管理方便

无论设计什么样的存储结构，首先应保证对数据进行管理和维护上的方便，它是提高系统运行效率的基础。

7.3.2 总体数据库设计

系统总体数据库设计是从全局出发，从系统的观点出发，为数据的存储结构提出一个较为合理的逻辑框架，以保证详细设计阶段数据的完整性与一致性。

1. 数据的分类

系统分析阶段是根据系统的逻辑功能对数据进行分类，在系统设计阶段，应在上述分类的基础上根据软件系统对数据处理的要求和数据在处理过程中的地位与作用进一步分类，以便于存储和维护。

信息系统中的数据主要分基础数据、中间数据、工作数据和暂存数据四大类。基础数据是指整个系统的输入数据、输出数据、代码、各种工作和技术标准、规范以及主要子系统的共享数据；中间数据是指在数据处理中需要保存的中间结果；工作数据是指为提高某项处理功能的效率而事先加工好的数据；暂存数据是指处理过程中需存储、在处理过程结束后即可消除的数据。

2. 数据存储规模设计

数据作为一种非消耗性资源，往往随着系统的不断运行而大量积累和增加，这势必增加系统负荷，影响系统的运行效率，给数据维护带来一定困难。数据存储规模设计中要考虑以下因素：

（1）现有数据量的存储规模。

（2）未来数据量的增长趋势。

（3）数据类型的划分。

数据存储规模设计就是在分析的基础上，合理地组织数据的存储格式，选择合理的存储技术和设备对数据进行存储。

3. 数据存储空间的分布设计

数据存储空间的分布设计应与系统总体设计中的物理环境配置协调一致。例如，在局域网环境中，可以将系统数据集中存储在分布式环境上的中心机或网络环境中的服务器上，而把新的数据就近分别存放在各自应用部门的工作站上，以保证使用和管理上的方便。

数据存储空间的分布设计中要注意区别共享数据和独占数据，还要区别流动性数据和非流动性数据。

4. 文件设计

文件是按一定的组织方式存放在存储介质上的同类记录的集合，任何数据和信息都是以文件的形式保存在存储设备中的。文件设计质量直接关系到数据库总体设计质量。

文件设计是根据文件的使用要求、处理方式、存储的数据量、数据的活动性及所能提供的设备条件等，确定文件类别，选择文件媒体，决定文件组织方式，设计记录格式，并估计文件容量。文件设计的基本内容主要包括以下几个方面。

（1）对数据字典描述的数据存储情况进行分析，确定需要作为文件组织存储的数据，分析出其中的数据类型，如固定数据、流动数据和共享数据等，以便决定文件的类别。

（2）决定需要建立的文件及其用途和内容，确定每个文件的文件名。

（3）根据文件的使用要求，选择文件的存储介质和组织形式。例如，对经常使用的文件，一般情况下，存储设备采用磁盘，存储组织方式采用随机存储组织方式。对不常用但数据量大的文件，可采用磁盘存储和顺序存储组织方式。

（4）根据数据结构设计记录格式。记录格式设计内容包括：确定记录的长度；确定要设置的数据项目以及每个数据项在记录中的排列顺序；确定每个数据项的结构；若需要时，确定记录的关键字（数据项）。

（5）根据记录长度、记录个数和文件总数估算出整个系统的数据存储容量。整个系统的数据存储容量等于各个存储容量之和。文件存储容量的计算与文件的组织方式、存储介质、操作系统和记录格式等有密切关系。

5. 数据的安全性和完整性设计

在数据存储设计中，还涉及一个较为重要的问题，这就是数据(文件或数据库)的安全性和完整性保护。安全性保护是防止机密数据泄露，防止无权者使用、改变或有意破坏他们无权使用的数据。完整性保护是保护数据结构不受损害，保证数据的正确性、有效性和一致性。

数据库提供的保护数据安全的主要手段是对用户存取数据库的数据进行严格的控制。数据库的数据共享必然会带来数据库的安全性问题。数据库中涉及企业、个人的大量数据，其中许多数据可能是非常关键的、机密的或者涉及个人隐私，如果数据库不能严格保证数据的安全性，就会严重制约它的应用。因此，数据库系统中的数据共享不能是无条件的，而必须是在统一的严格控制之下，只允许有合法使用权限的用户访问允许他存取的数据。数据库系统的安全保护措施是否有效是数据库系统主要的性能指标之一。

数据的保护与计算机系统环境的保护是密切相关的，它需要在更大的范围内才能彻底解决。在系统设计与实施阶段的关键任务，是从软件方面完成数据的安全性和完整性设计工作。

6. 数据库管理系统(DBMS)的选择

从目前发展趋势看，DBMS 已成为建立信息系统的基本环境，在进行数据库总体设计时，必然要考虑选择什么样的 DBMS 才能最有效地满足数据存储设计的要求，目前，市场上可选择的 DBMS 产品种类较多，可适用于不同的软、硬件和应用环境，应从系统总体角度出发，使选用的 DBMS 既可满足系统总体设计的需要，又能够实现数据存储设计的目标。

系统总体数据库设计对于信息系统的建设和运行具有重要的影响。它既不同于系统分析，又区别于系统的详细设计，这一部分工作能使系统分析过程中对数据的需求描述从逻辑上进一步具体化，又为下一阶段的详细设计工作从系统上提供较好的支持，起到承上启下的作用。

7.4 通信结构的规划与设计

通信结构的规划与设计主要是指利用网络技术构造信息系统，把信息系统的各子系统合理地分配、安置和连接起来，以及解决好系统的通信问题。目前，计算机网络已发展到较高水平，应用也十分普及。绝大多数信息系统都是运行于计算机网络之中。因此，通信结构的规划与设计已成为系统设计的重要组成部分。

7.4.1 系统总体布局

系统的总体布局是指系统的软、硬件资源以及数据资源在空间上的分布特征。从信息资源管理的集中程度来看，系统总体布局方案主要有集中式系统和分布式系统。硬件、软件、数据等信息资源在空间上集中配置的系统为集中式系统；利用计算机网络把分布在不同地点的计算机硬件、软件、数据等信息资源联系在一起，服务于一个共同的目标而实现相互通信和资源共享，就形成了信息系统的分布式结构，具有分布式结构的系统称为分布式系统。

就系统总体布局来说，一般应考虑以下几个问题。

（1）系统类型。即是采用集中式还是分布式，或两类结构的结合。

（2）数据存储。既可以采用一种，也可以混合使用。

（3）硬件配置。机器类型，工作方式。

（4）软件配置。购买或自行开发。

根据以上要考虑的问题，可以给出系统总体布局方案的选择原则。

（1）处理功能、存储能力应满足系统要求。

（2）使用便捷。

（3）可维护性、可扩展性、可变更性好。

（4）安全性、可靠性高。

（5）经济实用。

随着计算机网络与通信技术的迅速发展，分布式系统已经成为当前信息系统结构的主流模式。有时根据需要，在一个网络系统中可把分布式和集中式两类结构结合起来，网络上部分结点采用集中式结构，其余的按分布式处理。

7.4.2 网络设计

网络设计是利用网络技术构造信息系统，把信息系统的各子系统合理地分配、安置和连接起来，以及解决好系统内部及系统与外部的连接问题。

网络设计通常需要考虑和解决的问题主要集中在以下几个方面。

1. 网络结构设计

网络结构是指网络的物理连接方式，如局域网普遍使用的结构为总线形、星形、环形、树形等。确定网络的物理结构后要确定设备和子系统的安排和分布，每个子系统都安排在什么位置上，子系统如何分布，设备放在什么地方等。

2. 网络设备的选择与配置

网络硬件与网络的规模、网络的类型有关。以有一定规模、需要建立网络中心的系统为例，硬件设备要考虑如何配制各种服务器，如通信服务器、文件服务器、网络管理服务器、备份服务器、万维网服务器、数据库服务器、E-mail服务器、提供各种服务的专用服务器等。另外还有主干通信媒体、底层通信媒体的选择问题，路由器、网关、用户终端连接设备的选择问题，以及各种辅助设备，如接口设备、多媒体设备的选择和配置问题。

设备选择时具体要考虑以下几个方面。

（1）技术上的可行性。这里指从技术上组成一个完善的可行的网络系统。技术上的可行性主要是指设备的一致性、匹配性、兼容性和先进性，体现在诸如连接方式、传输速度、传输控制方式、接口标准、交换技术、网络协议等指标上。

（2）应用上的有效性。决定通信设备配置及选择的基本因素之一是数据量大小和响应时间的要求，应选择足够而又不过于富裕的通信容量，保持适当的响应速度。

（3）高度的可靠性。数据通信系统的可靠性表现在五个方面：误码率、故障率、容错能力、故障恢复能力及后援能力。

（4）经济性。网络的成本应包括以下几方面的内容。

① 购买网络设备的费用及安装、培训和开发应用的费用。

② 运行、维护费用。设备的成本与设备的先进性有关。用户希望在满足性能的前提下购买较为便宜的设备。但由于计算机及网络设备更新周期短、淘汰快，要注意不要选择即将淘汰而又不能和新产品兼容的设备。

3. 网络软件和网络协议的选择

网络软件和网络协议是网络系统的基本部分，网络系统的性能实际上主要是由它们决定的。分析工作包括网络协议和接口、网络通信功能、网络的应用功能、网络管理功能。

网络协议是网络的核心，它决定网络系统的体系，决定与其他网络的兼容程度，网络协议分析的基本内容有网络协议分层情况、各层功能安排、与 ISO 的 OSI 模型的兼容关系。

网络通信功能是指计算机网络的具体通信技术，如交换方式、通信方式、同步方式、传输透明性、控制功能、传输效率、信息格式、可靠性等。

网络管理功能是指网络的结点、链路和资源的扩充、修改及重组等结构性的管理功能，网络状态的记录、故障诊断、恢复、检测及安全保密的管理功能，以及网络结点、线路的工作状态和工作方式的控制功能。

网络的应用功能是指网络向最终用户提供的服务功能，特别是指网络中的资源，如数据、文件、软件和硬件，向用户开放的程度和提供服务的能力。主要的有代表性的功能有虚拟终端服务、远程数据库服务、远程文件访问及传输、远程作业输入及管理、电子邮件等。

网络系统软件主要有网络操作系统、网络数据库管理系统、网络通信和协议软件。网络操作系统是管理整个网络资源的软件，除管理网络系统各用户共享的资源外，还管理各个工作站和通信子系统。要根据系统的实际应用需求情况，配置各种相应的网络软件。

4. 网络的扩展性和灵活性考虑

要考虑由于业务的发展而提出新的要求。灵活性方面主要包括增加新的结点是否方便，传输介质是否能延伸，甚至延伸到原来没有打算延伸到的地方。

▌本章小结

系统总体设计的主要任务是在系统分析的基础上，进行系统结构设计、总体数据库设计和通信结构的规划与设计。

系统结构设计的基本思想是：根据数据流程图和数据字典，以系统的逻辑功能和数据流关系为基础，借助于一套标准的设计准则和图表工具，通过"自顶向下"和"自底向上"的多次反复，把系统分解为若干个大小适当、功能明确、具有一定的独立性且容易实现的模块，从而把复杂系统的设计转变为多个简单模块的设计。

总体数据库设计为系统数据的存储结构提出一个较为合理的逻辑框架。主要内容包括数据分类、数据存储规模设计、数据存储空间的分布设计、文件设计、数据的安全性和完整性设计以及 DBMS 的选择等。

通信结构的规划与设计主要是指利用网络技术构造信息系统，把信息系统的各子系统合理地分配、安置和连接起来，以及解决好系统的通信问题。

关键词

总体设计	模块耦合
结构化系统设计	系统模块结构图
模块	总体数据库
模块划分	通信结构
模块聚合	

思考题

1. 系统设计的原则是什么？
2. 系统总体设计的任务是什么？
3. 结构化系统设计有哪些优点？
4. 何谓模块化？如何画出系统模块结构图？
5. 系统模块结构图与数据流程图有什么区别和联系？
6. 总体数据库设计的主要内容及结果是什么？
7. 在进行网络设备配置时主要考虑哪些因素？
8. 如何理解系统结构设计中模块的高聚合、低耦合原则？
9. 试画出学生学籍管理系统的模块结构图。

第8章 详 细 设 计

本章要点

1. 详细设计的任务与组织
2. 代码设计
3. 人机界面设计
4. 输入输出设计
5. 实施方案的撰写

上一章已讨论了信息系统的总体设计，它的主要任务是对系统的总体结构进行设计，对系统各组成部分的规格、形式做出决定，但不涉及具体的物理细节。它是整个系统设计工作的第一阶段。

信息系统详细设计的任务是在系统总体设计的指导下，对系统各组成部分进行细致、具体的物理设计，使系统总体设计阶段所做的各种决定具体化。它是整个系统设计工作的第二阶段。

在信息系统详细设计阶段，主要完成如下工作：代码设计、数据库设计、模块的功能与性能设计、人机界面设计、输入输出设计等。本章将介绍详细设计阶段的任务、工具和方法。

8.1 总体设计与模块设计的衔接

系统设计就是根据目标系统的逻辑模型建立目标系统的物理模型，以及根据目标系统逻辑功能的要求，考虑实际情况，详细地确定目标系统的结构和具体的实施方案。系统设计的目的是在保证实现逻辑模型的基础上，尽可能提高目标系统的简单性、可变性、一致性、完整性、可靠性、经济性、系统的运行效率和安全性。

一个软件系统具有层次性(系统的各组成部分的管辖范围)和过程性(处理

动作的顺序)特征。在系统总体设计阶段，主要关心的是系统的层次结构，到了详细设计阶段时，需要考虑系统的过程性，即"先干什么，后干什么"，以及系统各组成部分是如何联系在一起的。

信息系统是一个人机系统，计算机在人的参与下高效率完成大量的处理工作。在目前的实际应用中，总要有某种意义上的人工干预，这种干预总是在系统的关键部分，即控制与决策部分。若这部分也让计算机自动处理，就会降低效率，提高费用，甚至不可能处理。因此，在信息系统的关键部分，少量的手工操作是不可避免的。在进行信息系统的详细设计时，首先就要分清哪些工作由计算机来完成，哪些工作是由手工完成。从而确定模块的实现方式，并据此把模块分成不同类型，再按照不同类型用不同的方法来设计其实现方案。

每个模块均有各自要完成的任务。这个任务是适于用计算机处理还是适于用人工处理，在设计时就必须做出选择。由于计算机处理和人工处理各有特点，如何合理分工、扬长避短、充分发挥组织现有的人、机资源的作用，使信息系统的功能得到最好的实现，这是设计人员必须解决的问题。因此，在进行模块实现的计算机处理与人工处理划分时，应了解这两种处理过程的不同特点，结合模块实现的计算机处理与人工处理划分原则进行选择。

模块实现的计算机处理与人工处理划分一般原则如下。

（1）对复杂的计算、大量重复的数学运算，如统计、汇总、分配等；对结构化程度高的数据处理，如数据传送、存储、分类、检索、编制单证报表等，应由计算机处理。

（2）各种管理模型、高层次的数学模型，如运筹学、数理统计、预测等的处理，数据量大、算法复杂，适用于计算机处理。

（3）对于数据格式不固定、例外情况较多及需要经验来判断的工作，目前没有成熟的技术可以应用或者代价太高，适合于人工处理。

（4）决策性问题，先由计算机处理提供尽可能多的资料，来辅助与支持人进行最后的决策。

8.2 模块的功能与性能设计

总体设计将系统分解成许多模块，并决定了每个模块的外部特征、功能和界面，描述了模块之间的调用关系以及模块之间的数据传递。但是，它没有详细地表达各功能模块的输入数据、处理过程和输出数据之间的逻辑关系，程序设计人员无法据此编写程序代码。因此还要进一步对各功能模块的处理过程，以及处理过程中的各种输入和输出数据，进行详细设计，这是系统详细设计阶段的重要任务。

8.2.1 处理过程设计

处理过程设计的主要内容是通过一种合适的表达方法来描述每个模块的功能实现过程。要求表达方法简明、准确,任何程序员都能据此进行系统程序设计,也能够自如地编制系统所需的程序模块。处理过程设计的描述工具较多,下面介绍几种常用的工具。

1. IPO 图

IPO(input-process-output,IPO)图是用于描述某个特定模块内部的处理过程和输入输出关系的图。IPO 是配合 HIPO 详细说明每个模块的输入、输出数据和数据加工的重要工具。常用的 IPO 图的基本内容如表 8-1 所示。

表 8-1 常用的 IPO 图的基本内容

系统名称:	
模块名称:	
模块描述:	模块编号
被调用模块:	
调用模块:	
输入参数:	输入说明
输出参数:	输出说明
变量说明:	
使用的文件或数据库:	
处理说明:	
备注:	
设计人:	设计日期:

IPO 图的主体是处理说明部分,该部分可采用流程图、NS 图、问题分析图和过程设计语言等工具进行描述,几种方法各有其长处和不同的适用范围,在实际工作中究竟采用哪一种工具,需视具体的情况和设计者的习惯而定,这几种方法将在下节进行介绍,选用的基本原则是能准确而简明地描述模块执行的细节。

在 IPO 图中,输入、输出数据来源于数据字典。变量说明是指模块内部定义的变量,与系统的其他部分无关,仅由本模块定义、存储和使用。备注是对本模块有关问题作必要的说明。

开发人员不仅可以利用 IPO 图进行模块设计,而且还可以利用它评价总体设计。用户和管理人员可利用 IPO 图编写、修改和维护程序。因而,IPO 图是系统设计阶段的一种重要文档资料。

2. 流程图

流程图（flow chart）即程序框图，又称程序流程图。它是用统一规定的标准符号描述程序执行具体步骤的图形表示，是使用历史最久、流行最广的一种描述工具。流程图由三个基本部分构成。

（1）处理。用方框表示。

（2）判断条件。用菱形框表示。

（3）控制流。用箭头表示。

流程图表示的优点是直观形象，便于理解和掌握。但从结构化程序设计的角度看，流程图不是理想的表达工具。其缺点之一是表示控制的箭头过于灵活，若使用得当，流程图简单易懂；反之，流程图可能非常难懂，而且无法维护。缺点之二是它只描述执行过程而不能描述有关数据。

使用图 8-1 所示的几种基本结构绘制的流程图，称为结构化流程图。

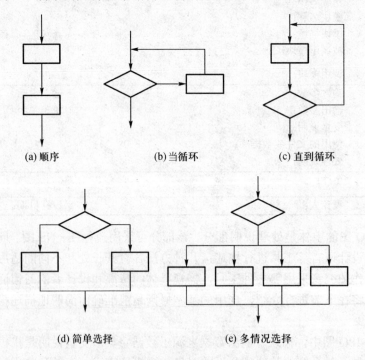

(a) 顺序　　　　　　(b) 当循环　　　　　　(c) 直到循环

(d) 简单选择　　　　　　(e) 多情况选择

图 8-1　流程图的基本结构

3. 问题分析图

问题分析图（problem analysis diagram, PAD）由日本日立公司二村良彦等人于 1979 年提出，是一种支持结构化程序设计的图形工具。PAD 也只有三种基本结构，如图 8-2 所示。

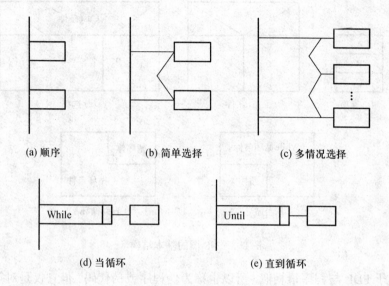

(a) 顺序　　　　　　(b) 简单选择　　　　　　(c) 多情况选择

(d) 当循环　　　　　　　(e) 直到循环

图 8-2　PAD 图的基本结构

PAD 图不仅逻辑结构清晰、图形标准，而且更重要的是它能引导人们使用结构化的程序设计方法，从而有利于提高程序的设计质量。以 PAD 图为基础，按照机械的变换规则，就可以写成结构化的程序。

4. NS 图

1983 年，美国的 I.Nassi 和 B.Sheiderman 共同提出了一种不用 GOTO 语句、不需要流向线的结构化流程图，又称为盒图，它具有图 8-3 所示的基本结构。在 NS 图中，每个处理步骤用一个盒子表示，盒子可以嵌套。盒子只能从上头进入，从下头走出，除此之外别无其他出入口，所以盒图限制了随意地控制转移，保证了程序的良好结构。

NS 图的优点在于：首先，它强制设计人员按结构化程序设计方法思考和描述其方案，由 NS 图得到的程序必定是结构化的；其次，图像直观，容易理解设计意图，为编程、复查、测试、维护带来方便；最后，NS 图的好处主要还在于简单易学。

5. 过程设计语言

过程设计语言（procedure design language, PDL）是用来描述模块内部具体算法的非正式且比较灵活的语言，其外层语法是确定的，而内层语法不确定。外层语法描述控制结构，用类似一般编程语言的保留字，所以是确定的。内层语法不确定，可以按系统的具体情况和不同层次灵活选用，实际上可以采用任意自然语句来描述具体操作。

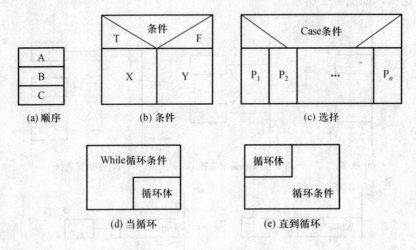

图 8-3 NS 图的基本结构

由于 PDL 与程序很相似，所以也称为伪程序或伪代码。但它仅是对算法的一种描述，是不可执行的。与 PAD 等图形工具相比，PDL 具有以下优点。

（1）同自然语言(英语)很接近，易于理解。

（2）易于被计算机处理并存储。

（3）可以由它自动产生程序。

它的不足之处在于它不如图形描述直观，对英语使用的准确性要求较高。

8.2.2 处理过程设计原则

在进行模块的处理过程设计时，除了要满足某个具体模块的功能、输入和输出方面的基本要求以外，还应考虑以下几个方面。

（1）模块间的接口要符合通信的要求。

（2）考虑将来实现时所用计算机语言的特点。

（3）考虑数据处理的特点。

（4）估计计算机执行时间不能超出要求。

（5）考虑程序运行所占的存储空间。

（6）程序调试跟踪方便。

（7）估计编程和上机调试的工作量。

在设计中还应重视数学模型求解过程的设计。对于信息系统中常用的数学模型和方法，通常都有较为成熟的算法，系统设计阶段应着重考虑这些算法所选定的高级语言的实现问题。

8.3 代码设计

任何信息系统中，信息的表示方法都是系统的基础。任何信息都是通过一定的编码方式以代码的形式输入并存储在计算机中的。一个信息系统如果有比较科学的、严谨的代码体系，系统的质量会得到很大的提高。

所谓代码，就是用来表征客观事物的实体类别和属性的一个或一组易于计算机识别和处理的特定符号，它可以是字符、数字、某些特殊符号或它们的组合。

8.3.1 编码的目的

1. 标志作用

在现实世界中有很多事物如果不加标志是无法区分的，这时机器处理就十分困难。所以能否将原来不能确定的事物唯一地加以标识是编制代码的首要目的。

2. 统计和检索作用

按代码对事物进行排序、统计和检索，方便快捷，可以提高处理的精度。

3. 专用含义

当客观上需要采用一些专用符号时，代码可提供一定的专用含义，如数学运算的程序、分类对象的技术参数、性能指标等。

现代企业的编码系统已由简单的结构发展成为十分复杂的系统。为了有效地推动计算机应用和防止标准化工作走弯路，国家十分重视制定统一编码标准的问题，并已颁布了一系列国家编码标准和行业编码标准。在进行系统的代码设计时，应尽量采用相应的标准编码，需要企业自行编码的内容，也应该参照其他标准化分类和编码的形式来进行。

8.3.2 代码的设计原则

合理的编码结构是信息系统具有生命力的一个重要因素，在代码设计时，应遵循以下原则。

1. 适用性

代码通常是由计算机进行存储和管理的数据，因此在设计时必须考虑要适合计算机处理。

2. 合理性

代码结构要与所描述对象的分类体系相匹配。

3. 简单性

代码的设计要尽可能简单、明了，以便降低误码率，提高工作效率。

4. 系统性

系统性是指代码可以分组，并有一定的分组规则，从而在整个系统中使代码具有通用性和一致性。

5. 稳定性

代码的定义和描述应具有相对稳定性，要避免过多的改动。

6. 可扩充性

必须留有一定的后备余量，以适应发展的需要。

7. 标准化

国际、国家和行业的有关标准是代码设计的重要依据，应尽量采用已标准化的编码，此外，系统内部使用的代码也应统一。

8. 便于识别和记忆

为了同时适合人和计算机，代码不仅要有逻辑含义，而且还应便于识别和记忆，一些容易混淆的字符和数字应少用。

8.3.3　代码的种类

代码的种类是指代码的组合方式，典型代码的种类如下。

1. 顺序码

顺序码又称系列码，它是一种用连续数字代表编码对象的码，例如，用 1 代表男性，2 代表女性。这类编码的优点是代码简短、易于管理、易于添加，对编码对象的顺序无特殊要求。缺点是代码本身不给出有关编码的其他信息。

2. 区间码

区间码是把整个编码分成多个分组，形成多个区间，每个区间是一组，每组的码值和位置都代表一定意义。典型的区间码的例子是邮政编码。

区间码的优点是信息处理可靠，排序、分类、检索方便，但区间码有时会产生长码，码中还会产生多余码现象。

区间码的类型如下。

（1）多面码。一个数据项可能具有多方面的特性，如果在码的结构中，为这些特性各规定一个位置，就形成多面码。

（2）上下关联区间码。上下关联区间码由几个意义上相互有关的区间码组成，其结构一般为由左向右排列。

（3）十进制码。此法相当于图书分类中沿用已久的十进制分类码，它是由上下关联区间码发展而成的，如 610.736，小数点左边的数字组合代表主要分类，小数点右边的数字组合指出子分类。

3. 自检码

自检码由原来的代码（本体部分）和一个附加码组成。附加码用来检查代码的录入和转录过程中是否有差错。附加码又称校验码，它和代码本体部分有某种唯一的关系，它是通过一定的数学算法得到的。

8.3.4 代码的校验

代码作为代表事物名称或属性的符号是用户进行数据分类、统计、检索的一个重要接口，是用户输入计算机系统的重要内容之一，它的正确性直接影响到数据处理的质量。为确保代码输入的正确性，人们利用在原有代码的基础上增加一个检验位的方法进行代码输入的校验，即通过事先规定的数学方法计算出校验位，使它成为代码的一个组成部分，当带有校验位的代码输入到计算机中时，计算机也利用同样的数学方法计算原代码的校验位，将其与输入的代码校验位进行比较，以检验是否正确。

利用增加校验位的方法校验代码可以检测出移位错（例如 1234 输入成 1243）、双重移位错（例如 1234 输入成 1432）、抄写错（例如 1234 输入成 1235）及其他错误（包括以上两种或三种综合性错误等）。

产生校验位的方法有多种，它们各具有不同的缺点。通常根据使用设备的复杂程度或功能，以及应用要求的可靠性来决定采取哪种方法。下面介绍比较常用的加权取余法。

假设原代码有 n 位：$C_1C_2C_3\cdots C_n$

对应的权数因子为：$W_1W_2W_3\cdots W_n$（权数因子可以取自然数、几何级数或其他数列）

它们的加权乘积之和：

$$S^{'} = W_1C_1 + W_2C_2 + W_3C_3 + \cdots + W_nC_n$$

对乘积之和取模，并算得余数

$$R = S \bmod M$$

其中，R 为余数，M 为模数（通常选用 11）。将余数或模与余数之差作为校验码 C_{n+1}，这样输入计算机的完整代码为 $C_1C_2C_3\cdots C_nC_{n+1}$。计算机利用以上方法计算前 n 位代码的校验位 B_{n+1}，如果 $C_{n+1}=B_{n+1}$，则认为输入代码正确，否则认为输入代码有误。

8.4 人机界面设计

信息系统是由计算机硬件、软件和人共同构成的系统。人与硬件、软件的交互部分即构成人机界面（human-computer interface,HCI），又称人机接口或用户界面。更准确地说，人机界面是由人、硬件和软件三者结合而成，缺一不可。多数计算机系统工作一般经历如下过程。

(1) 通过系统运行提供软件形式的人机界面。该界面向用户提供视觉形象，即显示和交互操作机制。

(2) 用户应用知识、经验和人所固有的感知、思维、判断来获取人机界面信息，并决定所进行的操作。

(3) 计算机处理所接收的用户指令、数据等，并向用户回送响应信息或运行结果。

总之，人机界面是介于用户和计算机之间的，人与计算机之间传递、交换信息的媒介，是用户使用计算机系统的综合操作环境。通过人机界面，用户向计算机系统提供指令、数据等输入信息。这些信息经计算机系统处理后，又通过人机界面，把产生的输出信息回送给用户。可见，人机界面设计的核心内容包括显示风格和用户操作方式。它集中体现了计算机系统的输入输出功能，以及用户对系统的各个部件进行操作的控制功能。

人机界面的开发过程不仅需要计算机科学的理论和知识，而且需要认知心理学以及人机工程学、语言学等学科的知识。只有综合考虑人的认知及行为特性等因素，合理组织分配计算机系统所完成的工作任务，充分发挥计算机硬件、软件资源的潜力，才能开发出一个功能性和使用性俱优的计算机应用系统。

8.4.1 用户的使用需求分析

用户需求包含功能需求和使用需求。功能需求是用户要求系统所应具备的功用、性能，而使用需求则是用户要求系统所应具备的可使用性、易使用性。早期的系统较多强调功能性，而目前对大量的非计算机专业用户而言，可使用性往往更重要。这里以影响用户行为特性的因素为出发点，讨论用户的使用需求分析。

1. 用户对计算机系统的要求

(1) 让用户灵活地使用，不必以严格受限的方式使用系统。为了完成人机之间的灵活对话，要求系统提供对多种交互介质的支持，提供多种界面方式，用户可以根据任务需要及自己的特性，自由选择交互方式。

(2) 系统能区分不同类型的用户并适应他们，要求依赖于用户类型和任务类型，系统自动调节以适应用户。

(3) 系统的行为及其效果对用户是透明的。

(4) 用户可以通过界面预测系统的行为。

(5) 系统能提供联机帮助功能，帮助信息的详细程度应满足用户的要求。

（6）人机交互应尽可能和人际通信相类似，要把人际通信中常用的举例、描述、分类、模拟和比较等用于人机交互中。

（7）系统设计必须考虑到人使用计算机时的身体、心理要求，包括机房环境、条件、布局等，以使用户能在没有精神压力的情况下使用计算机完成他们的工作。

2. 用户技能方面的使用需求

应该让系统去适应用户，对用户使用系统不提出特殊的身体、动作方面的要求，例如，用户只要能使用常用的交互设备(如键盘、鼠标、光笔)等即能工作，而不应有任何特殊要求。

（1）用户只需有普通的语言通信技能就能进行简单的人机交互。目前人机交互中使用的是易于理解和掌握的准自然语言。

（2）要求系统设计具有一致性。一致性系统的运行过程和运作方式很类似于人的思维方式和习惯，能够使用户的操作经验、知识、技能推广到新的应用中。

（3）应该让用户能通过使用系统进行学习，提高技能。最好把用户操作手册做成交互系统的一部分，当用户需要时，有选择地进行指导性的解释。

（4）系统提供演示及示例程序，为用户使用系统提供范例。

3. 用户习惯方面的使用需求

（1）系统应该让在终端前工作的用户有耐心。这一要求是和系统响应时间直接相关联的。对用户操作响应的良好设计将有助于提高用户的耐心和使用系统的信心。

（2）系统应该很好地处理易犯错误、健忘以及注意力不集中等习性。良好的设计应设法减少用户错误的发生，例如采用图形点击方式。此外，必要的冗余长度、可恢复操作、良好的出错信息提示和出错处理等也都是良好系统所必须具备的。

（3）应该减轻用户使用系统的压力。系统应对不同用户提供不同的交互方式。例如，对于偶然型和生疏型用户可提供系统引导的交互方式，如问答式对话、菜单选择等；对于熟练型或专家型用户提供用户引导的交互方式，如命令语言、查询语言等；而直接操纵图形的用户界面以其直观、形象化及与人们的思维方式的一致性，更为各类用户所欢迎。

4. 用户经验、知识方面的使用需求

（1）系统应能让未经专门训练的用户使用。

（2）系统能对不同经验和知识水平的用户做出不同反应，如不同程度的响应信息、提示信息、出错信息等。

（3）提供同一系统甚至不同系统间系统行为的一致性，建立起标准化的人机界面。

（4）系统必须适应用户在应用领域的知识变化，应该提供动态的自适应用户的系统设计。

总之，良好的人机界面对用户在计算机领域及应用领域的知识、经验不应该有太高要求。相反，应该对用户在这两个领域的知识、经验变化提供适应性。

5. 用户对系统的期望方面的需求

（1）用户界面应提供形象、生动、美观的布局显示和操作环境，以使整个系统对用户更具吸引力。

（2）系统绝不应该使用户失望，一次失败可能使用户对系统望而生畏。良好的系统功能和人机界面会使用户乐意把计算机系统当成用户完成其任务的工具。

（3）系统处理问题应尽可能简单，并提供系统学习机制，帮助用户集中精力去完成其实际工作，减少用户操作运行计算机系统的盲目性。

以上以针对影响用户行为特性的人文因素为出发点，分析了与其相关的用户使用需求。它带有一般性，而不局限于某个具体的应用系统。但对不同的应用系统可能还会有特殊的使用需求，应该在应用系统的分析与设计时予以考虑。

8.4.2　人机界面的设计原则

设计一个友好的用户界面应遵循以下原则。

1. 用户针对性原则

用户针对性原则指的是在明确用户类型的前提下有针对性地设计人机界面。明确用户类型是指界定使用系统的用户(最终用户)，它是人机界面设计的首要环节。根据用户经验、能力和要求的不同，可以将其分为偶然型用户、生疏型用户、熟练型用户和专家型用户等类型。对于前两类用户，要求系统给出更多的支持和帮助，指导用户完成其工作。而对于熟练型用户特别是专家型用户，要求系统有更高的运行效率，使用更灵活，而提示或帮助可以减少。

2. 尽量减少用户的工作

在分配人机系统各个体所应完成的任务时，应该让计算机更积极、更主动、更勤快，做更多的工作，而让人更轻松、更方便，尽可能少做工作。人机界面越完美、形象、易用，用户就能以更少的脑力及体能完成所应完成的工作。

3. 应用程序与人机界面相分离

应用程序与人机界面相分离的思想类似于数据库管理系统中数据和应用程序的分离。数据的存储、查询、管理可由专用软件即数据库管理系统完成，应用程序不再考虑系统中与数据管理相关的细节工作，而将精力集中于应用功能的实现上。在人机交互系统中，也同样可以把人机界面的功能，包括人机界面的布局、显示、用户操作等由专门的用户界面管理系统完成，应用程序不再管理人机交互功能，也不与人机界面编码混杂在一起。应用程序设计者致力于应用功能的开发，界面设计者致力于界面开发。人机界面和应用程序的分离可使应用程序简单化和专用化。

4. 人机界面一致性

人机界面的一致性主要是指输入和输出方面的一致性，具体是指在应用程序的不同部分，甚至是在不同应用程序之间，要具有相似的界面外观和布局，具有相似的人机交互方式及相似的信息显示格式等。一致性原则有助于用户学习和掌握系统操作，减少用户的学习量和记忆量。

5. 系统反馈及时性

人机交互系统的反馈是指用户从计算机得到的信息，它表示计算机对用户的操作所作的反应。如果系统没有反馈，用户就无法判断其操作是否为计算机所接受、操作是否正确、操作的效果如何。反馈信息可以以多种方式呈现，如响铃提示出错、高亮度提示选择等。如果执行某个功能或命令需要较长的时间时，则应给出相应的提示信息。

6. 尽量减少用户记忆

用户在操作计算机时，总需要一定量的存于大脑中的知识和经验即记忆的提取。一个界面良好的系统应该尽量减少用户的记忆要求。对话框、多窗口显示、帮助等形式都可减少用户的记忆要求。

7. 及时的出错处理及帮助功能

系统应该能够对可能出现的错误进行检测和处理。出错信息包含出错位置、出错原因及修改出错建议等方面的内容，出错信息应清楚、易理解。良好的系统还应能预防错误的发生，例如，应该具备保护功能，防止因用户的误操作而破坏系统的运行状态和信息存储。此外，系统应提供帮助功能，帮助用户学习使用系统。帮助信息应该在用户出现操作困难时随时提供。帮助信息可以是综合性的内容介绍，也可以是与系统当前状态相关的针对性信息。

8. 使用图形

图形具有直观、形象、信息量大等优点，使用图形作为人机界面可使用户操作及信息反馈可视、逼真。

8.4.3 图形用户界面

一般来说，用户都喜欢用点击设备（如操纵杆、轨迹球、光笔、触摸屏、鼠标等）来操作计算机系统。用户通过点击系统屏幕上的各种控件来完成系统信息输入（包括指令和数据）。各种控件是用户与计算机通信的接口，这些控件包括命令按钮、单选框、复选框、文本框、列表框、表格和网格、滑动框、树形列表等。通常来说，屏幕上的这些控件都直观地表现为具有一定意义的符号。用户只要点击相应的符号控件就可以触发相应的事件，这样做的目的是可以减少键盘输入，继而也就减少了出错的概率。把由上述多个控件组成的界面称为图形用户界面（graphic user interface, GUI）。

下面将对几种标准的图形用户界面设计中使用的控件布局及使用注意事项加以介绍。

（1）命令按钮。命令按钮是用户操作对话框中常用的控件，用户可通过观察命令按钮对话框中控件的名称和位置，了解下一步将要执行的操作。

在设计图形用户界面时需要注意的是，按钮应按照从左到右、从上到下或底部居中等顺序进行排放。窗口布局不仅要考虑控件的位置，而且还要考虑控件的排放格式。垂直排放时按钮应放置在窗口的右上方，水平排放时按钮应放置在窗口的底部。

（2）单选按钮。单选按钮适用于数据条目的多选一操作。如果用户需要从多个数据选项列表中只选出一个，那么使用单选按钮是十分方便的。

每一个单选按钮上的文字标签说明要清楚明了。单选按钮一般垂直排放，另外，按钮数量不宜超过 6 个。

（3）复选框。复选框可以用来从多个待输入数据条目中同时选出多个进行输入，操作非常方便。另外它还能够增强显示效果，操作时只需打钩或去钩(是或否)即可。

设计时需要注意的是，每一个复选框的标签描述必须能非常清楚地表达本数据项，这样用户才能比较容易理解每一个复选框的含义。复选框一般也垂直排放，而且同一个复选框组中的复选框不宜超过 10 个。复选框可按下述的几个标准进行排放。

① 按使用频率排放。使用频率最高的数据项对应的复选框排放在最上方。

② 按任务排放。用一个常用的顺序来表示完成某一任务的部分功能。

③ 按合理的逻辑顺序排放。例如，一个日期列表就自动隐含着一个按日期排放的顺序。

④ 按字母顺序排放。只有在复选框的标签能够有效地表达每一数据项的情况下，才能够使用字母顺序排放复选框。

（4）文本框。文本框是用户输入数据的主要接口，文本框要有明显的边界，这样可以让用户看清自己所输入的数据。此外，文本框还需要有一个标签说明。

（5）列表框。列表框的功能与有较多选项的一组单选按钮列表的功能相同，它能够支持数据条目的多选功能，以保证数据取值的完整性。

当一组数据的选择项非常多时，列表框非常适合于取代单选按钮列表。列表框中可见的选项应多于 3 项，但不宜超过 8 项。

（6）下拉列表框。如果用户只使用列表中的某一项数据，则可以使用下拉列表框。下拉列表框只给用户显示其中一项数据，如果用户要选择其他的数据项，就必须拖动下拉列表框的滚动条。注意，下拉列表框不适于将所有数据同时展示给用户的情况。

（7）表格和网格。表格和网格允许用户同时输入或浏览大量的信息。如果用户需要比较并选择数据，可以用表格显示数据。网格允许用户同时输入多个数据。另外表格和网格的每一行和每一列都有相应的标签说明，用于说明数据的特性。

此处只介绍了在图形用户界面中使用频率比较高的几个控件，有关控件的具体设计方法，可参考有关图形用户界面设计方面的权威教材。

8.4.4 设计用户界面的步骤

用户界面设计并不复杂。掌握了用户界面设计的基本步骤，可以提高用户界面的设计质量和效率。

用户界面设计的基本步骤如下。

1. 绘制窗体和消息框流程图

一般用户界面包括许多窗体和消息框。绘制窗体和消息框流程图就是描述这些窗体和消息框之间的先后顺序。

2. 制作用户界面原型系统

窗体和消息框之间的先后顺序确定之后，选择相应的菜单样式，然后实现用户界面。这样就形成了用户界面原型系统。这些原型系统是否合理，还需要受到用户的检验。

3. 从用户那里获取反馈信息

设计好的用户界面原型系统经过用户的使用之后，通过观察和聆听，可以得到用户对用户界面原型系统的评价。特别注意哪些地方需要修改，哪些地方需要调整内容的先后顺序，哪些地方需要删除内容，哪些地方需要增加内容。

4. 迭代修改用户界面

先按照用户的意见修改用户界面原型系统，然后再送给用户修改。这个过程反复进行，直到用户界面设计得到用户的认可为止。

8.5 输入输出设计

输入输出设计在信息系统设计中占据重要地位，因为输入和输出是用户与系统的接口，是用户与系统关系最密切的两部分，它对于保证今后用户使用系统的方便性及系统的安全可靠性十分重要。

系统设计时，应先进行输出设计，再进行输入设计，因为输入信息只有根据输出要求才能确定。

8.5.1 输出设计

输出设计的目的是使系统能输出满足用户需求的有用信息，用户所需要的各种管理业务和经营决策等方面的信息都是由系统的输出部分完成的。用户往往通过输出来了解系统的面貌，输出是评价系统应用效果的依据。因此，输出设计的出发点是保证系统输出的信息能够方便地为用户所使用，能够为用户的管理活动提供有效的信息服务。

信息系统输出设计就是从信息输出角度，通过对输出内容、输出方式、输出设备与介质等方面的分析研究，确定出可行的输出设计方案。信息一般可以采用屏幕输出、报表输出和其他途径输出等形式。屏幕输出又可分为文本输出、图表输出、图形图像输出和音频输出等形式。屏幕输出又可通过屏幕界面的方式来组织。

1. 输出内容

输出内容既包括用户使用输出信息的目的或用途、输出频率、速度、有效期、份数、安全保密性要求等，也包括输出信息的具体形式(表格、图形、文字)，输出项目及输出信息的数据结构、数据类型、精度、取值范围等。输出内容设计的结果是将上述参数在"输出设计说明书"中一一加以说明，一份完整的输出设计说明书应包含输出类型、内容、表格、设备与介质四方面的设计内容。表 8-2 是输出设计说明书的一般内容。

表 8-2 输出设计说明书

编号：		名称：		
处理周期：		处理形式		种类：
份数：			报送单位：	
项目编号	项目名称	宽度格式	输出顺序	备注
填表人			填表日期	

2. 输出方式

信息系统的输出方式有屏幕显示输出、打印机打印输出、文件输出、绘图输出等，最为广泛使用的输出方式是屏幕显示输出和打印机打印输出。通常在功能选择、查询、检索信息时，采用屏幕显示输出方式。

（1）屏幕显示输出。用人机对话的方式在显示屏上输出信息，这种方式常用于查询和检索系统。屏幕显示输出具有速度快、无噪音等特点，用户可通过点击功能按钮、输入组合条件等方式让系统显示信息。这种输出方式的优点是实时性强，但输出的信息不能保存。

（2）打印机打印输出。当输出信息需要长期保存或在较广泛的范围内传递时，一般将信息打印输出，例如报表、发票的输出等。

3. 输出设备与介质

常用输出设备有显示终端、打印机、磁带机、绘图仪、多媒体设备等，常见输出介质有纸张、磁盘、磁带、光盘、多媒体介质等。设计时应考虑这些设备和介质的特点，结合用户的要求及资金等情况进行选择。

8.5.2 输入设计

输入设计的根本任务是确保数据快速、正确地输入系统。所谓"垃圾进，垃圾出"、"三分技术、七分管理、十二分数据"，都说明必须重视输入设计，要避免不合法的、不完整的、不正确的数据进入系统，设法保证输入数据的正确性。输入设计的目的是根据信息系统目标和用户的特点，确定出使用户满意的输入设计方案。输入设计与输出设计有密切的联系，需要综合考虑。

1. 输入设计原则

输入设计应遵循以下原则。

（1）可靠性。为了保证系统输入界面提供的环境可靠性高、容错性好，可以采取以下措施：输入操作符号应尽可能简单、易记忆，提示应简单明了；设置容忍用户操作上的失误，并容许用户改正的机制；给出运行状态提示，防止错误积累；检测用户错误，屏蔽输入错误。

（2）简单性。在数据输入过程中应尽可能减少操作员的击键次数，可采用启发式和交互式的操作过程以提高输入速度。例如，对于一些信息比较固定的数据，像产品名称、产品代码、单位名称、单位代码、会计科目、会计科目代码等，可事先将其放在下拉列表或弹出式列表中，当输入到这些数据时，可让用户在列表中选择相应的项目完成输入，这样既可加快输入速度，又可提高输入数据的正确性。

（3）易学易用性。由于用户的个人知识程度不同，对系统使用和学习的要求也不同。对初学者来说，可采用以计算机为主导的对话方式，减少用户回答或操作的难度，多采用菜单、按钮等方式。对于计算机专业人员来说，可以选用以人为主导的命令方式。为了方便用户，还可在必要的地方设置帮助功能，帮助用户了解系统功能、操作方式、运行状态、错误处理等内容。总之，用户界面应易理解、易记忆、易操作。

（4）输入界面应简单明了、色彩适中、风格统一。由于操作人员需要长期使用系统，因此，在系统输入及人机界面设计时应充分考虑到人作为信息处理器的特点。第一，界面上要安排足够的提示信息来引导操作，并使提示信息尽可能简单明了，使用户容易理解输入要求，并能进行正确的输入操作；第二，由于操作员输入数据时可能在屏幕前长时间工作，因此，输入界面的色彩和亮度搭配应避免引起操作员的视觉疲劳及情绪烦躁；第三，界面采用统一风格，可使操作员缩短培训与学习的时间，尽快掌握系统使用的方法。

（5）快速响应性。一个良好、高效的输入界面对用户所有的输入和任务请求都能立即响应，并作出反馈。这个反馈响应时间也称为系统延迟，它取决于系统软硬件的性能，响应时间为 1～2 s 属正常对话方式；响应时间为 2～4 s 属松散对话方式；响应时间为 4～15 s 属中等规模延迟，一般用于需长时间探索与推理过程；响应时间超过 15 s，用户会感到空闲或疑问，应尽量避免，实在无法避免时，应给予等待或系统工作状态进展提示信息等辅助界面，以缓解用户等待的焦急情绪。

2. 输入设计内容

（1）输入数据内容的确定。输入数据内容取决于所需输出信息的内容，因此，输入数据内容应根据输出设计来确定，包括数据项名称、数据类型、精度、取值范围等。为了减少输入数据的错误，避免数据重复输入，输入量应保持在满足处理要求的最低限度。

（2）输入方式及设备的选择。输入方式的选择主要应根据具体管理要求来确定，常见的输入方式如下。

① 键盘输入。目前最常见的输入方式之一。

② A／D、D／A(模数、数模)转换。如条形码识别器、光电阅读器等，主要用于自动化程度要求较高的场合。

③ 网络通信传输。计算机网络及通信技术的快速发展，为人们的信息传输和共享提供了便捷高效的手段。因此，网络通信的信息传输方式目前在国内外已受到广泛的重视和利用。如通过 EDI 或 E-mail 等方式可以进行局域网内或远程的数据交换，这不但大大缩短了信息传递的时间，提高了工作效率，而且为信息的共享和使用提供了方便。

常用的输入设备有键盘、鼠标、读卡机、磁性墨水识别器、光电阅读器、扫描仪等。

随着计算机技术的不断发展，输入设备也在不断更新，先进输入技术的采用无疑会提高系统效率，增强系统功能。但同时还要根据实际业务的具体情况，恰当地选择既经济适用又高效快捷的输入设备和输入方式，一般在选择输入设备时主要应考虑如下一些因素。

① 输入的数据量与额度。

② 输入信息的来源和形式。

③ 输入信息的类型、格式及灵活程度要求。

④ 输入速度和准确性的要求。

⑤ 输入的校验方法、允许的错误率及纠正的难易程度。

⑥ 数据收集的环境及对其他相关系统的适应性。

⑦ 可选用的设备和费用等。

3. 输入表单设计

在设计输入表单时，首先，需要考虑内容的完整性，即应把本用例或本界面的输入数据全部包括在所设计的表单之中；其次，要保证数据的一致性，即在表单中不要出现冗余数据或派生数据的输入；最后，表单设计格式应该尽量简单、规范，风格一致。图 8-4 是目前最常见的表单设计格式。

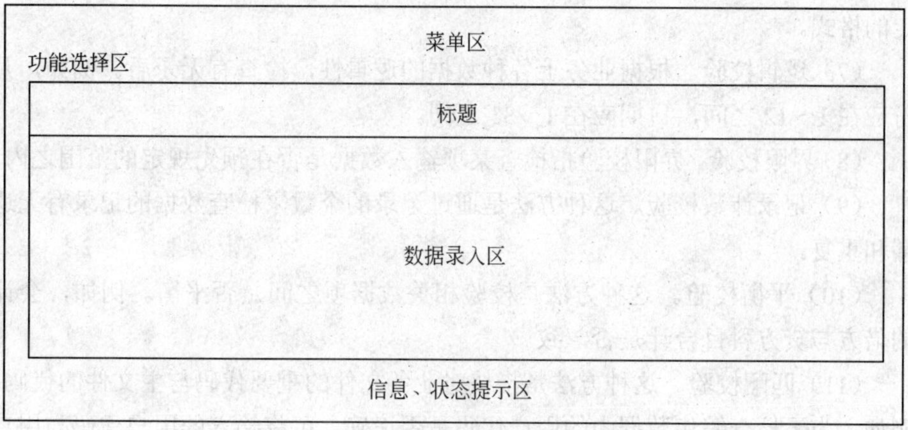

```
┌─────────────────────────────────────────────────┐
│                      菜单区                       │
│ 功能选择区                                         │
│  ┌────────────────────────────────────────────┐  │
│  │                    标题                      │  │
│  ├────────────────────────────────────────────┤  │
│  │                                            │  │
│  │                                            │  │
│  │                 数据录入区                   │  │
│  │                                            │  │
│  │                                            │  │
│  └────────────────────────────────────────────┘  │
│              信息、状态提示区                      │
└─────────────────────────────────────────────────┘
```

图 8-4　表单设计格式示例

4. 输入数据校验

尽可能防止数据输入错误是输入设计必须考虑的内容，如果不能保证进入系统的数据是准确的，其他部分设计得再完善也于事无补，结果只能是"垃圾进，垃圾出"，因此系统设计人员在进行输入设计时，要对全部输入数据设想各种可能发生的错误，对其进行校验。

数据的校验方法有人工直接检查、由计算机用程序校验以及人与计算机两者分别处理后再相互查对校验等多种方法。常用的方法有以下 12 种，可以单独使用，也可组合使用。

（1）重复校验。这种方法将同一数据先后输入两次，由计算机程序自动予以对比校验。如果两次输入内容不一致，计算机显示或打印出错信息。

（2）人工校验。数据输入后再显示或打印出来，由人工来进行校对。这种方法对于少量的数据或控制字符输入还可以，但对于大批量的数据输入就显得太麻烦。人工校验一般不可能查出所有的差错，其查错率为 75%～85%。

（3）校验位校验。主要用于代码数据项的校验，通过校验位的比较，判断输入是否正确。

（4）控制总数校验。采用控制总数校验方法时，工作人员先用手工求出数据的总值，然后在数据的输入过程中由计算机程序累计总值，将两者对比校验。

（5）数据类型校验。这种方法是指校验数据是数字型还是字符型，它是运用界限检查、逻辑检查等方法进行的合理性校验，结合数据输入控件设计校验程序。

（6）格式校验。校验数据记录中各数据项的位数和位置，是否符合预先规定的格式。

（7）逻辑校验。根据业务上各种数据的逻辑性，检查有无矛盾。例如，月份应在 1～12 之间，日期应在 1～31 之间。

（8）界限校验。界限校验指检查某项输入数据是否在预先规定的范围之内。

（9）记录计数校验。这种方法是通过记录的个数来检查数据的记录有无遗漏和重复。

（10）平衡校验。这种方法是校验相关数据项之间是否平衡。例如，会计的借方与贷方科目合计是否一致。

（11）匹配校验。这种方法是指核对业务文件的重要代码与主文件的代码。例如，为了检查销售数据中的用户代码是否正确，可将输入的用户代码与用户代码主文件相核对，当两者的代码不一致时，说明出错。

（12）顺序校验。这种方法检查记录的顺序。例如，要求输入数据无缺号时，通过顺序校验可以发现被遗漏的记录。

上述校验方法需要根据具体数据与数据域的特点进行选择，可以组合使用。

8.6 模块设计的组织

模块设计是详细设计阶段的主要工作之一，要为每一个模块设计相应的处理过程，并用某种详细设计工具给出清晰的描述。首先，这些处理过程应该能够保证程序的可靠性，但更重要的是，设计出的处理过程应该尽可能简明易懂，以保证以此为基础编写出的程序可读性好，容易理解，同时容易测试和修改，方便维护。就是在系统投入运行以后，也要经常根据情况的变化对系统进行调整和修改。因此必须精心组织模块设计工作，设置模块设计总负责人和组织人员，对模块设计工作进行合理分工。

1. 总负责人

总负责人负责组织和领导模块设计，其工作目标是协调、组织、检验与完成模块设计有关的一切活动，以便在现有的范围和资金、人力等条件下，取得最佳的结果。具体职责如下。

（1）提出模块设计所必需的要求和限制。

（2）向系统设计人员分配工作，发布指示及检查完成情况。

（3）在系统设计人员和用户之间进行协调和联系。

2. 设计工作分工

在为模块设计人员分配任务时，将人员分成若干个设计小组。可以按逻辑子系统进行任务分配，公共部分指定某小组完成。例如会计核算子系统的模块由一组负责，销售管理子系统的模块由另一组负责，等等。

3. 组织人员

组织人员来自用户方，负责处理涉及企业管理问题的协调。其作用体现在以下几个方面：其一，确保项目组理解的处理方案与企业组织的一致性；其二，保证项目组建议的解决方案与企业管理改进方向的一致性。

8.7 实施方案的撰写与审议

系统设计阶段的成果是新系统的物理模型，通常整理为系统的实施方案，其内容包括两大部分。

8.7.1 系统设计报告

系统设计报告是从系统总体的角度出发，对系统建设中各主要技术方面的设计进行说明，是系统设计阶段的产物，其着重点在于阐述系统设计的指导思想以及所采用的技术路线和方法。编写系统设计报告将为后续的系统开发工作从技术和指导思想上提供必要的保证。

对系统设计报告的具体要求是：全面、准确和清楚地阐述系统在实施过程中具体采用的手段、方法、技术标准以及相应的环境要求。另外，系统建设的标准化问题也是系统设计报告需要阐明的一项重要内容。

系统设计报告是系统设计阶段的主要成果，它既是目标系统的物理模型，也是系统实施的主要依据。系统设计报告通常由下述内容组成，实际编写时可根据系统的规模和复杂程度等具体情况，选用其中的部分或全部内容。

1. 引言

（1）摘要。说明新系统的名称、目标和功能以及系统开发的背景。

（2）专门术语定义。

（3）参考和引用的资料。

2. 系统总体设计方案

（1）系统总体结构设计。系统的模块结构图及其说明。

（2）网络设计。网络设计方案说明、网络结构及功能等说明。

（3）模块设计。模块结构图中各模块的处理流程说明。

（4）代码设计。编码对象的名称、代码的结构以及校验位的设计方法。

（5）输出设计。输出项目的名称及使用单位、输出项目的具体格式（包括名称、类型、取值范围、精度要求等）、输出周期、输出设备。

（6）输入设计。输入项目的名称及提供单位、输入项目的具体格式（包括名称、类型、取值范围、精度要求等）、输入频度、输入方式、输入数据的校验方法。

（7）数据库设计。数据关系的名称、结构，数据关系的调用模块。

（8）安全保密设计。安全保密设计方案、主要规章制度。

（9）系统配置。物理系统设计总体结构图、物理系统配置清单及费用预算。

（10）其他需要说明的问题。

8.7.2 实施方案

1. 任务分解

对项目开发中的各项工作，按层次进行分解，分配任务及提出进度要求。

2. 实施费用估算与效益分析

估算系统实施所需的人力投入、工程量、时间及其总经费，分析系统实现后的预期效益。

实施方案形成之后，需要对其进行讨论与审批。方法是召开有用户管理人员、系统设计人员和信息系统专家参加的系统设计评审会，对实施方案进行充分的讨论，尽早发现其中可能存在的问题和疏漏。对于问题和疏漏要及时纠正，对于重大的问题可能需要重新进行系统设计，最后交由领导批准。系统实施方案一旦得到批准，即成为系统实施的重要依据，并作为下一阶段开发工作的指导性文件。

系统实施方案的审议中，应有外聘专家参加，即具有信息系统研制经历且与本企业无直接关系的专家。他们对实施方案从经济、技术、管理等方面进行全面评估，提出合理化建议，这种评估需要借助他们的丰富经验。

至此，系统设计阶段的任务已全部完成，系统开发将进入系统的实施阶段。

本章小结

详细设计在系统分析和总体设计的基础上，提出系统的物理实施方案，为系统实施提供指导性文件——系统实施方案。主要包括模块的处理过程设计、人机界面设计、输入输出设计等。

理论研究和大量实践表明，结构化系统设计可减少程序的复杂性，提高可读性、可测试性和可维护性，是进行详细设计的逻辑基础。

在总体设计给出的系统模块结构图的基础上，结合系统分析阶段的成果，对模块进行详细的处理流程设计。表达处理流程的图形工具较多，有程序流程图、PAD 图、NS 图、PDL 等，应结合系统的实际情况及设计人员的习惯选择其中一种。输入输出及人机界面是用户与系统重要的、直接的接口，可以根据需要和资源约束选择输入输出设备。

整个设计阶段工作完成后，形成系统实施方案，为系统实施阶段的工作提供具体的方案。

关键词

详细设计
流程图
问题分析图
NS 图
模块设计
代码设计

输入输出
人机界面
图形用户界面
系统设计报告
实施方案

思考题

1. 系统详细设计阶段包含哪些内容?

2. 模块划分的原则是什么?

3. 说明系统输入输出的主要设备。

4. 对图书管理系统的图书借阅子系统模块进行处理流程设计。

5. 请归纳系统详细设计阶段所涉及的图表工具和文档。

6. 系统设计阶段的工作成果是什么? 它包含哪些内容?

7. 什么是 GUI? GUI 有哪些优点?

8. 输入数据的安全措施有哪几种?

9. 针对学生档案管理系统编写一份系统设计报告, 要求包括总体设计和详细设计的内容。

第9章　信息系统项目的实施与管理

信息系统的建设是一类项目，可以用项目管理的思想来指导，需要成立项目实施团队。信息系统的实施涉及数据准备、系统测试、系统切换、系统运行等多方面的工作。

在这一章里，首先介绍信息系统项目的组织，然后分节介绍数据准备、系统测试、系统转换、系统运行以及系统管理的内容。

9.1　信息系统项目的组织

信息系统开发作为一类项目，需要按照项目管理方式运作。首先，应该成立信息系统项目建设小组；其次，对组内每个成员的工作进行分配，使每个成员对自己的角色、职责有明确的理解，从而有利于信息系统项目建设的成功。

9.1.1　项目小组成立

在总体规划和可行性研究阶段，已经成立了一个规划组。现在信息系统的开发即将全面展开，这个时候，必须建立一个更加全面的项目小组，来负责各项工作的实施，同时要拟订项目组的沟通计划，项目组内部业务人员和技术人员还应该开展双向动员和培训。

信息系统的开发首先要做好人员的组织工作。开发过程所需的人员有用户、系统分析员、系统设计员、数据库管理员、硬件网络工程师、程序开发人员等。他们在系统开发过程中所处的地位和作用是不同的。如何组织好这些参加信息系统项目的人员，使他们发挥最大的工作效率，对成功地完成项目至关重要。项目小组采用什么组织形式，要针对信息系统项目的特点来决定，同时也与参与人员的素质有关。在建立项目小组时应注意到以下原则。

（1）尽早落实责任，明确每个成员的责任。

（2）知人善任，尽可能地发挥好每个人的专长。

（3）减少接口，在开发过程中，人与人之间的联系是必不可少的，存在着通信路径，要减少路径的接口。

经验表明，信息系统的生产率和完成任务中存在的通信路径数目是互相矛盾的。因此，要有合理的人员分工和好的组织结构，以减少不必要的生产率损失。

通常有以下三种组织结构的模式可供选择。

1. 按子课题或子系统划分的模式

把项目成员按子课题或子系统分成小组，小组成员自始至终参加所承担的子课题或子系统的各项任务。他们应负责完成信息系统的规划、需求分析、设计、实现、测试、文档编制以及包括维护在内的全过程。这种模式不利于发挥每个人的特长，但由于通信接口较少，也具有一定优势。

2. 按职能划分的模式

把参加项目开发的所有人员按任务的阶段划分成若干个专业小组。要开发的信息系统在每个专业小组完成阶段性建设后，即达到每个阶段相应的里程碑以后，沿开发工序流水线向下传递，例如，分别建立规划组、需求分析组、设计组、实现组、系统测试组、质量保证组、维护组等。各种文档资料按工序在各组之间传递。这种模式在小组之间的联系形成的接口较多，但便于小组成员之间互相交流，进而变成这方面的专家，从而提高效率。

3. 矩阵型模式

这种模式实际上是以上两种模式的复合。一方面，按职能成立一些专门组，如规划组、设计组、实现组、业务组、测试组等；另一方面，又将整个项目分为一些子系统，每个子系统成立一个小组，指派专门的负责人。这样，每个成员既属于某一个职能小组，又参加某一子系统的工作。例如，属于测试组的一个成员，他也同时参加了某一子系统的研制工作，因此他要接受双重领导（一是测试组，二是该子系统的负责人）。

矩阵型模式组织的优点是：参加专门组的成员可在组内交流在各项目中取得的经验，这更有利于发挥专业人员的作用。而且各个项目有专人负责，有利于项目的完成。

在上述三种模式之上，建议用户单位成立一个业务支持小组，该小组人员都由相应业务人员组成，并且，业务人员最好从既熟悉业务工作，同时又对信息技术有一定理解，特别是具有较强的计算机操作能力的用户中选取。这个业务支持小组负责为上述模式的成员提供业务解释等支持工作。当然，也可以不成立业务支持小组，而将上述人员分别派进上述各模式的小组支持工作。

9.1.2 明确项目组各成员的职责

为了让项目组成员各负其责，行文确定他们在项目组里所分担的责任是很重要的。比较有效的方法是绘制技术编制表及工作责任分配表。

每个项目都需要多种技术与对应的工作任务相匹配。项目开始时恰当地把人员、技术与工作任务搭配好是很重要的。随着项目的进展，有可能必须把已分的工作再细分，给已分的工作增人，或将一些工作分包出去。为了掌握这种灵活性，有必要知道项目组里的人员各有哪些技术。

可以按表 9-1 所示绘制信息系统项目小组的技术编制表。首先，绘制一张简明的表格，横向为技术即专业领域，纵向为人名，再在相应的格子里打分。比如将专业领域分为五个：系统分析员、程序员、测试工程师、硬件工程师、数据库管理员。并且，将最高分定为 5 分，根据每个成员对上述专业领域的熟悉程度进行打分，越熟悉分值越高，如表 9-1 所示。这样就可以对项目组的人员及技术状况一目了然，并据此去分配工作。

表 9-1 专业领域技术编制表

	系统分析员	程　序　员	测试工程师	硬件工程师	数据库管理员
赵伊	5	4	3	2	1
王耳	5	5	4	3	2
张山	2	5	4	4	3
李斯	2	5	5	3	4
邓武	3	4	5	2	4
崔柳	2	3	3	3	5
陈琪	2	2	5	3	3
高跛	3	4	3	3	5

在绘制技术编制表后，可以根据项目的实际需要来绘制项目组成员责任表（如表 9-2 所示）。该表是项目主管与项目组成员之间的工作合同文件。这是获取人员任用或让其承诺某项工作的重要手段，并用图表的方式说明了其责任。

表 9-2　项目组成员责任表

	赵伊	王耳	张山	李斯	邓武	崔柳	陈琪	高跛
系统分析	P	S			S			S
数据库设计			S			P		S
编程实现	S	S	P	S	S			S
设备采购			S			S	P	
系统测试		S	S	P	S			

　　制表时以工作任务为列首，以项目组成员的姓名为行首（如表 9-2 所示）。然后把工作任务与人员搭配起来，标明谁负主要责任（P），谁负辅助责任（S）。每项任务需要有一个人，也只能由一个人负主要责任，但可以安排几个项目组成员辅助他。负主要责任的项目组成员负责保证该项任务按时开展，做到不超预算并且达到预期的质量水准。处于辅助地位的人之所以入选，是因为他们拥有完成该项任务所需的技术。准备责任表时请遵循下面五点粗浅的经验。

　　（1）安排某人做某项工作是因为该人有相应的技术，而不是因为他有时间。

　　（2）不要安排太多的人承担同一任务。

　　（3）最好先让项目组成员自己申报主持某项工作，然后根据项目总体情况进行协调。

　　（4）考虑谁善于做何事，谁想做何事，谁能或不能与谁共事以及谁喜欢提相反主张。

　　（5）从项目的前景着眼，考虑需要哪些技术，哪些技术已有了，以及如果有人中途离去，其工作是否能重新分配给别人。

9.1.3　建立项目组沟通计划并启动项目

　　如果将项目组成员分为系统开发人员和业务支持人员两类，那么这两类成员之间的双向培训就很重要了。系统开发人员应该分别就信息技术发展状况、组织进行信息化建设的必要性和艰巨性、信息系统建设的一般步骤和应注意的问题、信息系统开发工具、信息系统分析工具与用语等知识以集中授课方式对业务支持人员进行培训；然后，系统开发人员都作为学生，请业务支持人员讲解具体的业务流程及关键的业务术语。这样，经过双向培训，上述所有人员基本上有了共同语言，就能深入、细致并且全面系统地挖掘组织的各种信息需求。所以，双向培训表面上看是耽误时间，但事实上是"磨刀不误砍柴工"，是知识沟通与共享的一种集约方式。信息系统的核心是软件。而在软件开发的不同阶段进行修改，需要付出的代价是很不相同的，在早期引入变动，涉及的面较小，因而代价也较低，而在开发的中期引入一个变动，要对所有已完成的相关部分进行修改，真是牵一发而动全身。经过双向培训，双方的用语将大大减少歧义现象，从而使开发方对用户方的需求理解得更准确，也表达得更准确。总而言之，双向培训可以大大减少系统在后期的修改。

除了系统开发人员和业务支持人员之间的双向培训外，项目组的所有成员之间在项目实施期间的沟通方式和沟通目标也应该在一开始就予以明确。可以采用的沟通形式有：会议（小组或个别的）、电话、书面报告、电子邮件或几种方法的结合使用。

如果采用书面形式沟通，那就要规定内容、详略程度以及报告形式。如果要让每个成员都知道，书面沟通是最有效的。

如果采用会议的形式，那就要制定一个方针以决定谁参加会议、每隔多久举行一次、在哪儿举行、何时排定会议时间、谁负责安排议程、谁做记录、谁负责会议后勤，等等。项目组的会议计划应是项目计划的组成部分，每个有关的成员都应知道何时开会以及会议如何开。

在制定项目组的正式或非正式的沟通计划时，项目负责人还要考虑与成员接触的频度，有些成员会比其他成员需要更多的沟通。除了定期的、排定的沟通，项目负责人还可以计划好在项目的关键里程碑前后或其他检查时间安排会议或报告。

在上述工作都准备好之后，就可以召开项目启动会议了。项目启动会议是信息系统项目小组成立以后的第一次全体会议，其目的如下。

（1）项目组成员的集体亮相和初步交流。会议可以为项目成员之间的相互了解熟悉提供一个机会，为以后的合作打下基础。

（2）加深对项目目标的理解。这是会议的主要目的，项目组各成员对信息系统建设的目标和意义的全面深入理解，对项目的成功是非常关键的。

（3）统一思想认识。对项目的组织结构、工作方式、管理方式及一些方针政策等取得一致的认识，以确保项目顺利实施。

（4）明确岗位职责。明确每位成员的权利职责范围，明确项目中各个岗位的角色、主要任务、要求等，帮助项目组成员更好地理解他们的工作任务。

项目启动会议由项目负责人筹备和主持，出席会议的人员应包括：单位主管领导、各业务部门负责人、真正用户的代表和全体项目组成员。根据会议的目的，会议的议题可以有：项目的基本情况（如目标、意义、规模、完成时间等）、项目的主要成果、项目所需资源的要求（如成员的技术要求、设备要求等）、项目的管理制度、项目的主要任务及进度安排、项目可能会遇到的困难及变化等。

最后，强调一个似乎不重要但却起着很大作用的事情，即无论项目是大是小都需要设立一间项目办公室，项目办公室可以作为项目的一个控制中心、接待领导或客户的会议室、技术讨论中心，以及休息室等。项目办公室无需豪华，但却能使人在物质上感觉到项目的存在，也有助于培养成员的团队精神，有助于各种信息的沟通。

9.2 数据准备

数据准备是信息系统实施工作中的一项十分艰巨的任务。在进行新系统建设过程中，很重要的一点就是数据的标准化。如果新系统是在手工管理基础上建立起来的，那么就要将手工处理的数据，如各类单证、报表、账册、卡片等，按照新系统的规则进行分类并集中在一起，然后组织人力进行数据的录入工作，将这些纸介质中存放的数据转换成计算机能够读取的信息。由于系统运行所需要的数据可能是一年、几年甚至更长的时间段内的数据，因此数据的录入过程所耗费的人力、时间是巨大的，相应地也必须耗费一定的财力，必须做好录入计划，以便合理安排人力、规定录入进度、检查录入质量，进而保证系统的正常运行。

如果新系统是在已有的信息系统上开发的，那么就要通过合并、更新、转换等方法，将原系统的数据转换到新系统中来。这种转换工作也是十分复杂而耗时的，有的涉及数据库的改组或重建。现在许多企业准备实施 ERP 系统，要注意其中最重要的一项工作就是基础数据的准备工作。

9.2.1 数据的标准化

数据的标准化工作很重要。因为计算机很"笨"，计算机只能对规范的数据按照既定的流程进行处理。规范的数据要求数据的标准化，既定的流程要求信息流程的标准化。所以，要充分发挥信息系统的作用，就要尽可能地做到信息的标准化和信息流程的标准化。其中信息的标准化又可以分为指标体系的标准化和代码的标准化。

1. 指标体系的标准化

在某一工作范围内，大家需要对共同关心的信息格式作出统一的规定，以便进行交流。以人事档案为例，为了满足人事管理的需要，对于每一个工作人员，需要记录姓名、籍贯、出生年月、家庭地址、政治面貌、文化程度、工作简历和奖惩情况等。根据这些可以制定出人事档案的管理工作，则各单位之间的信息交换就会容易得多。同样，订货管理、物资管理等，也都应制定出统一的规格，以便交流。

指标体系的标准化往往涉及具体的各业务部门的特定问题。例如，对于一个工厂的技术水平，究竟应该用哪些指标来评价，根据不同的管理体制或不同的管理理论就会有不同的回答。同样，对于一个国家的经济状况，应该用怎样的指标体系来衡量，也会由于社会经济条件的不同或经济理论的不同而各异。因此，指标体系的标准化不是单纯的信息处理问题，而首先在于业务指导思想和观点的统一。

在社会经济的一些重要方面，国家统计局已经制定了有关的指标体系（包括内容、算法、口径等），各行各业根据自己的需要，也制定了相应的指标体系，研制信息系统时应遵照执行。对于那些还没有标准的具体业务，系统分析人员应该仔细分析，在满足组织经营管理目标的情况下制定相应的指标体系。

2. 代码的标准化

在任何信息系统中，信息的表示方法都是系统最重要的基础之一。任何信息都是通过一定的编码方式，以代码的形式输入并存储在计算机中的。当然，文字是一种记号，也可以说是一种代码，但是由于它长度不定，又常具有多义性，因此，在信息系统中常要在文字描述之外，用代码来区分实体或它们的属性值。这样，录入过程中只需录入代码而不需要录入汉字或字母，以提高录入的准确性和一致性。

比如，如果"北京铁路局"不经过编码，在录入有关该局信息时，有的录入员可以录入"北京局"，有的则录入为"京局"，当然，更多的是录入"北京铁路局"。那么，只查询"北京铁路局"是不能得到有关该局的所有详细信息的。假设现在将"北京铁路局"编码为01，那么操作人员只需录入或用鼠标选入01，则可显示出"北京铁路局"的字样，而查询时只需令查询条件为"路局"编码等于"01"即可。所以好的编码能提高录入效率和查询速度，以及得到准确的结果。这是信息标准化的重要性。

代码体系的建立当然应该由负责该领域业务工作的人员来完成，因为无论是对象，还是属性的分类方法，都要由特定的业务或技术来确定。作为信息系统的工作人员，可以在代码制定前先给业务支持小组成员进行培训，讲解各种编码方法的优劣，并提出参考意见，即从信息处理的角度提出建议。通过提出这些建议，信息系统的研制人员与业务人员合作，共同提出代码设计方案。

这里举一个实际的例子。铁路货车维修业务信息系统的关键是进行故障信息的录入、查询和统计，所以，如何进行故障编码非常重要。该系统开发小组成员建议采用字母和数字的混合编码，这样"码长"短，而业务支持小组建议采用单纯数字编码，因为有利于快速输入。由于故障编码是本系统的灵魂，两小组僵持不下，最后由项目负责人决定全部采用单纯数字编码，原因是能在小键盘（数字键盘）上快速录入。落实方案后，为了对所有故障进行编码，两个小组特别是业务支持小组几上几下、反复征求意见，前后历时 4 个月。许多人经常感慨：编码看似简单，但关系重大，要做好的确不容易！

代码体系涉及许多具体的工作人员，如果代码体系发生变化，就会遇到变更工作习惯或工作方式的问题，这是相当麻烦的事情，可能会遇到各种各样的障碍及阻力，所以信息系统的设计人员应该有充分的准备，对代码体系的修改应持谨慎态度。

在我国目前的情况下，许多代码尚没有全国统一的标准。例如，产品目录就有多种，这种情况给信息系统的研制带来很大困难。作为信息系统的研制人员，应该对于这种情况有充分的思想准备，在自己的系统中把涉及某种代码的操作集中起来，而把当前代码体系作为文件存储起来，随时可以更换，而不要把它写入程序中，以免不易改动。建议：只要是可以选择录入的字段，都应该进行编码，从而可以进行维护。

9.2.2　基础数据的准备

要运行一个新系统，必须要准备系统运行中用到的各种基础数据或初始化数据。这一点在 ERP 系统的实施中表现得特别明显。要运行 ERP 系统，必须要输入物料与产品信息、组织的能力信息、库存信息、财务成本信息、市场需求信息、供需双方信息等。之所以称这些为基础数据，是因为它们要回答组织经营管理最关心的问题。表 9-3 给出了这些基础数据与组织管理之间的关系[①]。

表 9-3　基础数据与组织管理之间的关系

	物料清单	工作中心	工艺路线	库存信息	需求信息	会计科目	供需双方信息
生产什么	√				√		√
生产多少	√		√		√		√
生产过程	√	√	√				√
供应周期	√						√
资源能力	√	√					√
成本费用	√	√	√	√		√	√

以上各种数据信息，有些与现行管理所用的数据可能会有一定的出入，有

---

① 该表引自陈启申. ERP——从内部集成起步. 北京：电子工业出版社，2004. 第 103 页。

的需要适当加工，有的则要经过分析以后才能确定。对有些组织，准备规范化的数据会有相当大的工作量，但是，这些规范化的数据对一个信息系统的成功运行是绝对必要的。实现信息化管理需要开拓信息，数据准备工作属于"信息开拓"的内容，是实现信息化必须要做的。

9.3 系统测试

信息系统测试是信息系统开发过程中非常重要而漫长的阶段。其重要性表现在它是保证系统质量和可靠性的关键步骤，是对系统开发过程中的系统分析、系统设计和实施的最后复查。虽然在开发过程中，人们采用了许多保证信息系统质量和可靠性的方法来分析、设计和实现信息系统，但避免不了在工作中会犯错误，这样所开发的系统中就隐藏着许多错误和缺陷。如果不在系统正式运行之前的测试阶段进行纠正，问题迟早会在运行期间暴露出来，这时要纠正错误就会付出更高的代价，甚至造成生命和财产的重大损失。

9.3.1 系统测试的目标

什么是测试？测试的目标是什么？迈尔斯（Grenford J. Myers）对测试的目标进行了归纳。

（1）测试是为了发现错误而执行程序的过程。

（2）好的测试方案是能够发现迄今为止尚未发现的错误的测试方案。

（3）成功的测试是发现了至今尚未发现的错误的测试。

总之，测试的目标就是希望能以最少的人力和时间发现潜在的各种错误和缺陷。从上述的目标可以归纳出测试的定义是"为了发现错误而执行程序的过程"。通俗地说，测试是根据系统开发各阶段的需求、设计等文档或程序的内部结构精心设计测试用例（即输入数据和预期的输出结果），并利用这些测试用例来运行程序，以便发现错误的过程。信息系统测试应包括软件测试、硬件测试和网络测试。硬件测试、网络测试可以根据具体的性能指标来进行，而信息系统的开发工作主要集中在软件上。所以人们所说的测试更多的是指软件测试。

正确认识测试的目标是非常重要的，这关系到人们的心理作用。如果测试的目标是证明程序没有错误，在设计测试用例时就要引用一些不易暴露错误的数据；相反，如果测试是为了发现程序中的错误，就要力求设计出容易暴露错误的测试方案。所谓"好"与"坏"、"成功"与"失败"的测试方案，也同样存在着心理学的问题。所以迈尔斯把测试目标定义为"发现错误"、"发现迄今为止尚未发现的错误"、"发现了至今尚未发现的错误的测试"。

9.3.2　软件测试方法

对软件进行测试的主要方法如表9-4所示。人工测试指的是采用人工方式进行测试，目的是通过对程序静态结构的检查，找出编译时不能发现的错误。经验表明，组织良好的人工测试可以发现程序中30%～70%的编码和逻辑设计错误。机器测试是把事先设计好的测试用例作用于被测程序，比较测试结果和预期结果是否一致，如果不一致，则说明被测程序可能存在错误。人工测试有一定的局限性，但机器测试只能发现错误的症状，不能对问题进行定位，人工测试一旦发现错误，就能确定问题的位置、什么错误等，而且能一次发现多处错误。因此应根据实际情况来选择测试方法。

表9-4　软件测试的主要方法

人　工　测　试	机　器　测　试
个人复查	黑盒测试
走查	
会审	白盒测试

1.　人工测试

人工测试又称为代码复审。通过阅读程序查找错误。其内容包括：检查代码和设计是否一致；检查代码逻辑表达是否正确和完整；检查代码结构是否合理等。主要有三种方法。

（1）个人复查。个人复查指程序员本人对程序进行检查，发现程序中的错误。由于心理上的原因和思维上的习惯性，对自己的错误一般不太容易发现，对功能理解的错误则更不可能纠正。因此这种方法主要针对小规模程序，效率不高。

（2）走查。通常由3～5人组成测试小组，测试人员应是没有参加该项目开发的有经验的程序开发人员。在走查之前，应先阅读相关的软件资料和源程序，然后测试人员扮演计算机角色，将一批有代表性的测试数据沿程序的逻辑走一遍，监视程序的执行情况，随时记录程序的踪迹，发现程序中的错误。由于人工检测程序很慢，因此只能选择少量简单的用例来进行，通过"走"的进程来不断地发现程序中的错误。

（3）会审。测试人员的构成与走查类似，要求测试人员在会审之前应充分阅读有关的资料（如系统分析报告、系统设计说明书、程序设计说明书、源程序等），根据经验列出尽可能多的典型错误，然后把它们制成表格。根据这些错误清单（也称检查表），提出一些问题，供会审时使用。在会审时，由编程人员逐句讲解程序，测试人员逐个审查、提问，讨论可能出现的错误。实践证明，编程人员在讲解、讨论的过程中能发现自己以前没有发现的错误，使问题暴露。例如在讨论某个小问题的修改方法时，可能会发现涉及模块间接口等问题，从而提高软件质量。会审后要将发现的错误登记、分析、归类，一份交给程序员，另一份妥善保管，以便再次组织会审之用。

在代码复审时，需要注意两点：一是在代码审查时，必须要检查被测软件是否正确通过编译，只有正确通过编译之后才进行代码审查；二是在代码复审期间，一定要保证有足够的时间让测试小组对问题进行充分讨论，只有这样才能有效地提高测试效率，避免走弯路。

2. 机器测试

机器测试指在计算机上直接用测试用例运行被测程序，发现程序的错误。机器测试分为黑盒测试和白盒测试两种。

（1）黑盒测试。黑盒测试也称为功能测试，指将软件看成黑盒子，在完全不考虑软件的内部结构和特性的情况下，测试软件的外部特性。根据系统分析说明书设计测试用例，通过输入和输出的特性检测程序是否满足指定的功能。所以测试只作用于程序的接口处，进行黑盒测试主要是为了发现以下几类错误。

① 是否有错误的功能或遗漏的功能？

② 界面是否有误？输入是否能够被正确接受？输出是否正确？

③ 是否有数据结构或外部数据库访问错误？

④ 性能是否能够接受？

⑤ 是否有初始化或终止性错误？

（2）白盒测试。白盒测试也称为结构测试，指将软件看成透明的白盒，根据程序的内部结构和逻辑来设计测试用例，对程序的路径和过程进行测试，检查是否满足设计的需要。其原则如下。

① 程序模块中的所有独立路径至少执行一次。

② 在所有的逻辑判断中，取"真"和取"假"的两种情况至少都能执行一次。

③ 每个循环都应在边界条件和一般条件下各执行一次。

④ 测试程序内部数据结构的有效性等。

由于信息系统的构成可能比较复杂，所涉及的问题比较多，为了保证整个开发任务的按期完成，测试工作不一定只在测试阶段才进行，能提前的尽量提前进行，而且可按功能分别进行，例如，硬件、网络设备等到货后应进行初验，安装后再进行详细的测试，最后结合应用软件等对整个信息系统进行测试。关于针对信息系统中的硬件系统、网络系统的测试将在后面进行介绍。

9.3.3 系统测试过程

测试是开发过程中一个独立的、非常重要的阶段，也是保证开发质量的重要手段之一。测试过程基本上与开发过程平行进行。在测试过程中，需要对整个测试过程进行有效的管理，保证测试质量和测试效率。一个规范化的测试过程通常包括以下基本的测试活动。

（1）拟订测试计划。

（2）编制测试大纲。

（3）设计和生成测试用例。

（4）实施测试。

（5）生成测试报告。

要使测试有计划、有条不紊地进行，需要编写测试文档，测试文档主要有测试计划和测试分析报告。

1. 拟订测试计划

在制定测试计划时，要充分考虑整个项目的开发时间和开发进度，以及一些人为因素、客观条件等，使得测试计划是可行的。测试计划的内容主要有测试的内容、进度安排、测试所需的环境和条件（包括设备、被测项目、人员等）、测试培训安排等。

2. 编制测试大纲

测试大纲是测试的依据。它明确详尽地规定了在测试中针对系统的每一项功能或特性所必须完成的基本测试项目和测试完成的标准。无论是自动测试还是手动测试，都必须满足测试大纲的要求。

3. 设计和生成测试用例

根据测试大纲，设计和生成测试用例。在设计测试用例时，产生测试设计说明文档，其内容主要有被测项目、输入数据、测试过程、预期输出结果等。

4. 实施测试

测试的实施阶段是由一系列的测试周期组成的。在每个测试周期中，测试人员和开发人员将依据预先编制好的测试大纲和准备好的测试用例，对被测软件或设备进行完整的测试。

5. 生成测试报告

测试完成后，要形成相应的测试报告，主要对测试进行概要说明，列出测试的结论，指出缺陷和错误，另外，给出一些建议，如可采用的修改方法、各项修改预计的工作量、修改的负责人等。

通常，测试与纠错是反复交替进行的。如果使用专业测试人员，测试与纠错可以平行进行，从而节约总的开发时间。另外，由于专业测试人员有丰富的测试经验，采用系统化的测试方法能全时地投入，而且独立于开发人员的思维，使得他们能够更有效地发现许多单靠开发人员很难发现的错误和问题。

9.3.4 系统测试步骤

由于每种测试所花费的成本不同，如果测试步骤安排得不合理，将造成为了寻找错误原因而浪费大量的时间，以及重复测试。因此，合理安排测试步骤对于提高测试效率、降低测试成本有很大的作用。信息系统测试按硬件系统、网络系统和软件系统分别进行测试，最后对整个系统进行总的综合测试。测试的步骤如图 9-1 所示。

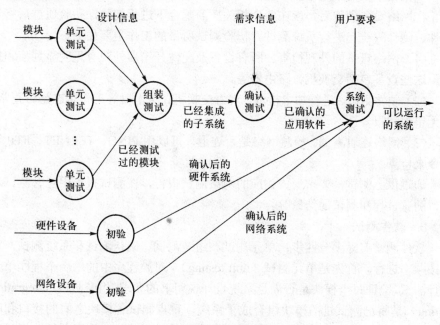

图 9-1　信息系统测试

1. 硬件测试

在进行信息系统开发时，通常需要根据项目的情况选购硬件设备。在设备到货后，应在各个相关厂商配合下进行初验，初验通过后将与软件、网络等一起进行系统测试。初验所作的主要工作如下。

（1）配置检测。检测是否按合同提供了相应的配置，如系统软件、硬盘、内存、CPU（中央处理器）等的配置情况。

（2）硬件设备的外观检查。所有设备及配件开箱后外观有无明显划痕和损伤。这些包括计算机主机、工作站、磁带库、磁盘机柜和存储设备等。

（3）硬件测试。首先进行加电检测，观看运行状态是否正常，有无报警现象、屏幕有无乱码提示和死机现象，是否能进入正常提示状态。其次，进行操作检测，用一些常用的命令来检测机器是否能执行相应命令，结果是否正常，例如，文件复制、显示文件内容、建立目录等。最后检查是否提供了相关的工具，如帮助系统、系统管理工具等。

通过以上测试，要求形成相应的硬件测试报告，测试报告中包含测试步骤、测试过程和测试的结论等。

2. 网络测试

如果信息系统不是单机，需要在局域网或广域网运行。按合同选购网络设备。在网络设备到货后，应在各个相关厂商配合下进行初验，初验通过后将与软件、硬件等一起进行系统测试。初验测试所做的工作主要如下。

（1）网络设备的外观检查。所有设备及配件开箱后外观有无明显划痕和损伤。这些设备包括交换机、路由器等。

（2）硬件测试。进行加电检测，观看交换机、路由器等工作状态是否正常，有无错误和报警。

（3）网络连通测试。检测网络是否连通。可以用 PING、TELNET、FTP 等命令来检查。

通过以上测试，要求形成相应的网络测试报告，在测试报告中包含测试步骤、测试过程和测试的结论等。

3. 软件测试

软件测试实际上分四步：单元测试、组装测试、确认测试和系统测试，它们按顺序进行。首先是单元测试（unit testing），对源程序中的每一个程序单元进行测试，验证每个模块是否满足系统设计说明书的要求。组装测试（integration testing）是将已测试过的模块组合成子系统，重点测试各模块之间的接口和联系。确认测试（validation testing）是对整个软件进行验收，根据系统分析说明书来考察软件是否满足要求。系统测试（system testing）是将软件、硬件、网络等系统的各个部分连接起来，对整个系统进行总的功能、性能等方面的测试。

9.4　系统转换

系统的试运行是系统调试工作的延续，一般来讲，用户对新系统的验收测试都在试运行成功之后。系统试运行阶段的工作主要包括：对系统进行初始化、输入各原始数据记录；记录系统运行的数据和状况；核对新系统输出和原系统（人工或计算机系统）输出的结果；对实际系统的输入方式进行考查（是否方便、效率如何、安全可靠性、误操作保护等）；对系统实际运行、响应速度（包括运算速度、传输速度、查询速度、输出速度等）进行实际测试。

新系统试运行成功之后，就可以在新系统和原系统之间互相转换。它们之间的转换方式有三种，分别是直接转换、并行转换和分段转换。

1. 直接转换

直接转换就是在确定新系统试运行准确无误时，立刻启用新系统，终止原系统运行。这种方式对人员、设备费用很节省。这种方式一般适用于一些处理过程不太复杂、数据不很重要的场合。如图 9-2（a）所示。

2. 并行转换

并行转换方式是新老系统并行工作一段时间，经过一段时间的考验以后，新系统正式替代原系统，如图 9-2（b）所示。由于与原系统并行工作，消除了尚未认识新系统之前的惊慌与不安。在银行、财务和一些组织的核心系统中，这是一种经常使用的转换方式。它的主要特点是安全、可靠。但费用和工作量都很大，因为在相当长时间内系统要两套班子并行工作。

3. 分段转换

分段转换又称逐步转换、向导转换、试点过渡法等。这种转换方式实际上是以上两种转换方式的结合。在新系统全部正式运行前，一部分一部分地替代原系统。其示意图如图 9-2（c）所示。那些在转换过程中还没有正式运行的部分，可以在一个模拟环境中继续试运行。这种方式既保证了可靠性，又不至于费用太大。但是这种分段转换要求子系统之间有一定的独立性，对系统的设计和实现都有一定的要求，否则是无法实现这种分段转换的设想的。

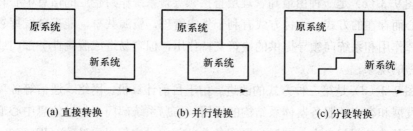

(a) 直接转换　　　　　　(b) 并行转换　　　　　　(c) 分段转换

图 9-2　系统转换的三种方式

综上所述，第一种方式简单，但风险大，万一新系统运行不起来，就会给工作造成混乱，这只在系统小，且不重要或时间要求不高的情况下采用。第二种方式无论从工作安全上，还是从心理状态上均是较好的。这种方式的缺点就是费用大，所以系统太大时，费用开销更大。第三种方式是为克服前二种方式缺点的混合方式，因而在较大系统使用较合适，当系统较小时不如用第二种方便。

9.5　系统运行

新系统要运行，首先要解决的问题是运行期间信息系统部门的组织问题。之所以说是运行期间，是因为开发阶段已经结束或告一段落，组织内的系统分析员、系统设计员和程序员要么去开发其他系统，要么他们的角色转变为系统维护人员。除某些高科技企业和实力雄厚的企业外，大部分组织都没有采取自行开发的方式，这样，组织内的信息系统部门更多地体现为系统维护人员和操作人员。下面从系统运行的角度来讨论信息系统部门的组织问题。

目前我国各单位中负责系统运行的大多是信息中心、计算中心、信息处等信息管理职能部门，从信息系统在组织中的地位来看，系统管理与维护的组织有四种形式，如图9-3所示。具体如下。

图9-3（a）是一种较低级的方式，信息系统为部门独自所有，不能成为企业的共享资源。有些企业虽然将某个业务信息系统交由某部门托管，但由于部门管理的局限性而制约了系统整体资源的调配与利用，系统的效率大受影响。

图9-3（b）是一种将信息系统的管理机构与企业内部的其他部门平行看待，享有同等的权力的方式。这种方式下信息系统的地位，要比第一种方式高。尽管信息资源可以为整个企业共享，但信息系统部门的决策能力较弱，系统运行中有关的协调和决策工作将受到影响。

图9-3（c）是一种由最高管理层直接领导，系统作为企业的信息中心和参谋中心而存在的方式。这种方式有利于集中管理，资源共享，能充分发挥领导的指挥作用和系统向领导提供的决策支持作用，但容易造成脱离业务部门或服务较差的现象。

图9-3（d）是第三种方式的改进。由于目前计算机、网络、通信等各项技术的发展和客户／服务器体系结构的运用，信息系统部门不但以信息中心形式存在于各业务部门之上，同时，又在各业务部门设立信息系统室（IS 室），或者信息系统室与业务部门成为一个整体，只是规定专人负责该业务部门的信息系统业务，这个专人或 IS 室在业务上同时又归信息中心的领导。这样信息中心既能站在企业的高度研究信息系统的发展，又能深入了解并满足各业务部门的需要，有利于加强企业的信息资源管理。

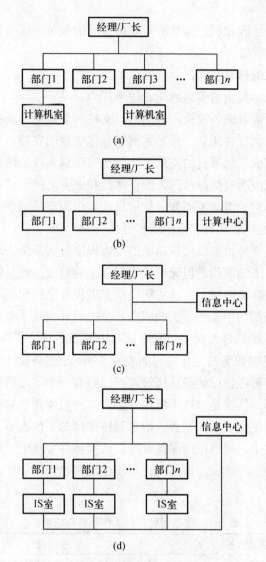

图 9-3　信息系统部门在企业中的地位

由于信息系统在组织中的作用越来越大，越来越多的组织设立了信息主管（CIO）一职。CIO 往往是由组织的高层决策人士来担任，其地位如同公司的副总经理，有的甚至更高。总的说来，CIO 的主要职责包括以下十个方面[①]。

（1）参与制定组织发展战略，领导组织信息战略的制定。

----

① 参见左美云. CIO 必读教程（CIOBOK）：CIO 知识体系指南. 北京：电子工业出版社，2004. 第8页。

（2）确立信息处理和利用及其所需设备方面的政策、标准和程序，制定组织信息制度和信息政策。

（3）培育良好的信息文化。

（4）提升组织和员工的信息素质、信息能力。

（5）为高层管理者提供决策所需的信息支持和信息能力支持。

（6）进行信息化项目规划，领导重要信息化项目的实施。

（7）监控所有信息化项目的实施，监控现有信息系统的运行。

（8）领导组织内所有信息部门为操作部门和业务功能提供咨询或服务。

（9）与业务部门一道，考虑如何使信息和知识为产品或服务增值。

（10）将自己的经验和教训贡献给行业协会和社会。

CIO 的职责主要是由组织信息功能的集成程度等因素所决定的，它也受信息系统部门内部分工的制约。但无论从组织分工的角度，还是信息系统部门内部分工的角度，CIO 都应立足于从战略层次来审视自己的职责。

对于信息系统部门中工作人员的职责和分工设计也是十分重要的。信息系统领域著名学者戴维斯等人对信息管理部门中的职务进行了详细分类[1]。共提出了 16 种职务，这些职务与工作内容如表 9-5 所示。职务设计给我们提供了一个很好的思路，使得在建设信息系统管理部门时有一个思考的起点。在一个管理混乱的信息中心，往往是"技术决定一切"，结果使得信息系统部门无法和组织的业务部门真正做到相互配合。信息系统部门的工作人员，特别是领导人员，不仅要懂得技术，同时也应懂得管理。必须将许多技术手段与管理方法结合起来，相互作用，才能保证该部门在组织中发挥作用，保证组织的整体目标得以实现。

表 9-5　信息管理部门工作职务与说明

工作职务	说明
信息分析人员	同用户一起，进行信息分析，具有组织、管理和决策方面的知识
系统设计师	设计信息系统的人员，需要懂得更多的技术知识
系统分析师	兼任信息分析人员和系统设计师
应用程序员	进行程序设计、编码和调试，并能编写技术文件

---

[1] 参见李东. 管理信息系统的理论与应用. 北京：北京大学出版社，1998。

续表

工 作 职 务	说 明
维护人员	维护现有的系统
程序库管理员	对程序库内容进行维护管理,当程序库内容发生变化时,要向管理部门提交书面报告
系统程序员	维护操作系统,精通硬/软件
数据通信专家	为数据通信和分布式处理方面的专家
数据库管理员	管理和控制公共数据库
用户联络员	在规划信息系统和进行新系统开发时,协调用户与系统分析员进行交流
办公自动化协调员	需要有办公自动化各方面的软/硬件及专业知识
信息中心分析员	在解决用户问题方面,对用户提供分析和指导
操作员	指主机操作人员
数据控制管理员	对数据的输入进行检查,对系统的输出进行分发
数据输入员	从事数据输入者
安全协调员	建立系统安全规程、监视系统安全情况,调查违章问题

运行期间的信息系统管理部门内部人员大致可以分为三大类(如图9-4所示):第一类是系统维护人员或系统管理员,包括硬件维护员、软件维护员、数据库维护员和网络维护员等;第二类是规划管理人员,包括信息系统规划员、培训规划员、耗材资料管理员和机房值班员等,其中,培训规划员负责安排三类人员特别是系统维护人员和系统操作人员的培训工作,对于系统维护人员的培训主要依靠请专家进来和派骨干出去的办法,而系统操作人员的培训师资则主要依靠系统维护人员组成;第三类是系统操作人员,这类人员数量最大,除少数在物理意义上的信息中心工作外,大多数都在各具体业务部门工作。因而,信息系统管理部门的主要成员由前两类人员组成。

一般来说,在中小型企业中信息系统部门中的人员较少,常是一人身兼数职,而在大型企业中的信息系统管理部门的构成比较复杂,人员较多,分工也较细,其人员究竟多少为好,主要视管理需求和信息系统的规模而定。

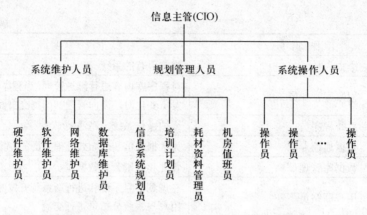

图 9-4 运行期间信息系统部门人员构成示意图

9.6 系统管理

要做到信息系统的正确和安全运行，就必须建立和健全信息系统的运行制度，不断提高各类人员的素质，有效地利用运行日志等信息对系统施行监督和管理。

这里要十分强调提高组织各类用户的素质，防止员工因操作失误给组织带来损失。比如本打算在 A 盘驱动器中格式化软盘，而由于疏忽格式化了计算机系统的硬盘，其结果将破坏硬盘内容；又比如在销售订货系统的应用文件中输错了一种很受欢迎的产品的价格，其结果要么大大影响利润，要么大大影响销售量。

9.6.1 建立和健全信息系统的运行制度

管理规范的企业，每一项具体的业务都有一套科学的运行制度。信息系统也不例外，同样需要一套管理制度，来确保信息系统的正确和安全运行。

1. 各类机房安全运行管理制度

信息系统的运行制度，首先表现为计算机房必须处于监控之中。机房安全运行制度可以考虑如下主要内容。

（1）身份登记与验证出入。

（2）带入带出物品检查。

（3）参观中心机房必须经过审查。

（4）专人负责启动、关闭计算机系统。

（5）对系统运行状况进行监视，跟踪并详细记录运行信息。

（6）对系统进行定期保养和维护。

（7）操作人员在指定的计算机或终端上操作，对操作内容按规定进行登记。

（8）不做与工作无关的操作，不运行来历不明的软件。

（9）不越权运行程序，不查阅无关参数。

（10）操作异常，立即报告。

2. 信息系统的其他管理制度

信息系统的运行制度，还表现为软件、数据、信息等其他要素必须处于监控之中。信息系统的其他管理制度主要包括如下内容。

（1）必须有重要的系统软件、应用软件管理制度，如系统软件的更新维护，应用软件的源程序与目标程序分离等。

（2）必须有数据管理制度。例如重要输入数据、输出数据的管理。

（3）必须有密码口令管理制度，保证口令专管专用，定期更改并在失密后立即报告。

（4）必须有网络通信安全管理制度，实行网络电子公告系统的用户登记和对外信息交流的管理制度。

（5）必须有病毒的防治管理制度。及时检测、清除计算机病毒，并备有检测、清除的记录。

（6）必须有人员调离的安全管理制度。例如，人员调离的同时马上收回钥匙、移交工作、更换口令、取消账号，并向被调离的工作人员申明其保密义务，人员的录用调入必须经人事组织技术部门的考核和接受相应的安全教育。

（7）建立安全培训制度，进行计算机安全法律教育、职业道德教育和计算机安全技术教育。对关键岗位的人员进行定期考核。

（8）建立合作制度。加强与相关单位的合作，及时获得必要的信息和技术支持。

除此之外，任何信息系统的运行都必须遵守国家的有关法律和法规，特别是关于计算机信息系统安全的法律法规。近十年来，我国国家和地方相继出台了许多这方面的法律和法规，如《中华人民共和国计算机信息系统安全保护条例》、《中华人民共和国计算机信息网络国际联网管理暂行规定》、《关于加强计算机信息系统国际联网备案管理的通告》、《计算机信息网络国际联网安全保护管理办法》、《电子出版物出版管理规定》等。

9.6.2 信息系统的日常运行管理

信息系统的日常运行管理是为了保证系统能长期有效地正常运转而进行的活动，具体有系统运行情况的记录、系统运行的日常维护等工作。

对系统运行情况的记录应事先制定登记格式和登记要点，具体工作主要由使用人员完成。人工记录的系统运行情况和系统自动记录的运行信息，都应作为基本的系统文档按照规定的期限保管。这些文档既可以在系统出现问题时查清原因和责任，还能作为系统维护的依据和参考。

1. 系统运行情况的记录

原则上讲，从每天计算机的启动、应用系统的进入、功能项的选择与执行，到下班前的数据备份、存档、关机等，都要就系统软硬件及数据等的运作情况作记录。运行情况有正常、不正常与无法运行三种情况。由于该项工作较烦琐，为了避免在实际工作中流于形式，因此，一方面要尽量在系统中设置自动记录功能；另一方面，可对正常情况不予记录，对于不正常情况和无法运行情况则应将所见的现象、发生的时间及可能的原因作尽量详细的记录。因为这些信息对系统问题的分析与解决有重要的参考价值。

2. 审计踪迹

审计踪迹（audit trail）就是指系统中设置了自动记录功能，能通过自动记录的信息发现或判明系统的问题和原因。这里的审计有两个特点，一是每日都进行，二是技术方面的审查。

在审计踪迹系统中，建立审计日志是一种基本的方法。通过日志，系统管理员可以了解到有哪些用户在什么时间、以什么样的身份登录到系统，也可以查到对特定文件和数据所进行的改动。

现在大多数的操作系统和数据库都提供了跟踪并自动记录的功能。例如系统管理员可以观察到一天中对某个文件进行访问的所有用户，并分析在他们访问的前后该文件发生了什么变化。在一些数据库系统中还提供审计踪迹数据字典，使用者可以用预先定义的审计踪迹数据字典视图来观察审计踪迹数据。对于审计内容可以在三个层次上设定。

（1）语句审计。语句审计是对于特定的数据库语句所进行的审计。例如在一个系统文件中记录所有使用了"create"命令的信息。

（2）特权审计。特权审计指对于特定的权限使用所进行的审计。

（3）对象审计。规定对特定的对象审计特定的语句。例如可以审计在某个文件上修改了其内容的语句。

3. 审查应急措施的落实

为了减少意外事件引起的对信息系统的损害，首先要制定应付突发性事件的应急计划，然后每日要审查应急措施的落实情况。

应急计划主要针对一些突发性的、灾害性的事件，如火灾、水灾等，因此，机房值班员每日都应仔细审查相应器材和设备是否良好，相应资源是否做好了备份。

资源备份包括两个方面的工作，即数据备份和设备备份，数据备份是必须要做的，在关键的领域，还必须进行设备备份。

数据备份的方法有：全盘备份，全文件进行复制；增量备份，对新增部分每次进行复制；基本备份，对大量的不易实现的数据进行重点备份，同时也可以分类进行文件备份；离开主机备份，即将备份文件复制到远离主机或文件中心的其他主机或者存储器中。无论是采用何种备份方法，都要保证备份文件是一次灾害和事件影响不到的地方，这样，才能确保事件之后可以依靠所做的备份恢复原系统。

4. 系统资源的管理

在维护信息系统正常运行过程中还有一个常见的问题，那就是如何管理系统的资源。例如对计算机的使用及打印纸、墨粉的消耗等，都要制定合理的管理方法。

对不能充分满足用户需求的资源一般可采用收费的方法来控制。收费既要能使系统的效能发挥到最大，使得信息系统部门的利益和管理措施得到保证，又要做到业务部门愿意接受，不能妨碍业务部门的正常使用，因此，具体的收费模式可以采取先向业务部门调查，再采取类似听证会的形式决定。

本章小结

本章对信息系统项目的实施与管理进行了讨论。要建设信息系统项目，首先要成立项目小组，项目小组有三种模式：按子课题或子项目划分的模式、按职能划分的模式和矩阵型模式。然后绘制项目成员专业领域技术编制表，据此绘制项目组成员责任表，明确项目组成员的职责。数据准备是信息系统实施的重要工作，包括数据的标准化和基础数据的准备。系统测试包括硬件测试、网络测试和软件测试。软件测试的方法包括人工测试和机器测试。人工测试包括个人复查、走查和会审；机器测试包括黑盒测试和白盒测试。系统测试过程包括拟订测试计划、编制测试大纲、设计和生成测试用例、实施测试和生成测试报告。系统转换有三种方式：直接转换、并行转换和分段转换，各有优缺点。系统运行需要有合理的人员结构和运行管理制度。

关键词

项目开发的组织结构   专业领域技术编制表

工作责任表	信息系统测试步骤
数据的标准化	直接转换
软件测试方法	并行转换
白盒测试	分段转换
黑盒测试	系统运行的组织结构
系统测试过程	系统运行制度

思考题

1. 信息系统项目小组有哪几种组织模式？各有什么优缺点？

2. 如何给项目成员分配工作？

3. 数据准备包含哪些工作？

4. 简述系统测试的步骤与过程。

5. 软件测试有哪些方法？各有什么含义？

6. 系统转换有哪几种方式？各有什么优缺点？

7. 系统运行需要考虑哪些管理制度？

第10章　原型法的概念与方法

本章要点

1. 原型法的基本思想和理念
2. 原型法和生命周期法的比较和选择
3. 原型法的关键成功要素
4. 原型法和生命周期法的融合

　　原型法（prototyping）是在 20 世纪 80 年代中期为了快速开发系统而推出的一种开发模式，旨在改进传统的结构化生命周期法存在的不足，缩短开发周期，减少开发风险。原型法的理念是：在获取一组基本需求之后，快速地构造出一个能够反映用户需求的初始系统原型，让用户看到未来系统概貌，以便判断哪些功能是符合要求的，哪些方面还需要改进，然后不断地对这些需求进行进一步补充、细化和修改，反复进行，直到用户满意为止，并由此开发出完整的系统。

　　在第 3 章中已经详细介绍了生命周期法的原理和过程，本章将详细介绍原型法的提出背景和缘由、基本思想、基本步骤、关键成功因素以及与生命周期法的比较。

10.1　原型法的提出

　　20 世纪 60 年代末至 70 年代初，出现了"软件危机"。为了对软件开发项目进行有效的管理，信息系统开发生命周期法诞生了。由于开发过程规范、层次清晰，系统开发生命周期法得到广泛应用。但这种方法的应用前提是在早期就确定了用户的需求，而不允许修改，这对于很多应用系统（如商业信息系统）来说是不现实的。用户需求定义方面的错误是信息系统开发中后果最严重的错误。在此背景下，提出了基于循环模型的快速原型法。

10.1.1　原型法的提出背景

"软件危机"的表现为：软件开发速度满足不了实际需求，软件成本在计算机系统总成本中所占比例逐年上升，软件产品的质量不可靠，软件难以维护，没有适当的文档资料，开发进度难以控制。

产生"软件危机"的原因在于：用户需求不明确，缺乏正确的理论指导，软件规模越来越大且复杂度越来越高。那么如何解决"软件危机"呢？人们越来越重视对软件开发方法的研究。通过多年的研究和努力，软件开发方法走向两个方面：一方面是着重研究与机器本身相关的软件开发工具，即高级语言及软件开发环境；另一方面是着重研究软件设计和规格说明等。这时系统开发生命周期（systems development life cycle，SDLC）应运而生。它是一种用于规划、执行和控制信息系统开发项目的组织和管理方法，是工程学原理在信息系统开发中的具体应用。

正如第3章所介绍的，生命周期法是一种结构化方法，把信息系统开发视为一个生命周期，把软件看做是人工制品，其必然有产生、成长、成熟、运作、消亡的生命过程。生命周期法把系统开发分为多个阶段，一般分为五个阶段：系统规划、系统分析、系统设计、系统实施、系统运行与维护。整个过程严格按阶段进行，每个阶段都有明确的目标和任务。每一阶段完成以后，要完成相应的文档资料，作为本阶段工作的总结，也作为下一阶段的依据。这种方法特别强调阶段的完整性和开发的顺序性，它要求开发者首先确定系统的完整需求和全部功能。

生命周期法具有明显的优点。它采用系统观点和系统工程方法，自顶向下进行分析与设计并自底向上实施。开发过程阶段清楚，任务明确，并有标准的图、表、说明等组成各阶段的文档资料。生命周期法引入了用户观点，适用于大型信息系统的开发，将逻辑设计与物理设计分开。

但是，生命周期法的应用前提是严格的需求定义方法和策略。需求定义（definition of requirement）方法是一种严格的、预先定义的方法。从理论上讲，一个负责分析设计的项目小组应完全彻底地预先指出对应用来说合理的业务需求，并期待用户进行审查、评价和认可，并在此基础上顺利开展工作。

这种严谨的需求定义方法是在一定假设的前提下形成的，具体如下。

（1）所有的需求都能被预先定义。这一假设的确切含义是，在没有系统实际工作经验的情况下，所有的系统需求在逻辑上是可以预先说明的。在某种情况下，虽然不能保证每个项目参加者都能确知系统需求和逻辑模型，但通过大多数人对系统的建议和合理判断，完全可以描述一个明确的系统需求，所有需求都能被准确预先定义。

但实际情况是，需求定义方法假设的有效性是比较脆弱的。现实中，往往提供详细说明材料的人不是本领域的专业权威和职业分析人员；定义复杂度甚高的事情是十分困难的；大多数用户绝不可能面面俱到，只能是有选择地加以说明。即使预先定义工作做得很好，系统往往仍旧需要进一步的修改和经过若干次反复，这是因为存在以下客观的事实。

① 个人对系统的认识往往与实际不完全吻合。

② 实际观察和使用系统会刺激用户对系统提出新的需求。

③ 观察和经历将会修改甚至取消事先提出的对系统的需求。

（2）项目参加者之间能够清晰而准确地进行沟通。严格需求定义方法的另一项重要假设是：在系统开发的进程中，项目组、项目经理、分析人员、用户开发人员、审计人员、保密分析员、数据管理员、人际关系专家等相互之间都能够清晰而有效地进行沟通。虽然每个人都有自己的专业、观点和行动，但用图形／描述文档等工具，使得大家可以进行清晰、有效的沟通。

而实际情况往往是复杂的，对于共同的约定，每个人往往会有自己的解释和理解，对规格说明上应该有而尚未有的规定和说明，会有各种意见或个人看法。而文字叙述，如英语或汉语及其他文字描述，并非是一种准确的沟通工具，即使提供了结构化的文字语言，如结构化英语以及判定表、判定树等较严格的用于沟通的高级方式，虽然它相对于叙述性的文字描述肯定是一种改进，减少了模糊性，但它仍然缺乏技术上精确的沟通语言应具有的"严密性"、"专业性"和"行业性"。

因此，在多学科、多行业人员之间架起沟通的桥梁是困难的。人们早就认识到，相互间沟通的有效性的损失是开发过程中失败的主要原因之一。

（3）静态描述／图形模型对应用系统的反映是充分的。使用预先定义技术时，主要的沟通工具是定义报告，包括工作报告和最终报告。采用叙述文字、图形模型、逻辑规则、数据字典等形式，这些具体形式虽因各自的技术而有所不同，但其作用是相似的。

所有技术工具的共同特点是：它们都是被动的沟通工具和静止的沟通工具，不能表演，因而无法体现所建议的应用系统的动态特性，而要求用户根据一些静态的信息和静止的画面来认可系统则似乎近于苛求。

因此，严格定义技术本质上是一种静止的、被动的技术，要用它们来描述一个有"生命"的系统是困难的。理解和评价一个应用系统的最好方式，应该是去体验它，而不仅是去阅读和讨论它。

综合上述各点可知，在许多情况下，严格需求定义缺乏所需的假设前提，因此建立在脆弱基础上的开发策略在实施中导致系统的失败绝非意外之事。为了更好地避免由于缺乏支持严格定义方法的假设而给项目带来的风险，需要探求一种变通的方法。

解决需求定义不断变化问题的一种思路是：在获得一组基本的需求后，快速地加以"实现"，随着用户或开发人员对系统理解的加深而不断对这些需求进行补充和细化。系统的定义是在逐步发展的过程中进行的，而不是一开始就预见一切，这就是原型法。

10.1.2　原型法

1. 原型法的定义

原型法是指在获取一组基本的需求定义后，利用高级软件工具可视化的开发环境，快速地建立一个目标系统的最初版本，并把它交给用户试用、补充和修改，再进行新的版本开发。反复进行这个过程，直到得出系统的"精确解"，即用户满意为止。经过这样一个反复补充和修改的过程，应用系统"最初版本"就逐步演变为系统"最终版本"。

原型法就是不断地运行系统"原型"来进行启发、揭示、判断、修改和完善的系统开发方法。

2. 原型

原型（prototype）即样品、模型的意思。把系统的主要功能和接口通过快速开发制作为"软件样机"，以可视化的形式展现给用户，及时征求用户意见，从而准确无误地确定用户需求。同时，原型也可用于征求内部意见，作为分析和设计的接口之一，可以方便地进行沟通。

对原型的基本要求包括：体现主要的功能；提供基本的界面风格；展示比较模糊的部分以便于确认或进一步明确；原型最好是可运行的，至少在各主要功能模块之间能够建立相互连接。

原型可以分为三类。

（1）淘汰（抛弃）式（disposable）。目的达到即被抛弃，原型不作为最终产品。

（2）演化式（evolutionary）。系统的形成和发展是逐步完成的，它是高度动态迭代和高度动态循环的过程，每次迭代都要对系统进行重新规格说明、重新设计、重新实现和重新评价，所以是对付变化最为有效的方式。

（3）增量式（incremental）。系统是一次一段地增量构造，与演化式原型的最大区别在于增量式开发是在软件总体设计基础上进行的。很显然，其应付变化的能力比演化式差。

在信息系统设计的过程中，部分常用的原型形式列举如下。

（1）对话原型。原型模拟预期的终端交互，使用户可以从屏幕上查看他们将接收的信息、需要进行的操作，并提出遗漏之处，从而加深正确的理解。终端对话的设计效果直接影响着系统的可用性和用户对系统的接受程度。

（2）数据输入原型。建立数据输入的原型，可以检查数据的输入速度和正确性，还能进行有效性和完整性的检查。

（3）报表系统原型。提供给用户的各种报表应在整个系统实现之前提供给用户看。报表子系统需要经常进行大量修改以满足系统的需要，因此，可以把报表生成器作为原型。

（4）数据系统原型。首先生成一个含有少量记录的原型数据库，这样用户和分析员可以与它进行交互，生成报表和显示有用信息。通过这种交互，经常发现对不同的数据类型、新的数据域或不同的数据组织方式的需求，还可以在原型化工具的帮助下探索用户将如何使用信息以及数据库应该是什么样的。

（5）计算和逻辑原型。有时一个应用逻辑或计算是复杂的。审计员、工程师、投资分析员和其他用户可以使用高级程序设计语言建立他们所需的计算实例。这些实例可以组合在一起构成一个大的系统，与其他应用系统、数据库或终端相连接，用户可以使用这些计算原型检验他们所求结果的准确性。

（6）应用程序包原型。在一个应用程序包和其他应用系统相连或实际使用之前，可以通过一个小组用户来鉴定这个应用程序包是否令他们满意，若不满意可以进行大量的修改，直到令他们满意为止。

（7）概念原型。有时，一个应用概念不能被全面正确地理解，这是信息系统设计中存在的问题。在花费大量经费建立这个系统之前，需要进行测试和细化。可以用一个快速实现的数据管理系统进行测试，同时，使用标准的数据输入屏幕和标准的报表格式，以减少测试和细化其概念的工作量。在测试和细化之后，对概念有了明确的理解，再进行建立该应用程序的特定报表和屏幕等细节工作。

3. 原型法的意义

原型法的意义在于实现可视化、强化沟通、降低风险、节省后期变更成本和提高项目成功率。一般来说，采用原型法后可以提高需求质量；虽然先期投入了较多的时间，但可以显著地减少后期变更的时间；原型法投入的人力成本代价并不大，且可以节省后期成本；对于较大型的软件来说，原型系统可以成为开发团队的蓝图；另外，原型法通过充分地和客户交流，还可以提高客户满意度。

原型法是在计算机技术发展到一定阶段，用户应用需求高涨的情况下发展起来的一种方法论，但它同时又是对开发人员有着较高要求的一种方法论。

10.2　原型法的基本思想

原型法是一种确定需求的策略，是对用户需求进行抽取、描述和求精的过程。它快速地以迭代的方式建立最终系统工作模型，对问题定义采用启发的方式，由用户作出响应，实际上是一种动态定义技术。

对于大多数企业的业务处理来说，原型法的需求定义几乎总能通过建立目标系统的工作模型来很好地完成，而且这种方法和严格定义方法比较起来，成功的可能性更大。

10.2.1　原型定义方法

原型法为预先定义技术提供了一种很好的选择和补充。人们对物理模型的理解要比对逻辑模型的理解来得准确。原型法就是在人们这种天性的基础上建立起来的。它考虑到用户有时也难免会判断错误，不可能在系统开发过程中提出更多、更好的要求。原型法以一种与预先定义完全不同的观点来看待定义问题。

与预先定义技术完全不同，原型法的假设前提如下。

1. 并非所有的需求在系统开发以前都能准确地说明

人们发现，想详细而精确地定义任何事情都是有困难的。实际上，用户很善于叙述其目标、对象以及他们想要前进的大致方向，但他们对于要如何实现那些事情的细节却不甚清楚和难以确定。对于所有参加者，建造一个系统都是一个持续不断地学习和实践的过程。当人们仅有局部经验的时候，怎么可能要求其对全局需求进行叙述呢？

2. 有快速的系统建造工具

原型的修正和完善需要有快速的系统建造工具来支持，只有快速系统生成工具，才能使应用系统得以快速模型化，而且能快速地进行修改。没有快速系统建造工具，原型不能得以快速修改完善，原型法就失去了存在的基础。

用于完成原型开发的工具一般由集成数据字典、高适应性的数据库管理系统（DBMS）、非过程的报告书写器、非过程查询语言、屏幕生成器、超高级语言、自动文档编排等部分组成。

原型技术如今存在于各种形式的开发活动中。如果"原型"可以快速地构造，那么就可以测试一个"好的设想"。如果设想有错，那么就把它丢掉，而不致造成大的损失；如果设想是对的，就可以进一步求精；而对于想法、概念、观点和要求的正确性，都可以在原型试验室中加以验证。这一切都必须借助于快速生成工具的支持。目前所谓应用生产器（AG）和第四代生产语言（4GL），都是原型法的有力支持工具。

3. 项目参加者之间通常都存在沟通上的障碍

即使定义很完善的规格说明，不同的项目参加者也会存在或多或少理论上的差异。何况文字性的描述总是缺乏一般工程说明语言所具有的精确性。

而另一种形式是，用户和原型开发人员基于一组屏幕进行对话和讨论，其方式简单、明确。所有的项目参加者也可以以一种简明的方式同原型进行沟通，从他们自身的理解出发来测试原型。原型提供了一种沟通所有项目参加者的生动活泼的实际系统模型。

因此，对于项目参加者沟通障碍的排除，不是试图将每一个项目参加者都培养成职业的系统定义人员，而是让每个人以一种易于接受的方式去理解规格说明。从常识上来理解，一个具体的工作原型，由于其直观性、动态性而能够担当和胜任这一任务。

4. 需要实际的、可供用户参与的系统模型（system model）

文字和静态图形是一种比较好的工具，然而其最大的缺点是缺乏直观的、感性的特征，因而往往不易理解对象的全部含义。交互式原型系统能够提供生动活泼的规格说明，用户见到的是一个"活"的、运行着的系统。理解纸面上的系统和操作运行在机器上的系统，其差别是十分显著的。因此，如果能够提供一个生动的规格说明，人们就不会满足于一个静止的、被动的规格说明。

总之，当提供一个生动形象的系统模型时，人们对它的了解将比说明性材料好得多。

5. 需求一旦确定，就可以遵从严格的方法

原型法的采纳，并不排除和放弃严格方法的运用，一旦通过建立原型并在演示中得到明确的需求定义后，即可运用行之有效的结构化方法来完成系统的开发。

6. 大量的反复是不可避免的、必要的，应该加以鼓励

应该鼓励用户改进他们的系统，改进建议的产生来自经验的发展。应该意识到，当把模型展示在面前，让人积极思考去改进一个现有的系统时，应该是一件令人兴奋、而不是让人厌恶的事情。应该提供友好的环境，最大限度地发挥人们的潜在能力去接受这种改变。从某种意义上讲，严格定义隐含着抑制定义阶段以后的再变化的要求，并认为变化意味着分析工作有缺陷，而把自己禁锢在一个很小的活动范围以内。

因此，在分析最终的需求时，反复是完全需要和值得提倡的，只有作必要

的改变后，才可能达到用户和系统间的良好匹配。

10.2.2　原型法模型（prototyping model）

原型法的模型如图 10-1 所示。

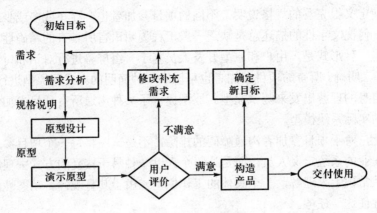

图 10-1　原型法模型

在"需求分析"、"原型设计"两个阶段中，开发者和用户一起为想象中的系统的某些主要部分定义需求和规格说明，并由开发者在规格说明中用原型描述语言构造一个系统原型，它代表了部分系统，包括那些为满足用户需求的必要属性。该原型可用来帮助分析和设计工作，而不是一个软件产品。

在演示原型期间，用户可以根据他所期望的系统行为来评价原型的实际行为。如果原型不能满意地运行，用户能立刻找出问题和不可接受的地方，并与开发者重新定义需求。该过程一直持续到用户认为该原型能成功地体现想象中的系统的主要部分功能为止。在这期间，用户和开发者都不要为程序算法或设计技巧等枝节问题分心，而是要确定开发者是否理解了用户的意思，同时试验实现它们的若干方法。

有了满意的系统原型，同时也积累了使用原型的经验，用户常会提出新目标，从而开始新的原型周期。新目标的范围要比修改或补充不满意的原型大。

软件原型（software prototype）是软件的最初版本，是以最少的费用、最短的时间开发出的、以反映最终软件的主要特征的系统。它具有以下特征。

（1）它是一个可实际运行的系统。

（2）它没有固定的生存期。一种极端是抛弃式原型（以最简便方式大量借用已有软件，做出最后产品的模型，证实产品设想是成功的，但在产品中并不使用）；另一种极端是原型是最终产品的一部分，即增量式原型（先做出最终产品的核心部分，再逐步增加补充模块）；演化式原型居于其中（每一版本扔掉一点，增加一点，逐步完善至最终产品）。

（3）从需求分析到最终产品都可作原型，即可为不同目标作原型。

（4）它必须快速、廉价。

（5）它是迭代过程的集成部分，即每次经用户评价后修改、运行，不断重复至双方认可。

10.3　原型法的工作步骤

利用原型法进行信息系统的设计过程分为四步：首先，快速分析，弄清用户/设计者的基本信息需求；其次，构造原型，开发初始原型系统；再次，用户和系统开发人员使用并评价原型；最后，系统开发人员修改和完善原型系统。

10.3.1　原型法中的两种角色

在信息系统的设计过程中主要有两种角色：用户和系统设计者。

1. 用户

用户是信息系统的使用者，能从管理信息系统中寻求帮助，能胜任他的职能领域工作。

2. 系统设计者

系统专业人员是系统的设计者，他能够使用各种有效的开发工具，知道系统的数据资源，在信息系统的设计中使用第四代语言。

10.3.2　原型法的工作步骤

1. 快速分析，弄清用户/设计者的基本信息需求（plan）

在设计者和用户的紧密配合下，快速确定系统的基本要求。根据原型所要体现的特性（界面形式、处理功能、总体结构、模拟性能等），描述基本规格说明，以满足开发原型的需要。快速分析的关键是要注意选取分析和描述的内容，围绕使用原型的目标，集中力量，确定局部的需求说明，从而尽快开始构造原型。

在需求分析阶段是否使用原型法，必须从系统结构、逻辑结构、用户特性、应用约束、项目管理和项目环境等多方面来考虑，以决定是否采用原型法。

当系统规模很大、要求复杂、系统服务不清晰时，在需求分析阶段先开发一个系统原型是很值得的。特别当性能要求比较高时，在系统原型上先做一些试验也是很必要的。

这个步骤的目标是：讨论确定构造原型的过程；写出一个简明的骨架式说明性报告，反映用户信息需求方面的基本看法和要求；列出数据元素和它们之间的关系；确定所需数据的可用性；概括出业务原型的任务并估计其成本；考虑业务原型的可能应用。

用户的基本责任是根据系统的输出清晰地描述自己的基本需要。设计者和用户共同负责规定系统的范围、确定数据的可用性。设计者的基本责任是确定现实的用户期望，估价开发原型的成本。

这个步骤的中心是用户和设计者定义基本的信息需求，讨论的焦点是数据的提取、过程模拟。

2. 构造原型，开发初始原型系统（implement）

在快速分析的基础上，根据基本规格说明，尽快实现一个可运行的系统。为此，需要强有力的软件工具的支持，例如，采用非常高级的语言实现原型、引入以数据库为核心的开发工具等，并忽略最终系统在某些细节上的要求，例如安全性、稳健性（robustness）、异常处理等，主要考虑原型系统应充分反映的待评价的特性，暂时忽略一切次要的内容。例如，如果构造原型的目的是确定系统输入界面的形式，可以利用输入界面自动生成工具，根据界面形式的描述和数据域的定义立即生成简单的输入模块，而暂时不考虑参数检查、值域检查和后处理工作，从而尽快地把原型提供给用户使用。如果要利用原型确定系统的总体结构，可忽略存储、恢复等维护功能，使用户能够通过运行菜单来了解系统的总体结构。

初始原型的质量对于原型生存期后续步骤的成败是至关重要的。如果它有明显的缺陷，会带给用户一种不好的思路；如果为追求完整而做得太大，就不容易修改。这时，会增加修改的工作量。因此，要有一个好的初始原型。

提交一个初始原型所需要的时间根据问题的规模、复杂性、完整程度的不同而不同。3～6周提交一个系统的初始原型应是可能的，最大限度不能超过两个月。两个月后提交的应是一个系统而不是一个原型。

综上所述，本步骤的目标是：建立一个能运行的交互式应用系统，满足用户的基本信息需求。

在这一步骤中用户没有责任，应由设计者去负责建立一个初始原型，其中包括与用户的需求及能力相适应的对话，还包括收集用户对初始原型的反映的设施。

设计者的主要工作有：编辑设计所需的数据库；构造数据变换或生成模块；开发和安装原型数据库；建立合适的菜单或语言对话来提高友好的用户输入/输出接口；装配或编写所需的应用程序模块；把初始原型交付给用户，并且演示如何工作，确定是否满足用户的基本需求，解释接口和特点，确定用户是否能很舒适地使用系统。

本步骤的原则如下。

（1）建立模型的速度是关键因素，而不是运行的效率。

（2）初始原型必须满足用户的基本需求。

（3）初始原型不求完善，它只响应用户的基本已知需求。

（4）用户使用原型必须要很舒适。

（5）用户—系统接口必须尽可能简单，使用户在用初始原型工作时不至于受到阻碍。

3. 用户和开发人员使用并评价原型（measure）

这一阶段是频繁沟通、发现问题、消除误解的重要阶段。其目的是验证原型的正确程度，进而开发新的原型并修改原有的需求。它必须通过所有相关人员的检查、评价和测试。由于原型忽略了许多内容，仅集中反映了要评价的特性，外观看起来可能会有些残缺不全。用户要在开发者的指导下试用原型，在试用的过程中考核评价原型的特性，分析其运行结果是否满足规格说明的要求，以及规格说明的描述是否满足用户的愿望。在这一阶段，要纠正过去交互中的误解和分析中的错误，增补新的要求，并为满足环境变化或用户的新设想而引起的系统需求的变动提出全面的修改意见。

为了鼓励用户评价原型，应当充分地解释原型的合理性，但不要为它辩护，以求能广泛征求用户的意见，在交互中达到完善。

在演示/评价/修改的迭代初期，主要要达到的目的如下。

（1）原型通过用户验收，让用户能获得有关系统的亲身经验，使之更好地理解实际的信息需求和最能满足这些需求的系统种类。

（2）总体检查，找出隐含的错误。

（3）在操作原型时，使用户感到熟悉和舒适。

而在迭代的后期，要达到的主要目的如下。

（1）发现丢失和不正确的功能。

（2）测试思路和提出建议。

（3）改善系统界面。

设计者不应认为提供了完整的模型就等于系统的成功。因为即使开发过程完全正确，用户还是可以提出一些有意义的修改意见，这不能看做是对设计者的批评，而是在开发过程中的一种自然现象。原型法的目标是鼓励改进和创造，而不是仅保持某种设想。

本步骤的原则如下。

（1）对实际系统的亲身经验能产生对系统的真实理解。

（2）用户总会找到系统第一个版本的问题。

（3）让用户确定什么时候更改，并控制总开发时间。

（4）如果用户在一定时间内（比如说一个月）没有和设计者联系，那么用户可能是对系统表示满意，也可能是遇到某些麻烦，设计者应该主动与用户联系。

4. 修改和完善原型系统（learn）

本步骤的目的是修改原型以便纠正那些用户指出错误的部分和删除用户指出的不需要的部分。

若原型运行的结果未能满足规格说明中的需求，反映出对规格说明存在着不一致的理解或实现方案不够合理。若因为严重的理解错误而使正确操作的原型与用户要求相违背时，有可能会产生废品。如果发现是废品应当立即放弃，而不能再凑合。大多数原型不合适的部分可以修改，以成为新模型的基础。如果是由于规格说明不准确（有多义性或者未反映用户要求）、不完整（有遗漏）、不一致，或者需求有所变动或增加，则首先要修改并确定规格说明，然后再重新构造或修改原型。

如果用修改原型的过程代替快速分析，就形成了原型开发的迭代过程。设计者和用户在一次次的迭代过程中不断将原型完善，以接近系统的最终要求。

在修改原型的过程中会产生各种各样积极的或消极的影响，为了控制这些影响，应当有一个词典，用以定义应用的信息流以及各个系统成分之间的关系。另外，在用户积极参与的情况下，应保留改进前后的两个原型，一旦用户需要时可以退回，而且对比演示两个可供选择的对象，有助于决策。

执行本步骤的原则如下。

（1）装配和修改程序模块，而不是编写程序。

（2）如果模块更改很困难，则把它放弃并重新编写模块。

（3）不改变系统的作用范围，除非业务原型的成本估计有相应的改变。

（4）修改并把系统返回给用户的速度是关键。

（5）如果用户不能进行任何所需要的更改，则必须立即与用户进行对话。

（6）用户必须能很舒适地使用改进的原型。

经过修改或改进的原型，如得到参与者的一致认可，则原型开发的迭代过程可以结束。为此，应判断是否已经掌握了有关应用的实质，是否可以结束迭代周期。

若原型迭代周期结束，就要判断组成原型的细节是否需要严格地加以说明。原型法允许对系统必要成分进行严格的详细说明，例如将需求转化为报表、给出统计数字等，这些不能通过模型进行说明的成分，必要的话，需提供说明，并进行现场讨论和确定。

对于那些不能通过原型说明的所有项目，仍需要通过文件加以说明。原型法对完成严格的规格说明是有帮助的，如输入、输出记录都可以通过屏幕进行统计和讨论。严格说明的成分要作为原型法的模型编入字典，以为开发过程提供一个统一的、连贯的规格说明。

最后要整理原型和提供文档。整理原型的目的是为进一步开发提供依据。原型的初期需求模型就是一个自动的文档。

原型法的工作流程如图 10-2 所示。

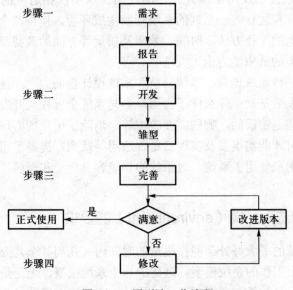

图 10-2　原型法工作流程

10.4　原型法的关键成功因素

作为开发管理信息系统的一种方法，原型法从原理到流程都非常简单。但正是这样一种简单的方法，却备受推崇，无论从方法的角度，还是从实际应用的角度，对原型法的讨论都非常激烈，在实际应用中也取得了巨大的成功。但原型法也有一定的局限性，要求一定的环境和开发支持软件，这些条件构成了原型法的关键成功因素。

10.4.1　原型法开发系统的特点

（1）原型法是一种循环往复、螺旋式（spiral）上升的工作方法，更多地遵循了人们认识事物的规律，因而更容易被人们掌握和接受。

（2）原型法强调用户的参与，特别是对模型的描述和系统运行功能的检验，都强调用户的主导作用，这样沟通了思想，缩短了用户和系统开发者的距离。在系统开发过程中，需求分析更能反映客观实在，信息反馈更及时、准确，潜在的问题就能尽早发现并得到及时解决，增加了系统的可靠性和适用性。用户参与了研制系统的所有阶段。在系统开发过程中，通过开发人员与用户之间的相互作用，使用户的要求得到较好的满足。

（3）原型法提倡使用工具开发，即使用与原型法相适应的模型生成与修改、目标的建立和运行等一系列的系统开发生成环境，使得整个系统的开发过程摆脱了老一套的工作方法，时间、效率及质量等方面的效益都大大提高，系统对内外界环境的适应能力也大大增强。

（4）原型法将系统调查、系统分析和系统设计合而为一，使用户一开始就能看到系统开发后是一个什么样子。用户参与系统全过程的开发，知道哪些是有问题的，哪些是错误的，哪些需要改进等，消除了用户的心理负担，打消了他们对系统何时才能实现以及实现后是否适用等疑虑，提高了用户参与开发的积极性。同时用户使用了系统，对系统的功能容易接受和理解，有利于系统的移交、运行和维护。

10.4.2　原型法对环境（environment）的要求

使用原型法的最大好处是能在很短的时间内（几周甚至几天）构造出一个用户今后在其上工作的系统模型。这样的一个系统模型，无论是在功能还是性能上，都是最终系统的一个真实表示。另外，它还能快速地（几小时甚至几分钟）响应用户提出的修改要求。这样，对原型法的工作环境就有一个基本的要求，通常必须具备下述几点。

（1）要有一个方便灵活的数据库管理系统（DBMS），如 Visual FoxPro、Informix、Oracle、SYBASE 等，对需要的文件和数据模型化，适应数据的存储和查找要求，方便数据的存取。

（2）一个与数据库（DB）对应、方便灵活的数据字典，具有存储所有实体的功能。

（3）一套高级的软件工具（如第四代自动生成语言 4GL 或开发生成环境等），用以支持结构化程序，允许程序采用交互方式迅速地进行书写和维护，并产生任意程序语言模块。

（4）一套与数据库对应的快速查询语言，支持任意非过程化的组合条件查询。

（5）一个非过程化的报告/屏幕生成器，允许设计人员详细定义报告/屏幕样本以及生成内部联系。

可见，原型法要有一个良好的工作环境，如 ORACLE 中的工具 SQL-FORMS、SQL-REPORT、SQL-GRAPH、SQL-MENU 等都可作为原型法开发系统的工具。

第四代自动生成语言软件开发工具是支持原型开发的有力工具，如数据库语言、图形语言、决策支持语言、屏幕生成器、报表生成器、菜单生成器及项目生成器等。

10.4.3 原型法使用注意事项

在信息系统分析与设计的过程中，应用原型法时要注意以下一些问题。

1. 范围和目标

在设计或建立系统的原型之前，需要确立系统的目标，这需要查看信息战略规划阶段所取得的相关目标、问题和关键成功因素，以决定设计小组需要进行何种业务假设，决定将由哪个部门、在什么地方使用最终系统。

2. 谁将负责审查原型

主要的审查者应是将来使用最终系统的用户中对其应用系统有丰富知识和经验的人。当原型在用户参与下演化到相当完善的程度时，还应由管理部门人员、系统的行政发起人和将要创建该子系统的技术人员进行审查。在某些情况下，还需外部人员（如顾客、与系统有关的代理商）来审查原型。有时，需要请外面的顾问对系统进行专业化的指导。

3. 谁来建立原型

原型通常由一个两人小组来建立，其中一位是动作迅速而且能力很强的信息系统专业人员，他使用第四代自动生成语言或生成器建立原型；另一位是系统用户，他负责向专业人员提供系统实际应用的知识，并审查所建立的原型。

4. 选择建立原型的工具

选择建立原型的工具的基本考虑是，原型能否发展成最终的运行系统。若能，所选择的工具应具有获得机器性能高效率的能力，支持最终系统访问数据库和网络的能力，能由大量的用户使用和处理大宗的事务，在原型中嵌入其他语言以提高效率的能力。这样的原型化工具应该是产生和优化最终代码的 I-CASE 集成工具箱的一部分。若原型不发展成最终系统，所选择的工具应能快速建立原型而且易于使用，这样的工具应具有交互性、易用性、能快速建立原型或部分原型的功能、易于修改原型、支持对话结构和适当的数据库结构的能力，例如，各种屏幕画笔，将屏幕与对话响应相连接的工具，生成多种字典以及从文件和数据库提取数据，向原型数据库装载数据或在线访问文件和数据库的工具。

5. 从原型到工作系统

当原型被认为已经完成时，仍需要做很多工作，才能建立一个可操作的系统。这时需要产生一个原型所缺少的特性的清单。这个清单应包括的特性是：从故障状态恢复的特性、回退（fallback）特性、安全特性、审计能力的特性、易于维护的特性、大量用户使用的特性、处理大宗数据时合理的响应时间的特性、便于采用更大的数据库的特性、网络设施的特性、在异型机上操作的特性和生成文档的特性。

10.5　原型法与生命周期法的比较

作为信息系统分析与设计的方法，原型法和生命周期法有着各自的优势、劣势和不同的适用范围。它们在开发路径、用户参与程度、规范化、早期可测试性、对环境的适应性、开发自动化程度、开发周期、开发技术管理和系统质量方面都有所不同。然而，原型法和生命周期法并不是信息系统开发建设中两种互不相干或互为对立的开发方法，在实际工作中，这两种方法常互相渗透、互为补充。

10.5.1　原型法与生命周期法的开发过程比较

原型法和生命周期法各有优势和劣势，它们的比较如表 10-1 所示。

表 10-1　原型法和生命周期法比较表

方法　　内容	原　型　法	生命周期法
开发路径	循环、迭代型	严格、顺序型
用户参与程度	高	低
早期可测试性	好	差
对开发环境和工具的要求	高	低
开发周期和自动化程度	短而高	长而低
开发技术管理	较困难	较容易
系统质量	更好	一般

1. 开发路径

原型法的开发路径是循环、迭代的，要经过用户的多次检验。而生命周期法的开发路径是严格按顺序进行，是一次性的，开发具有阶段性。

2. 用户参与程度

原型法的开发过程中，用户的参与程度较高，它的设计糅合了用户的意见和思想。在生命周期法的开发过程中，用户的参与程度较低，用户只在需求分析的步骤中参与了系统的开发。

3. 早期可测试性

原型法的早期可测试性较好，这是由原型法简便、快速的特性所决定的。生命周期法的早期可测试性较差，几乎不能测试其整体的效果。

4. 对开发环境和工具的要求

原型法对开发环境和工具要求较高，它必须有快速生成工具的支持，才能快速生成原型。而生命周期法对开发环境和工具要求则较低。

5. 开发周期和自动化程度

原型法有着支持软件和高级的开发工具，开发迅速，周期短，自动化程度较高。而生命周期法的开发周期长，开发的自动化程度也较低。

6. 开发技术管理

原型法的开发具有循环、迭代性，开发的工具很多样化，因此开发技术管理较困难。生命周期法在开发技术管理中具有优势，它对需求分析有着严格的定义，开发按阶段进行，对开发的技术管理较容易。

7. 系统质量

原型法因为对环境的适应性好和用户的参与程度高，因此利用原型法设计的系统整体质量更好。生命周期法有着严格的阶段性，文档资料全面，设计的整体性较好；但是它不能随着环境的变化而变化，对环境的适应性较差，用户的参与程度也较低，因此系统质量不是很高。

从软件的质量规格进行比较，在信息系统设计过程中，运用原型法研制的软件在功能和鲁棒性等方面的质量较差，但是其易操作性和易读性方面的质量较好。单纯使用生命周期法设计的软件在性能和鲁棒性方面具有优势，然而其易操作性和易读性方面要打些折扣。原型法在调试和修改等后期工作花费的时间较多，而生命周期法在后期对文档所费的心思和时间较多。

原型法与生命周期法各有所长。生命周期法强调分阶段的严谨性，而原型法是一种迭代、循环型的系统开发方法。通常，生命周期法比较适合于那些管理基础好、管理模式定型的信息系统的开发，如会计核算系统、人事劳资系统、银行柜台业务处理系统等。这些系统的工作比较定型，目标明确，有完善的管理规章制度。而对于那些比较新的管理业务和开放型的系统，如企业信用评估、经济预测、各种决策支持系统等，一般适合采用原型法进行系统开发。

当然，原型法和生命周期法并不是信息系统开发建设中两种互不相干或互为对立的开发方法，在实际工作中，这两种方法常互为渗透、互为补充。

10.5.2　原型法与生命周期法的融合

对于大型信息系统的开发，可以采用原型法和生命周期法相结合进行开发，如图 10-3 所示。

在图 10-3 中，将原型法策略加入到结构化生命周期法中，将生命周期法中的定义阶段进行了放大，在定义阶段让用户实际体会一个小的生命周期。而这种体会对于发现最终的需求是很有帮助和非常必要的。通过正常迭代而避免非正常的反复，当定义结束时，所有的参加者都会抱有信心，产品应该被满意地接受，因为在定义阶段中，系统有关的各方都直接感受和完善了它。

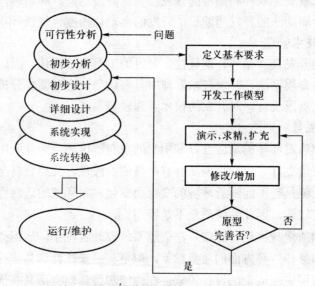

图 10-3　结构化生命周期法和原型法的结合

通过在定义阶段生成一个小的生命周期，使用户在定义阶段能够体验最终系统的某些特性，获得比较明晰的系统应用需求，这样再应用生命周期法进行系统的设计和编码，使得生命周期的费用、实现的进度以及项目的风险达到较为满意的程度。

本章小结

原型法的提出是基于生命周期法的缺陷，是为了适应信息系统分析和设计的新发展而出现的一种信息化工程的方法。原型法的基本思想是：在获取一组基本的需求定义后，利用高级软件工具可视化的开发环境，快速地建立一个目标系统的最初版本，并把它交给用户试用、补充和修改，再进行新的版本开发。反复进行这个过程，直到得出系统的"精确解"，即用户满意为止。经过这样一个反复补充和修改的过程，应用系统的"最初版本"就逐步演变为系统的"最终版本"。

利用原型法进行信息系统的设计过程分为四步：首先，快速分析，弄清用户/设计者的基本信息需求；其次，构造原型，开发初始原型系统；再次，用户和系统开发人员使用并评价原型；最后，系统开发人员修改和完善原型系统。

原型法要求有一个良好的工作环境：要有一个方便灵活的数据库管理系统（DBMS），一个与数据库（DB）对应、方便灵活的数据字典，一套与数据库对应的快速查询语言，支持任意非过程化的组合条件查询，一个非过程化的报告/屏幕生成器，允许设计人员详细定义报告/屏幕样本以及生成内部联系。

原型法与生命周期法各有所长。生命周期法强调分阶段的严谨性，而原型法是一种迭代、循环型的系统开发方法。它们在开发路径、用户参与程度、规范化、早期可测试性、对环境的适应性、开发自动化程度、开发周期、开发技术管理和系统质量方面都有所不同。

关键词

生命周期法

软件危机

原型

原型法

需求定义

项目管理

循环

迭代

螺旋式

抛弃式

演化式

增量式

原型法模型

思考题

1．软件危机的表现是什么？有哪些解决途径？

2．生命周期法的基本原理是什么，它存在哪些缺陷？最主要的缺陷是什么？

3．简述原型的定义、分类。

4．原型法的基本思想是什么？

5．在信息系统分析与设计的过程中，生命周期法需求定义的假设前提是什么？把它与原型法开发策略的假设前提相比较。

6．软件原型的特征是什么？

7．说出原型法的工作步骤，在每一步骤中开发者和用户的责任（工作）分别是什么以及应遵循什么原则？

8．原型法开发系统的特点是什么？它的局限性又在哪里？

9．原型法对环境的要求是什么？

10．在信息系统分析与设计的过程中，使用原型法时要注意哪些问题？

11．利用图表来比较生命周期法和原型法的优点和缺点，它们在开发路径、用户参与程度、规范化、早期可测试性、对环境的适应性、开发自动化程度、开发周期、开发技术管理和系统质量方面都有哪些不同？

第11章　面向对象的分析与设计方法

本章要点

1. 面向对象方法的基本思想
2. 面向对象的分析
3. 面向对象的设计
4. 面向对象的实施

　　面向对象技术是近 30 年来国内外 IT 行业最为关注的技术之一，是一种按照人们习惯的、对现实世界的认识论和思维方式来研究和模拟客观世界的方法学。它将现实世界中的任何事物都视为"对象"，将客观世界看成是由许多不同种类的对象构成的，每一个对象都有自己的内部状态和运动规律，不同对象之间的相互联系和相互作用构成了完整的客观世界。面向对象方法（object oriented，OO）克服了传统的功能分解方法只能单纯反映管理功能的结构状态、数据流程模型只侧重反映事物的信息特征和流程、信息模拟只能被动地迎合实际问题需要等缺点，以系统对象为研究中心，为信息管理系统的分析与设计提供了一种全新的方法。

　　在前面有关章节中，介绍了生命周期法和原型法开发方法，本章介绍面向对象方法的基本概念和原理，面向对象的信息系统分析、设计与实施方法。

11.1　面向对象的方法的概念与思想

　　所谓面向对象的方法，顾名思义，就是以对象观点来分析现实世界中的问题，从普通人认识世界的观点出发，把事物归类、综合，提取共性并加以描述。在面向对象的系统中，世界被看成是独立对象的集合，对象之间通过过程（在面向对象术语中称之为"消息"）相互通信。面向对象方法是一种运用对象、类、继承、封装、聚合、消息传送和多态性等概念来构造系统的开发方法。

11.1.1 OO 方法的产生和发展

结构化生命周期法难以控制、处理和适应变化的矛盾，因此产生了原型法来进行弥补，原型法又需要有快速原型生成工具来支持。这两种方法都是从一般系统工程的角度采用计算机语言来描述、处理自然世界，这样必然造成系统分析、设计与事务管理的差距，使管理信息系统在应用上产生了许多困难和矛盾。在 20 世纪 80 年代初期产生了面向对象的方法，面向对象方法既吸取了以前开发方法的优点，同时又正视和顺应了现实世界由物质和意识两部分组成的现实，是近 30 年来发展起来的基于问题对象的一种系统开发方法。

面向对象的思想首先出现在程序设计语言中，产生了面向对象的程序设计方法（object-oriented programming，OOP），并进而产生了面向对象技术和方法。一般认为，面向对象的概念起源于 20 世纪 70 年代挪威的 K.Nyguarded 等人开发的模拟离散事件的程序设计语言 Simula67。但真正的 OOP 还是来源于 Alan Keyz 主持设计的 Smalltalk 语言。由 Xerox Learning Research Group 所研制的 Smalltalk-80 系统，则是较全面地体现了面向对象程序设计语言的特征，标志着面向对象程序设计方法得到比较完善的实现，从而兴起了面向对象研究的高潮。

20 世纪 80 年代中期，也就是 C++语言十分热门的时候，面向对象分析（OOA）的研究开始发展，进而延伸到面向对象设计（OOD）。1988 年，Shlaer 和 Mellor 出版了第一本关于 OOA 的著作；1990 年，Coad 和 Yourdon 发展出更简单的合作行为思想；Booch 进行综合性工作，Rumbaugh 提出了 OMT，Jacobson 提出了 OOSE，Wirfs-Brock 提出了 RDD 和 CRC 卡等。这些系统间存在互不相容（不仅在内部）的问题。为了尽快发布标准，建立了对象管理组织（OMG）这一大型合作组织。著名的成果有 CORBA 和其相应的 UML 等。目前主要关注基于部件开发（CBD）、模式、标准化（记号、过程和体系结构），并与大型应用程序和 OO 数据库系统相结合。至此，面向对象方法从理论走向具体实现，显示出其强大的生命力，在许多领域和方向上取得进展。如面向对象技术的理论基础和形式化描述、用面向对象技术的概念设计操作系统、面向对象的知识表示、面向对象的仿真系统等。

11.1.2 面向对象的基本概念

OO 方法涉及一些重要概念，对其理解掌握是进行面向对象分析设计的基础。

1. 对象

面向对象方法就是以对象为中心、以对象为出发点的方法，所以对象的概念相当重要。在应用领域中有意义的、与所要解决的问题有关系的任何人或事物（即实体）都可以作为对象，它既可以是具体的物理实体的抽象，也可以是人为的概念，或者是任何有明确边界和意义的事物。

在面向对象方法中，对象是一组数据（属性）和施加于这些数据上的一组操作代码（操作）构成的独立类体。换言之，对象是一个有着各种特殊属性（数据）和行为方式（方法）的逻辑实体。对象是一个封闭体，它向外界提供一组接口，外界通过这些接口与对象进行交互，这样对象就具有较强的独立性、自治性和模块性，从而为软件的复用奠定了坚实的基础。

从传统的结构化编程（SP）观点来看，数据和处理它们的代码（操作过程）是两个不同的独立实体，它们之间的正确联系、选择与匹配需要应用系统的设计者精心考虑和进行统一。而在 OO 方法中，一个对象则是由私有数据和其上的一组操作代码组成的一个统一体，如图 11-1 所示。

 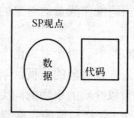

图 11-1　SP 与 OOP 代码和数据的关系

对象的动作取决于发送给该对象的消息表达式。消息告诉对象要完成的功能（what to do），并激活该功能，这意味着对象具有自动"知道"如何完成相应操作代码（how to do）的"智能"选择机制。正是这一选择机制，把结构化设计（SP）中应用系统程序员或用户做出的选择操作数与相应操作函数代码匹配的负担转移给了系统设计员，正是这一与传统 SP 风格有本质区别的、对消息请求自动选择操作的小小变化，蕴含了 OOP 技术的全部威力。

2.　**消息**

对象通过对外提供服务发挥自身作用，对象之间的相互服务是通过消息来连接实现的。消息是为了实现某一功能而要求某个对象执行其中某个功能操作的规格说明。它一般含有下述信息：提供服务的对象标志、服务标志、输入信息和响应信息。对象接收消息，根据消息及消息参数调用自己的服务，处理并予以响应，从而实现系统功能。

消息是对象之间相互作用和相互协作的一种机制，更通俗地讲，OOP 中的术语"消息"只不过是现实世界中的"请求"、"命令"等日常生活用语的同义词。

3. 方法

方法对应于对象的能力，它是实现对象所具有的功能操作代码段，是响应消息的"方法"。在 C++语言中，方法是类中定义的成员函数，它只不过是该类对象所能执行的操作的算法实现。方法与消息是一一对应的，每当对象收到一个消息，它除了能用其"智能化"的选择机制知道和决定应该去做什么（what to do）外，还要知道和决定该怎样做（how to do）。而方法正是与对象相连、决定怎么做的操作执行代码。所以方法是实现每条消息具体功能的手段。

4. 类

在面向对象的软件技术中，类可以定义为由数据结构及相关操作所形成的集合，或所有相似对象的状态变量和行为构成的模板。

类是对一组对象的抽象归纳与概括，更确切地说，类是对一组具有相同数据成员和相同操作成员的对象的定义或说明。而每个对象都是某个类的一个具体实例。

在 OOP 中，每个对象由一个类来定义或说明，类可以看做生产具有相同属性和行为方式对象的模板。与成语"物以类聚，人以群分"的意思一样，"类"就是具有相似性质的事物的同类特征的集合。在面向对象系统中，一般根据对象的相似性（包括相似的存储特征和相似的操作特征）来组织类的。简而言之，按照对象的相似性，把对象分成一些类和子类，将相似对象的集合即称为"类"。对 C++程序员而言，类实际只是一种对象类型，它描述属于该类型的具有相同结构和功能的对象的一般性质。

5. 继承

继承是对象类间的一种相关关系，指对象继承它所在类的结构、操作和约束，也指一个类继承另外一个类的结构、操作和约束。继承体现了一种共享机制。

继承机制既是一个对象类获得另一对象类特征的过程，也是一个以分层分级结构组织、构造和复用类的工具。它是解决客观对象"相似但又不同"的妙法。

继承机制具有以下特点：能清晰体现相似类间的层次结构关系；能减少代码和数据的重复冗余度，大大增强程序的复用性；能通过增强一致性来减少模块间的接口和界面，大大增强程序的易维护性。

如果没有继承概念的支持，则 OOP 中所有的类就像一盘各自为政、彼此独立的散沙，每次软件开发都要从"一无所有"开始。

6. 封装

封装（encapsulation）即信息隐藏。它保证软件部件具有较好的模块性，可以说封装是所有主流信息系统方法学的共同特征，它对于提高软件清晰度和可维护性，以及明确软件的分工有重要的意义。从两个方面来理解封装的含义。

（1）当设计一个程序的总体结构时，程序的每个成分应该封装或隐藏为一个独立的模块，定义每一模块时应主要考虑其实现的功能，而尽可能少地显露其内部处理逻辑。

（2）封装表现在对象概念上。对象是一个很好的封装体，它把数据和服务封装于一个内在的整体。对象向外提供某种界面（接口），可能包括一组数据（属性）和一组操作（服务），而把内部的实现细节（如函数体）隐藏起来，外部需要该对象时，只需要了解它的界面就可以，即只能通过特定方式才能使用对象的属性或对象。这样既提供了服务，又保护自己不轻易受外界的影响。

7. 多态性

多态性（polymorphism）指相同的操作（或函数、过程）可作用于多种类型的对象，并获得不同的结果。在面向对象方法中，可给不同类型的对象发送相同的消息，而不同的对象分别做出不同的处理。例如，给整数对象和复数对象定义不同的数据结构和加法运算，但可以给它们发送相同的消息"做加法运算"，整数对象接收此消息后做整数加法运算，复数对象则做复数加法运算，产生不同的结果。多态性增强了软件的灵活性、重用性、可理解性。

11.1.3 面向对象的思想

按设计思想来分，传统的软件系统开发可分为自顶向下和自底向上两种。流行的结构化方法采用自顶向下的设计思想。自顶向下的方法总是首先从问题的大的方面入手来寻找解决办法，避免被具体的细节纠缠，降低了难度，而直到恰当的时机，才去过问实现的细节；而自底向上的方法与此正好相反，它总是从解决基本的、简单的问题开始，在此基础上逐步建立解决复杂问题的能力，直到整个问题的解决。

总的来看，面向对象方法既不是自顶向下方法，也不是自底向上方法。尽管它兼有这两者的一些特点。一方面，面向对象方法鼓励人们从问题的基本的、简单的方面入手，用对象来考虑如何描述问题的解决，然后抽象并确定类，得到具有一般性的解决问题的方法，这正是自底向上方法的本质；而另一方面，面向对象的方法又要求人们面向目标，考虑为达到这一目标如何建立这些基本的对象，这正体现了自顶向下的思想。

面向对象方法从一开始就强调结构与代码的共享与重用。因而在解决复杂问题时，它总是从问题的基本方面入手，力求寻找构成解决不同复杂问题的基本方法，因为这些基本方法在一些功能细节上是相似或相同的，这些方法不仅能解决当前问题，而且可以帮助解决未来的问题。因而，对方法的划分（或类的认定）既要考虑其特殊性，又要考虑其一般性。在面向对象方法中，可重用的软件对象正是抓住了问题的基本方面这一关键点，因而它所建立的过程方法和自顶向下所创建的低层模块不同，自顶向下方法中所得到的模块是为支持其特定的上层目标而开发的；它同自底向上方法开始时所建立的过程也不同，那些过程是临时建立、不可重用的。

面向对象方法与传统的结构化设计思想相比，有着明显的优点。

1. 代码的可重用性好

随着开发平台以及应用要求越来越复杂，应用程序的规模变得越来越庞大，代码重用成为提高程序设计效率的关键。采用传统的结构化设计模式，程序员每次进行一个新系统的开发，几乎都要从零开始，这中间当然有着大量重复、烦琐的工作。在这种情况下，如果要进行代码重用，就只能采用当今大多数程序员所采用的比较笨的方式——复制。

2. 可维护性和可扩充性好

用传统的面向过程语言开发出来的软件很难维护，是长期困扰人们的一个严重问题，也是软件危机的突出表现。在面向对象方法中，类是理想的模块机制，它的独立性好，修改一个类通常很少影响到其他类。如果仅修改一个类的内部实现部分，而不修改该类的对外接口，则可以完全不影响软件的其他部分。面向对象软件技术特有的继承机制，使得对软件的修改和扩充比较容易实现，通常只需从已有类派生出一些新类，无需修改软件的原有成分。

面向对象软件技术的多态性机制，使得扩充软件功能时对原有的代码所需作的修改进一步减少，需要增加的新代码也比较少。

3. 稳定性好

结构化程序设计也存在模块的独立性，因此结构化软件也有一定的稳定性。但结构化程序设计是通过过程（函数、子程序）的概念来实现的。这一层的概念很狭隘，稳定性很有限，使得在大型软件开发过程中数据的不一致性问题仍然存在。而面向对象模式是以对象和数据为中心，以数据和方法的封装体"对象"为程序设计单位，程序模块之间的交互存在于对象一级，这时的数据与传统的数据有很大的不同，它具有"行动"的功能，它同它的方法一起被封装。当把它作为一个组件构成程序时，程序逻辑的稳定性的优点就充分体现出来了。

11.2 面向对象的分析方法

面向对象分析(OOA)是面向对象(OO)方法的一个组成部分，它利用面向对象的方法进行系统分析，即在明确用户需求的基础上，通过对问题空间的分析，把空间分解成一些类或对象，找出这些对象的特点（即属性和服务），以及对象间的关系（一般/特殊、整体/部分关系），并由此产生一个规格说明，建立以对象为单元的信息系统逻辑模型，为面向对象设计（OOD）和面向对象程序设计（OOP）提供指导。

到目前为止，面向对象分析方法有许多种，有 Booch 方法（OOD）、Coad 和 Yourdon 方法（OOA&D）、Jacobson 方法（OOSE）、Rumbauph 方法（OMT）、Wassman-Pircher 方法（OOSD）等，这些方法从不同角度进行分析，各有特色，但距问题的全面解决还有一定的距离。本节介绍 OOA 的主要原则，并以 Coad 和 Yourdon 方法讨论 OOA 过程。

11.2.1 OOA 的系统模型

OOA 的主要目标是利用面向对象的方法，站在对象的角度对所要研究的问题空间及系统进行深刻的理解，正确认识问题空间中的事务及其事务之间的关系，识别描述问题空间及系统所需的对象、类，定义对象及类的属性与服务，建立与问题空间相映射、相对应的系统对象模型。

OOA 的系统模型包括三大部分，即基本模型、补充模型及系统的详细说明。

1. 基本模型

基本模型是以类图的形式来表达系统最重要的信息，而类图则由类、属性、服务、泛化—特化结构、整体—部分结构、实例连接和消息连接等主要成分所构成。这些成分所表达的模型信息可分为三个层次，即对象层、特征层和关系层，如图 11-2 所示。

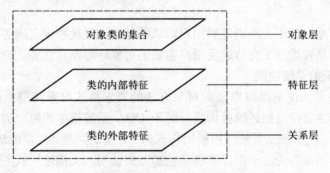

图 11-2　OOA 的基本模型

对象层给出了系统中所有反映问题空间及系统责任的对象，用类符号来表达属于每一类的对象，而类作为对象的抽象描述，是构成系统的基本单位。特征层给出了每一类及其所代表对象的内部特征，即每类的属性与服务，描述了对象的内部构成状况及细节。关系层则给出了各个类及其所代表的对象彼此之间的关系，这些关系包括继承关系，用一般—特殊结构表示；封装关系用整体—部分结构表示；属性间的静态依赖关系，用实例连接来表示；服务间的动态依赖关系，用消息连接表示，消息连接描述了对象类外部的联系情况。概括地说，OOA 的基本模型分别描述了：系统中应具有哪几类对象，每一类对象的属性和服务是什么，各类对象和外部的联系状况。由对象层、特征层和关系层所表达的信息有机组合起来，就构成了一个完整的类图。

2. 补充模型

补充模型是基本模型之外的用于帮助理解并延伸基本模型的模型，补充模型由主题图、使用实例和交互图组成。

（1）主题图。主题图是具有较强联系的类组织的集合体，它是对系统类图的进一步抽象，是较高层次上的系统类图。主题图描述了系统的主题构成，它简明直观，无论是对开发者还是对使用者都有很大帮助。

（2）使用实例（use case）。使用实例是对系统功能使用情况的文字描述，每个使用实例对应着系统的一个功能，它描述系统的外实体与系统之间的信息交互关系，即说明外部实体如何通过系统边界接口向系统输入信息，系统接收到信息后进行什么样的处理、输出或响应什么信息。使用实例就像一个"剧本"一样，较为直观简明地表达了用户对系统的功能需求。

（3）交互图（interaction diagram）。交互图是一个使用实例与完成相应功能的系统成分之间的对照图，它具体表明了使用实例中陈述的事件是由系统中的哪个服务来响应和完成，以及这个服务在执行过程中又进一步用到哪些其他对象中的服务。

补充模型有助于在准确理解用户需求的基础上发现和定义服务，同时有助于检查系统是否提供了充分满足用户需求的对象环境及其服务。

3. 系统的详细说明

系统的详细说明是按照面向对象方法的要求格式对系统模型作出的进一步解释，它主要由类描述模板构成。对于 OOA 系统模型的每一类，一般都要建立一个类描述模板。类描述模板的构成为：对整个类及其对象的进一步说明、对每个属性和服务的进一步说明和其他必要的说明。类描述模板主要以文字方式给出，但有时也附加一些图表说明。OOA 详细说明在 OOA 分析中是必不可少的，但其中的内容可以根据具体的需求情况进行取舍或简化。

OOA 的系统模型给出了对 OOA 分析结果的完整表达和精确描述，在这三个组成部分中，基本模型是描述表达 OOA 的核心，补充模型是对基本模型的必要补充和辅助说明，而系统的详细说明则给出了系统模型中类、对象、属性和服务的详细定义与进一步解释。这三个部分组合起来，构成 OOA 分析文档的主要内容，也是 OOA 的主要工具，OOA 就是根据这一框架来展开工作的。

11.2.2　OOA 分析过程

在一个系统开发过程中，进行了系统业务调查以后，就可以按照面向对象的思想分析问题。OOA 所强调的是在系统调查资料的基础上，针对 OO 方法所需要的素材进行归类分析和整理。OOA 强调如下基本观点：分析规格说明的总体框架贯穿结构化方法，如整体和局部、类和成员、对象和属性等；用消息进行用户和系统之间以及系统中实例之间的相互通信。

下面以 Coad 和 Yourdon 方法讨论 OOA 过程，OOA 过程大致上遵循如下五个基本步骤。

1.　确定类（class）和对象（object）

确定类与对象就是在实际问题的分析中，高度地抽象和封装能反映问题域和系统任务的特征的类和对象。如何在众多调查资料中进行分析并确定类与对象呢？解决这一问题的方法一般包含如下几个方面。

（1）基础素材。系统调查的所有图表、文件、说明以及分析人员的经验、学识都是 OOA 分析的基础素材。

（2）潜在的对象。在对基础素材的分析中，哪种内容是潜在的、并且有可能被抽象地封装成对象与类呢？一般说来下列因素都是潜在的对象：结构、业务、系统、实体、应记忆的事件等。

（3）确定对象。初步分析选定对象以后，就通过一个对象和其他对象之间关系的角度来进行检验，并最后确定它。

（4）图形表示。用图形化方法表示确定的对象和类。

2.　确定结构（structure）

结构表示问题空间的复杂程度。标识结构的目的是便于管理问题域模型的复杂性。在 OOA 中，结构是指泛化—特化结构和整体-部分结构两部分的总和。

（1）确定泛化—特化结构（分类结构）。泛化—特化结构有助于刻画出问题空间的类成员层次。继承的概念是泛化—特化结构的一个重要组成部分。继承提供了一个用于标识和表示公共属性与服务的有效方法。在一个泛化—特化结构内，继承使共享属性或共享服务、增加属性或增加服务成为可能。

定义泛化—特化结构时，要分析在问题空间和系统责任的范围内，通用类是否表达了专用类的共性，专用类是否表示了个性。图 11-3 给出的是泛化-特化结构图例及举例。其中，特殊化类是一般化类的派生类，一般化类是特殊化类的基类。分类结构具有继承性，一般化类和对象的属性和服务一旦被识别，即可在特殊化类和对象中使用。

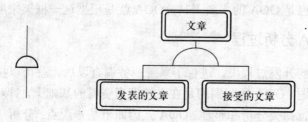

图 11-3 泛化-特化结构图例及举例

（2）确定整体—部分结构（组装结构）。整体-部分结构表示一个对象怎样作为别的对象的一部分，和对象怎样组成更大的对象，与系统工程中划分子系统结构的思路基本一致。例如，图 11-4 说明报社是由采访组、编辑室和印刷厂等几个部门组成，同时也指出，一个报社只有一个编辑室、一个印刷厂，但可以有一至多个采访组。

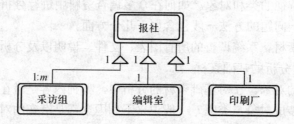

图 11-4 整体-部分结构图例及举例

3. 定义主题（subject）

在 OOA 中，主题是一种指导人们研究和处理大型复杂模型的机制。它有助于分解系统，区别结构，避免过多的信息量同时出现所带来的麻烦。主题的确定可以帮助人们从一个更高的层次上来观察和表示系统的总体模型。

选择主题时，首先应该考虑：为每一个结构相应地增设一个主题；为每一个对象相应地增设一个主题。如果主题的个数过多，则需进一步精炼主题。根据需要，可以把紧耦合的主题合在一起抽象出一个更高层次的模型概念，供读者理解。然后，列出主题及主题层上各主题之间的消息连接。最后，对主题进行编号，在层次图上列出主题，以指导读者从一个主题到另一个主题。每一层都可以组织成按主题划分的图。

4. 定义属性（attribute）

在 OOA 中，属性用来定义反映问题域的特点和系统的任务。定义属性通过确认信息和关系来完成，它们和每个实例有关。

（1）确定属性的范围。首先，要确定划分给每一个对象的属性，明确某个属性究竟描述哪个对象，要保证最大稳定性和模型的一致性；其次，确定属性的层次，通用属性应放在结构的高层，特殊属性放在结构的低层。如果一个属性适用于大多数的特殊分类，可将其放在通用的地方，然后在不需要的地方把它覆盖（即用"×"等记号指出不需要继承该属性），如果发现某个属性的值有时有意义，有时却不适用，则应考虑分类结构，根据发现的属性，还可以进一步修订对象。

（2）实例连接。实例连接是一个问题域的映射模型，该模型反映了某个对象对其他对象的需求。通过实例连接，可以加强属性对类与状态的描述能力。

实例连接有一对一（1:1）、一对多(1:m)和多对多(m:m)三种，分别表示一个实例可对应一个或多个实例，这种性质称为多重性。例如，一个车主拥有一辆汽车，则车主到汽车的实例连接是 1:1 的；一个车主拥有多辆汽车，则实例连接是 1:m 的。

（3）详细说明属性和实例连接的约束。用名字和描述说明属性，属性可分成四类：描述性的、定义性的、永远可导出的和偶尔可导出的。实例连接的约束是指多重性与参与性。

（4）实例及符号。实例连接的表示方法非常简单，只需在原类与对象的基础上用直线相连，并在直线的两端用数字标示出它们之间的上下限关系即可。例如在车辆和执照事故管理系统中，可以将车辆拥有者和法律事件两个类与对象实例连接，如图 11-5 所示。

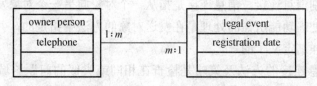

图 11-5　车辆拥有者和法律事件的实例连接

5. 确定服务（service）

对象收到消息后所能执行的操作称为它可提供的服务。它描述了系统需要执行的处理和功能。定义服务的目的在于定义对象的行为和对象之间的通信（消息连接）。事实上，两个对象之间可能存在着由于通信需要而形成的关系，即消息连接。消息连接表示从一个对象发送消息到另一个对象，由另一个对象完成某些处理。它们在图中用箭头表示，方向从发消息的对象指向收消息的对象。

确定服务包括四个基本步骤：在分析中识别对象状态；识别所要求的服务；

识别消息连接和指定服务。

（1）识别对象状态。在系统运行过程中，对象从创建到释放要经历多种不同的状态。对象的状态是由属性的值来决定和表示的。一个对象的状态是属性值的标识符，它反映了对象行为的改变。

识别对象状态的方法一般为通过检查每一个属性的所有可能取值，确定系统的职责是否针对这些可能的值会有不同的行为；检查在相同或类似的问题论域中以前的分析结果，看是否有可直接复用的对象状态；利用状态迁移图描述状态及其变化。

（2）识别所要求的服务。必要的服务可分为两大类：简单的服务和复杂的服务。

简单的服务是每一个类或对象都应具备的服务，在分析模型中，这些服务不必画出，如建立和初始化一个新对象（create）、释放或删除一个对象（release）等。

复杂的服务分为两种：计算（calculate）服务和监控（monitor）服务，必须在分析模型中显式地给出，计算服务是利用对象的属性值计算，以实现某种功能；监控服务主要是处理对外部系统的输入/输出、外部设备的控制和数据的存取。

为了标识必要的服务，需要注意检查每一个对象的所有状态，确定此对象在不同的状态值下要负责执行哪些计算、要做哪些监控，以便能够弄清外部系统或设备的状态将如何改变，对这些改变应当做什么响应；检查在相同或类似的问题论域中以前的分析结果，看是否有可直接复用的服务。

（3）识别消息连接。消息连接是指从一个对象向另一个对象发送消息，并且使得某一处理功能所需的处理是在发送对象的方法中指定的，并且在接收对象的方法中详细定义了的。

识别消息连接的方法及策略是检查在相同或类似的问题论域中以前分析的结果，看是否有可复用的消息连接。对于每一个对象，查询该对象需要哪些对象的服务，从该对象画一箭头到那个对象；查询哪个对象需要该对象的服务，从那个对象画一箭头到该对象；沿着消息连接找到下一个对象，重复以上步骤；当一个对象将一个消息传送给另一个对象时，另一个对象又可传送一个消息给另一个对象，如此下去，就可得到一条执行线索。检查所有的执行线索，确定哪些是关键执行线索（critical threads of execution）。这样有助于检查模型的完备性。

（4）定义服务。在确定了对象的状态及所要执行的内容和消息后，具体如何执行操作呢？OOA 提供了模板式的方法描述方式。这是一种类似程序框图的工具。它主要是用定义方法和定义示例来实现，如图 11-6 所示。

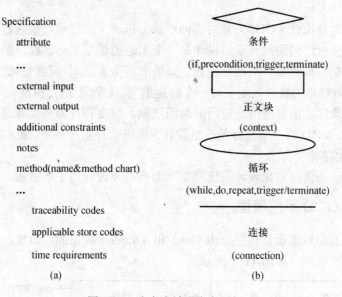

图 11-6　定义方法和定义示例

6. 汇集 OOA 的分析文本

结构化系统分析方法中强调在系统分析之后需要给出系统分析报告，OOA 也一样，分析之后也汇集分析文本，以便后续开发工作的进行。OOA 完整的分析文本集应包括如下内容。

（1）5 个基本分析步骤模型（结果），它们是类与对象、结构、主题、属性和方法。

（2）类与对象规范。

（3）补充说明文本。

需要大量补充说明的内容有：关键执行过程、附加的系统约束、方法处理细节、状态集合总表等。

目前，面向对象分析有一些 CASE 工具支持。

① Object-Oriented Environment。由富士施乐信息系统公司出品。

② OOA Tool（面向对象分析的工具）。由 Object International Inc.公司出品。

③ ObjectPlus。由 Easyspec Inc.公司出品。

④ Adagen。由 Mark V systems Ltd.公司出品。

11.3   面向对象的设计方法

面向对象设计（OOD）是对面向对象分析产生的逻辑结果进行设计，从面向对象的分析转到面向对象的设计是一个累进的模型扩充过程。面向对象分析的各个层次（如对象、结构、主题、属性和服务）是对"问题空间"进行了模型化，而面向对象的设计则需要对一个特定的"实现空间"进行模型化，通过抽象、封装、继承性、消息通信、通用的组织法则、粒度和行为分类等途径控制设计的复杂性。OOD 的基本目标是改进设计、增进软件生产效率、提高软件质量以及加强可维护性。

本节介绍面向对象设计系统模型和面向对象设计的主要过程。

11.3.1   OOD 系统模型

下列面向对象设计模型是由 Coad 和 Yourdon 提出的。该模型由四个部件和五个层次组成，如图 11-7 所示。

图 11-7   OOD 系统模型

其四个部件是问题空间部件（problem domain component，PDC）、人机交互部件（human interaction component，HIC）、任务管理部件(task management component，TMC)和数据管理部件（data management component，DMC）。五个层次是主题层、类与对象层、结构层、属性层和服务层，这五个层次分别对应 Coad 的面向对象分析方法中的定义主题、确定对象、确定结构、定义属性、确定服务等行动。

这四个部件对应目标系统的四个子系统，在不同的软件中，这四个部件的大小和重要程度可能差异较大，可以根据需要做出进一步的合并和分解。PDC 是针对总体进行的设计。HIC 给出实现人机交互需要的对象。TMC 提供协调和管理目标系统软件各个任务的对象。DMC 定义专用对象。

OOD 系统模型的基本思路是简单的，但很重要。它以 OOA 模型为设计模型的雏形，使用 OOA 模型中的类和对象，围绕着这些类和对象又加入了一些其他的类和对象，用来处理与现实有关的活动，如 TMC、DMC 和 HIC。DMC 将对象转换成数据库或表格；HIC 将大量的精力放在窗口和屏幕设计上，以向用户提供友好的图形用户界面（GUI）；TMC 则结合每个任务单，给出了每个任务单实现的连接方式。而在传统的方法中，基本上废弃了分析模型，并以一个新的设计模型重新开始，这正是 OOD 方法的核心所在。OOD 模型类似于构件蓝图,它以完整的形式全面定义了如何用特定的实现技术建立一个目标系统。

11.3.2　OOD 设计

本小节介绍 Coad 和 Yourdon 方法的设计过程，也是 OOD 系统模型中的四个部件。

1.　问题空间部分的设计（PDC）

在面向对象设计中，面向对象分析（OOA）的结果恰好符合面向对象设计（OOD）的问题空间部分，因此，OOA 的结果就是 OOD 部分模型中的一个完整部分。但是，为了解决一些特定设计所需要考虑的实际变化问题，可能要对 OOA 结果进行一些改进和增补。主要是根据需求的变化，对 OOA 产生模型中的某些类与对象、结构、属性、操作进行组合与分解。要考虑对时间与空间的折中、内存管理、开发人员的变更以及类的调整等。另外根据 OOD 的附加原则，增加必要的类、属性和关系。

（1）复用设计。根据问题解决的需要，把从类库或其他来源得到的既存类增加到问题解决方案中去。既存类可以是用面向对象程序语言编写出来的，也可以是用其他语言编写出来的可用程序。要求标明既存类中不需要的属性和操作，把无用的部分维持到最小限度。并且增加从既存类到应用类之间的泛化一特化的关系。进一步地，把应用中因继承既存类而成为多余的属性和操作标出。还要修改应用类的结构和连接，必要时把它们变成可复用的既存类。

（2）把问题空间相关的类关联起来。在设计时，从类库中引进一个根类，作为包容类，把所有与问题论域有关的类关联到一起，建立类的层次。把同一问题论域的一些类集合起来，存于类库中。

（3）加入一般化类以建立类间协议。有时，某些特殊类要求一组类似的服务。在这种情况下，应加入一个一般化的类，定义为所有这些特殊类共用的一组服务名，这些服务都是虚函数。在特殊类中定义其实现。

（4）调整继承支持级别。在 OOA 阶段建立的对象模型中可能包括有多继承关系，但实现时使用的程序设计语言可能只有单继承，甚至没有继承机制，这样就需对分析的结果进行修改。可通过对把特殊类的对象看做一个一般类对象所扮演的角色,通过实例连接把多继承的层次结构转换为单继承的层次结构;把多继承的层次结构平铺,成为单继承的层次结构等方法。

(5)改进性能。提高执行效率和速度是系统设计的主要指标之一。有时,必须改变问题论域的结构以提高效率。如果类之间经常需要传送大量消息,可合并相关的类以减少消息传递引起的速度损失。增加某些属性到原来的类中,或增加低层的类,以保存暂时结果,避免每次都要重复计算造成速度损失。

(6)加入较低层的构件。在做面向对象分析时,分析员往往专注于较高层的类和对象,避免考虑太多低层的实现细节。但在做面向对象设计时,设计师在找出高层的类和对象时,必须考虑究竟需要用到哪些较低层的类和对象。

2. 人机交互部分的设计(HIC)

通常在 OOA 阶段给出了所需的属性和操作,在设计阶段必须根据需求把交互的细节加入到用户界面的设计中,包括有效的人机交互所必需的实际显示和输入。如 Windows、Pane、Selector 等。人机交互部分的设计决策影响到人的感情和精神感受,设计 HIC 的策略由以下几点构成:用户分类;描述人及其任务的脚本;设计命令层;设计详细的交互;继续做原型;设计 HIC 类;根据图形用户界面(GUI)进行设计。

(1)用户分类。进行用户分类的目的是明确使用对象,针对不同的使用对象设计不同的用户界面,以适合不同用户的需要。分类的原则如下。

按技能层次分类:外行/初学者/熟练者/专家。

按组织层次分类:行政人员/管理人员/专业技术人员/其他办事员。

按职能分类:顾客/职员。

(2)描述人及其任务脚本。对以上定义的每一类人,描述其身份、目的、特征、关键的成功因素、熟练程度及任务脚本,如 TMOOATOOL。

什么人:分析员。

目的:要求一个工具来辅助分析工作(摆脱繁重的画图和检查图的工作)。

特点:年龄=42 岁;教育水平=大学;限制=不要微型打印。

成功的关键因素:工具应当使分析工作顺利进行;工具不应与分析工作冲突;工具应能捕获假设和思想,能适时进行折中;应能及时给出模型各个部分的文档,这与给出需求同等重要。

熟练程度:专家。

任务脚本:主脚本—识别"核心的"类和对象;识别"核心"结构;在发现了新的属性或操作时随时都可以加进模型中去。检验模型—打印模型及其全部文档。

(3)设计命令层。研究现行的人机交互活动的内容和准则,建立一个初始的命令层，再细化命令层。这时，要考虑：排列命令层次，把使用最频繁的操作放在前面，按照用户工作步骤排列；通过逐步分解，找到整体－部分模式，帮助在命令层中对操作进行分块；根据人们短期记忆的"27±"或"每次记忆3块/每块3项"的特点，组织命令层中的服务，宽度与深度不宜太大，减少操作步骤。

（4）设计详细的交互。用户界面设计有若干原则，一般有：一致性，操作步骤少，不要"哑播放"。即每当用户等待系统完成一个活动时，要给出一些反馈信息，说明工作正在进展，以及进展的程度；在操作出现错误时，要恢复或部分恢复原来的状态；提供联机的帮助信息，并具有趣味性，在外观和感受上，尽量采用图形界面，符合人们的习惯，有一定吸引力。

（5）继续做原型。做人机交互原型是 HIC 设计的基本工作，界面应使人花最少的时间去掌握其使用技法，做几个可候选的原型，供人一个一个地试用，要达到"臻于完善"，让人们由衷地满意。

（6）设计 HIC 类。设计 HIC 类，从组织窗口和部件的人机交互设计开始，窗口作基本类、部件作属性或部分类，特殊窗口作特殊类。每个类包括窗口的菜单条、下拉菜单、弹出菜单的定义，每个类还定义了用来创造菜单、加亮选择等所需的服务。

（7）根据 GUI（图形用户界面）进行设计。图形用户界面区分为字形、坐标系统和事件。图形用户界面的字形是字体、字号、样式和颜色的组合。坐标系统的主要因素有原点（基准点）、显式分辨率、显示维数等。事件则是图形用户界面程序的核心，操作将对事件做出响应，这些事件可能是来自人的，也可能是来自其他操作的。事件的工作方式有两种：直接方式和排队方式。所谓直接方式，是指每个窗口中的项目有它自己的事件处理程序，一旦事件发生，则系统自动执行相应的事件处理程序。所谓排队方式，是指当事件发生时系统把它排到队列中，每个事件可用一些子程序信息激发。应用可利用"next event"得到一个事件并执行它所需要的一切活动。

主要的 GUI 包括 Macintosh、Windows、Presentation Manager、X.Windows和 Motif。

3. 任务管理部分的设计（TMC）

在 OOD 中，任务是指系统为了达到某一设定目标而进行的一连串的数据操作（或服务），若干任务的并发执行称为多任务。任务能简化并发行为的设计和编码，TMC 的设计就是针对任务项，对一连串的数据操作进行定义和封装，对于多任务要确定任务协调部分，以达到系统在运行中对各项任务进行合理组织与管理。

（1）TMC 设计策略。具体如下。

① 识别事件驱动任务。事件驱动任务是指睡眠任务（不占用 CPU），当某个事件发生时，任务被此事件触发，任务醒来做相应处理，然后又回到睡眠状态。

② 识别时钟驱动任务。按特定的时间间隔去触发任务进行处理，如某些设备需要周期性的数据采集和控制。

③ 识别优先任务和关键任务。把它们分离开来进行细致的设计和编码，保证时间约束或安全性。

④ 识别协调者。增加一个任务来协调诸任务，这个任务可以封装任务之间的协作。

⑤ 审查每个任务，使任务数尽可能少。

⑥ 定义每个任务。包括任务名、驱动方式、触发该任务的事件、时间间隔、如何通信等。

（2）设计步骤。具体如下。

① 对类和对象进行细化，建立系统的 OOA/OOD 工作表格。OOA/OOD 工作表格包括：某系统可选的对象的条目，对该对象在 OOD 部件中位置的说明和注释等。

② 审查 OOA/OOD 工作表格，寻找可能被封装在 TM 中的那些与特定平台有关的部分以及任务协调部分、通信的从属关系、消息、线程序列等。

③ 构建新的类。TM 部件设计的首要任务就是构建一些新的类，这些类建立的主要目的是处理并发执行、中断、调度以及特定平台有关的一些问题。

任务管理部件一般在信息系统中应用较少，在控制系统中应用较多。

4. 数据管理部分的设计（DMC）

数据管理部分提供了在数据管理系统中存储和检索对象的基本结构，包括对永久性数据的访问和管理。它分离了数据管理机构所关心的事项，包括文件、关系型 DBMS 或面向对象 DBMS 等。

（1）数据管理方法。数据管理方法主要有 3 种：文件管理、关系数据库管理系统和面向对象库数据管理系统。

① 文件管理。提供基本的文件处理能力。

② 关系数据库管理系统（RDBMS）。关系数据库管理系统建立在关系理论的基础上，它使用若干表格来管理数据，使用特定操作，如 select（提取某些行）、project（提取某些栏）、join（联结不同表格中的行，再提取某些行）等，可对表格进行剪切和粘贴。通常根据规范化的要求，可对表格和它们的各栏重新组织，以减少数据冗余，保证修改一致性数据不致出错。

③ 面向对象数据库管理系统（OODBMS）。通常，面向对象数据库管理系统以两种方法实现：一是扩充的 RDBMS，二是扩充的面向对象程序设计语言（OOPL）。

扩充的 RDBMS 主要是对 RDBMS 扩充了抽象数据类型和继承性，再加上一些一般用途的操作来创建和操纵类与对象。扩充的 OOPL 对面向对象程序设计语言嵌入了在数据库中长期管理存储对象的语法和功能。这样，可以统一管理程序中的数据结构和存储的数据结构，为用户提供了一个统一的视图，无需在它们之间做数据转换。

（2）数据存储管理部分的设计。数据存储管理部分的设计包括数据存放方法的设计和相应操作的设计。

① 数据存放方法的设计。数据存放有三种形式：文件存放方式、关系数据库存放方式和面向对象数据库存放方式，根据具体情况选用。

② 设计相应的操作。为每个需要存储的对象及其类增加用于存储管理的属性和操作，在类及对象的定义中加以描述。通过定义，每个需要存储的对象将知道如何"存储我自己"。

11.4 面向对象的实施方法

这一阶段主要是将 OOD 中得到的模型利用程序设计实现。具体操作包括：选择程序设计语言编程、调试、试运行等。前面两阶段得到的对象及其关系最终必须由程序语言、数据库等技术实现，但由于在设计阶段对此有所侧重考虑，故系统实现不会受具体语言的制约，因而本阶段占整个开发周期的比重较小。

一般建议应尽可能采用面向对象程序设计语言，一方面由于面向对象技术日趋成熟，支持这种技术的语言已成为程序设计语言的主流；另一方面，选用面向对象程序设计语言能够更容易、安全和有效地利用面向对象机制，更好地实现 OOD 阶段所选的模型。

11.4.1 程序设计语言选择

详细的面向对象设计是与语言有关的。一般地说，所有的语言都可以完成面向对象实现，但某些语言能够提供更丰富的语法，能够显式地描绘在面向对象分析和面向对象设计过程中所使用的表示法。

1. 面向对象设计与过程型语言

过程型语言，如 C、Pascal、FORTRAN、COBOL，只直接支持过程抽象，但可以增加数据抽象及封装（如利用结构化设计的信息隐蔽模块）。虽然某些公共部分可以作为单独的子程序，但无法明确地表示继承性，也无法明确支持整体与部分、类与成员、对象与属性等关系。也许，面向过程型语言的面向对象设计尽管在技术上不令人满意，但它确实还是能成为一种实用的且可行的方法：从面向对象分析，到面向对象设计，再到具有面向对象特性的过程型语言。

2. 面向对象设计与基于对象的语言

基于对象的语言，也称为面向软件包的语言，如 Ada 等，能够直接支持过程抽象、数据抽象、封装和对象与属性关系。也许，基于对象语言的面向对象设计比较符合人的习惯，它代表着一种可行的开发方法：从面向对象分析，到面向对象设计，再到具有面向对象特性的基于对象的语言。

3. 面向对象设计与面向对象的程序设计语言

面向对象的程序设计语言，包括 C++，Smalltalk，Actor，Objective-C，Eiffel等，都直接支持过程抽象、数据抽象、封装、继承以及对象与属性、类与成员关系。

4. 面向对象设计与面向对象数据库语言（OO-DBL）

面向对象数据库管理系统（OO-DBMS）及其语言（OO-DBL），是面向对象程序设计语言（OOPL）与数据管理能力的组合。OO-DBMS 有两种不同的体系结构。

① 大属性。扩充关系型 DBMS，使其容纳大属性，如一个文档。

② 松散耦合。一个 OOPL 与大量的 DBMS 组合在一起。

③ 紧密耦合。一个 OOPL 与某个专用的 DBMS 集成为一个系统。

④ 扩充关系型。扩充关系型 DBMS，使其容纳"过程"之类的属性。

紧密耦合体系结构在程序设计和数据操纵中使用了同一种语言，它更能有效地表达面向对象分析和面向对象设计的语义。

11.4.2　面向对象实施的过程和活动

在面向对象方法中，系统的实施是一个渐进的过程，通过对系统分析设计模型的不断更新和改进，实现按产品发布序列确定的一系列发布版本，最终实现可交付系统。

通过渐进的而不是一次成型的开发方法，可以发现哪些约束是真正重要的，哪些约束只是设计者假想的。由于这个原因，渐进实施的重点首先是完成的功能设计，其次是改善局部性能。

渐进实施本质上是一个产品开发过程。这种渐进开发过程可以带来以下一些好处：能够在最需要的时候给用户提供重要的反馈信息；用户可以使用几个不同的框架系统视图从而把老系统平滑地转换成新系统；如果项目的进展延期，不大可能因开发速度要求而削减项目内容，从而保证系统功能满足用户的实际需求；系统的主要界面首先并且经常得到测试检验；系统开发者可以从运行的原型系统看到早期结果，从而鼓舞士气。

渐进实施阶段的主要活动有两个，即微过程的应用与系统模型更改管理。

1. 微过程的应用

两个可实施的版本发布之间的工作过程代表了简化的开发过程，它构成了整个微过程工作的一个"螺旋"。这个活动由对下个版本发布的需求分析开始，经过结构设计，最终发明实施这个设计所需要的类和对象。整个活动典型的工作顺序如下。

（1）确定这个可实施版本发布所必须满足的功能特征，找到风险最大的领域，尤其是通过对前一个版本的分析发现高风险领域。

（2）分配任务到设计实施组，启动微过程的一个新"螺旋"。通过以下两个方法来监控微过程：建立合适的微过程评审方法，设置阶段检查目标；以几天或一两周为周期检验并管理开发工作。

（3）如果需要了解系统期望行为的语义，则可以开发系统行为原型，并为每个行为原型建立清晰的目标和完成检验准则。在行为原型开发完成后，确定一个集成这些原型结果到本次和随后版本发布的方法。

（4）通过集成和发布可实施版本的方法强制微过程收敛到一个阶段成果上。

2. 系统模型更改管理

在每个版本发布后，重新检查原来的版本发布计划，并根据需要调整随后的发布版本计划与进度。更改管理起源于面向对象系统本质上的渐进和迭代行为。在迭代过程中，通常会发生增加一个新类或新的类协作关系、改变类的实现方法、改变类的表示、重新组织类结构、改变类的接口等，需要对更改过程进行有效的管理，每个改变都有不同的理由，也同样需要付出不同的代价，对系统关键结构进行重大的改变具有最大风险，通过更改管理，分析变更原因风险，加强对系统可实施版本和系统原型的管理和控制，提高系统实施的效率。

在开发过程的早期阶段，主要的可实施版本是由开发组交付给质量保证人员，质量保证人员针对分析阶段提供的场景对它的完全性、正确性进行检验。在开发过程的后期，发布的版本以受控的方式交付给一组选取的最终用户（Alpha 和 Beta 版用户）。所谓受控的方式是指开发组仔细地设定了他们对每个版本的预期成果，并且确定了需要评价的行为。

文档通常是伴随着系统的演进而不断更新。最好的方式是使文档成为渐进实施过程中一种自然的和半自动生成的产物。

11.4.3 面向对象实施的完成指标和交付文档

在产品发布版本的功能和质量（功能、时间、预算）都足以达到可移交到下一个版本的程度时，就可以成功地结束系统实施阶段的工作。产品发布版本中间的可实施版本是实现最终产品的开发过程中的主要里程碑。评价本阶段结果好坏程度的标准是，用户对分配到每个中间可实施版本上去实现的功能特征的最终满意程度，以及用户需求与系统开发开始时制定的版本发布计划的符合程度。

另外两个基本的检测准则是错误发现追踪速率和结构接口与通用策略的修改率。

系统实施阶段完成后形成的可交付的文档如下。

（1）经过完善后，根据系统模型生成的系统设计文档。

（2）系统实现文档（源码、说明等）。

（3）系统测试报告。

本章小结

在面向对象方法中，直接从问题空间映射到模型。对象抽象了问题空间中的事物，使得对问题空间的理解更直接、更准确、更快和更容易，减少了语义差异和转换，而且另一个相似的项目可以重用分析的结果，重用以前的一些类和对象。

面向对象方法在可重用性、系统可维护性和可理解性方面有着突出的优势，利用特定的软件工具直接完成从对象客体的描述到软件结构之间的转换，这是 OO 方法最主要的特点和成就。OO 方法的应用解决了传统结构化开发方法中客观世界描述工具与软件结构的不一致性问题，缩短了开发周期，解决了从分析和设计等到软件模块结构之间多次转换映射的繁杂过程，是一种很有发展前途的系统开发方法。

但 OO 方法也存在不足或局限。它对系统分析员的要求更高，前期的工作量更为艰巨。而最终用户直接参与也较为困难，因为每个使用者一般只熟悉自己的日常工作流程，对于系统中的对象没有总体把握，采用面向过程或面向数据的方法对于他们来讲反而更为直接，因此面向对象方法也要求参与用户最好是问题领域专家，而不仅是使用者。此外，从分析到设计再到实现的平滑过渡过程使得系统开发的阶段性不是那么明显，如何能更好地对不同阶段的成果进行界定和验收，也是为保证软件质量所要解决的一个问题。

　　同原型方法一样，OO 方法需要一定的软件基础支持才可以应用，另外在大型的 MIS 开发中如果不经自顶向下地整体划分，而是一开始就自底向上地采用 OO 方法开发系统，同样也会造成系统结构不合理、各部分关系失调等问题。所以 OO 方法和结构化方法目前仍是两种在系统开发领域相互依存的、不可替代的方法。

关键词

对象	继承
属性	实例
类	消息
方法	多态性
封装	用例

思考题

　　1．面向对象方法的主要特点是什么？抽象的概念在面向对象方法中有什么重要意义？

　　2．定义对象和类，并举例说明。

　　3．以 Coad&Yourdon 的方法为基础，试述面向对象系统开发的过程。

　　4．试比较面向对象开发方法同传统方法的区别。

第 12 章　信息系统分析与建设新进展

经过 30 多年的发展，各种类型的信息系统已经成为当今经济与社会日常运营的基础设施，信息系统的建设和管理已经纳入各级管理工作的基本内容。从最早仅限于企业内部日常事务处理的狭义的 MIS，到今天大量涌现的全社会、跨地区、跨行业的各种应用系统：电子商务、电子政务、现代物流、移动商务、社区服务等不一而足。本学科所面对的领域，已经发生了根本性的变化。这种变化突出地表现在两个方面。一方面，随着信息系统应用的深入，系统规模日趋庞大，系统功能更加复杂，物联网的发展、云计算的提出，都要求各种信息系统不断升级，对计算的分布性和安全性的要求也比以往更为突出。总之，对信息系统建设的效率和质量提出了更高的要求。另一方面，现代信息技术的飞速发展，给信息系统分析与建设提供了越来越强的技术手段，信息系统分析与建设的实践迅速发展，信息系统应用更加深入，相应地，信息系统建设的理论与技术也取得了长足的进步。

本章在简要阐述信息系统分析与建设的发展趋势的基础上，介绍了在各种平台环境下的信息系统发展、软件构件和分布式构件对象标准、面向对象方法的软件开发技术 UML 以及软件能力成熟度模型 CMM、信息系统安全规划设计等，以便读者了解信息系统分析与建设的理论与技术发展状况，更好地利用信息技术新环境和软件开发新方法为信息系统建设服务。

12.1 信息系统领域近年来的发展趋势

信息系统的建设方法与社会的需要密切相关，作为一门面向实际的、应用型的学科，本课程的变革来源于社会现实的深刻变革。信息系统建设面临着迅速变化的环境，越来越要求系统能随环境变化快速调整，进而不断适应业务变化和扩展的需要。随着信息和知识资源成为企业最重要的战略资源，对信息和知识资源的开发利用正在成为信息系统建设的重要目标。同时，随着信息系统的广泛应用，信息系统与供应链、电子商务、电子政务、社区建设等系统的结合日益紧密，关于信息系统集成的思考，已经成为信息系统设计的重要方面。具体地说，在这样的发展进程中，以下几个方向是特别值得注意的。

12.1.1 从系统建设转向信息资源建设

信息系统的应用对提高业务运作和管理效率具有重要意义。由于信息系统建设环境的复杂多变，以往的信息系统建设大多把重点放在系统建设的过程上面。随着信息技术的发展和信息系统应用的深入，人们在实践中发现，企业信息资源和知识的管理与利用是企业宝贵的资源，信息系统的应用不仅是流程的自动化和流程优化，更重要的在于通过对信息资源的管理，更充分地利用信息和知识资源，更好地实现企业目标。信息资源的建设是信息系统建设的重要方面。信息资源建设是通过信息资源和信息技术的规划与管理，实现按需应用信息技术的目标，更好地为企业战略服务。

12.1.2 从系统建设转向 IT 治理（IT Governance）

信息系统建设投资巨大，技术上的先进性、系统的多样性和管理的复杂性往往导致系统成功率很低，投资回报率不高。而企业的发展对信息系统的依赖日益增强，如何在控制投入的同时获得信息系统效益的最大化，是信息化发展到一定程度后企业面临的重要问题。IT 治理是企业追求 IT 效益的重要管理思想。根据国际信息系统审计和控制协会下的 IT 治理研究所的定义，IT 治理是一个由关系和过程所组成的机制，用于指导和控制企业，通过平衡信息技术与过程的风险、增加价值来确保实现企业的目标。通过这种机制和架构，IT 的决策、实施、服务、监督等流程，IT 的各类资源和信息与企业战略和目标紧密关联。同时，把 IT 各个方面的最佳实践从公司战略的角度加以有机的融合，使企业实现 IT 价值最大化，并抓住 IT 赋予的机遇和竞争优势。

12.1.3 从技术的应用为主转向以人为本，考虑最终用户为主

信息系统是一个社会技术系统，人既是系统的使用者，也是系统的重要组成部分，单纯从技术角度考虑，人并不能实现系统应用的目标。但在信息系统建设中，人获取、共享和应用信息的渠道方式、人在接受或提供信息时的心理感受，对信息系统的应用尤其重要。运用信息技术管理信息首先必须着眼于信息应用。由于信息的歧义性、组织内存在的诸多阻碍信息共享的因素，要使 IT 系统有效运转，就需要对企业内部的信息文化做出相应调整。目前，系统的建设正转向以人为本，考虑最终用户的需要。一方面，通过软件自动化，实现最终用户计算（end user computing），使系统向着用户自己开发系统、维护系统的方向发展，从而使用户在信息共享中获得成就感；另一方面，通过人机界面的研究，采用信息导航、知识发现等手段，使得最终用户能够方便地利用信息系统获得所需的信息，完成自己的任务，实现信息的目的。

12.1.4 从孤立系统转向分布式系统、云计算

信息系统的应用已经突破了单个实体企业的范围，在分布式企业集团、电子商务、电子政务、供应链管理等领域的应用正在使信息系统从有限的地理范围转向更广泛的企业联合和企业间信息系统对接。一个企业或组织在地理上是分布的，因而存在着跨组织的协作和集成，包括基于供应链管理的协作和电子商务等，信息系统也必须采用分布式的开放体系结构。在分布式系统应用中，Internet 是一个典型的应用环境，它影响着信息系统的开发、应用和运行方式，如基于 Internet 的系统结构、信息交换的标准、信息安全等。近年来关于云计算的讨论已经成为热门。事实上，实现各种资源（从计算能力、存储能力到数据资源）的共享和分布式管理的思想由来已久，只不过以前限于实现技术尚未成熟，没有提到实施的日程上来。从分布式数据库、网格计算、到"P to P"计算，它们都已经包括了从全社会的视角集中和优化管理各种资源的思想。

需要指出的是，实现各种信息资源的共享和优化配置的瓶颈并不在于技术，而在于管理，特别是管理的体制。这一点已经为越来越多的事实所一再证明。从这个意义上说，信息系统的分析与设计正是担当了这项重任，即从技术与管理的接口为视角，有效地解决各种层次上的资源整合和优化配置的问题。这是信息化建设成功的关键，也是信息系统的分析和设计学科发展的方向。

12.1.5 从信息管理转向知识管理

在知识经济时代，知识已经成为企业最重要的战略资源，是企业获得成功

的重要因素。创造知识、获取知识、管理知识和重用知识将成为企业最重要的发展战略和日常管理工作的核心。为此,信息系统软件不仅需要管理和利用信息,还应该成为企业知识管理的工具,提供促进企业创造知识的环境,帮助企业快速获取知识,支持隐性知识向显性知识的转化,以及提供有效手段来管理企业知识,提高企业的知识重用水平。信息系统建设从信息管理转向知识管理,对信息系统的智能化提出了更高的要求,它要求广泛采用机器学习和其他智能方法发现知识,信息系统开发中也需要充分利用有关企业知识,建立企业模型,实现面向模型的分析与建设。

在上述变化的环境作用下,30 年来,信息系统的分析与设计的具体方法和技术,以及关注的要点和热门议题发生了巨大的变化。虽然,系统思想和信息技术的基本原理是一样的,但是,在内容的深化、技术的多样性以及和人文社会科学的紧密结合等方面,都已经呈现出新的面貌和特点。无论是教师,还是学生,都需要对此有充分的认识和思想准备。

12.2 平台和物联网条件下的信息系统

从技术上说,在经济全球化和信息化条件下,各种平台已经成为信息系统应用的外部环境。在 Internet 环境下,如何建立可维护、可扩展的站点,开发高效率、高伸缩性的应用程序,实现跨平台、跨 Internet 的应用集成,是摆在信息系统开发者面前的任务。本节简单介绍 Internet 环境下的信息系统体系结构和应用服务。

12.2.1 平台环境下信息系统体系结构

信息系统体系结构经历了基于宿主机的计算模式、文件服务器计算模式、客户/服务器计算模式、浏览器/服务器计算模式以及多层网络计算模式。这里简单介绍网络环境下客户/服务器计算模式、浏览器/服务器计算模式以及多层网络计算模式。

1. 客户/服务器计算模式

客户/服务器计算模式定义为前台客户端计算机与后台服务器相连,以实现数据和应用的共享,并利用前台客户端计算机的处理能力将数据和应用分布到多个处理机上。这种模式被用于工作组和部门的资源共享。

客户/服务器系统有三个主要部件:数据库服务器、客户端应用程序和网络通信软件。其中,服务器的主要任务集中在数据库安全性控制、数据库访问并发控制、数据库前端的客户端应用程序的全局数据完整性规则、数据库的备份与恢复等；客户端应用程序的主要任务是提供用户与数据库交互的界面、向数据库服务器提交用户请求并接收来自数据库服务器的信息、利用客户端应用程序对存在于客户端的数据执行应用逻辑要求；网络通信软件的主要作用是完成数据库服务器和客户端应用程序之间的数据传输。

客户/服务器计算模式中，客户端应用程序是针对一个特定的小数据集（如某个表的数据行）进行操作的，而不像文件服务器那样针对整个文件进行操作；它对某一条记录进行封锁，而不对整个文件进行封锁，因此保证了系统的并发性，并使网络上传输的数据量减少到最小，从而改善了系统的性能。

客户/服务器计算模式的不足之处是对客户端设备要求较高，同时系统的升级维护不方便。系统升级维护时，必须升级维护所有的客户端；另外，客户/服务器计算模式所采用的软件产品大多缺乏开放的标准，一般不能跨平台运行，当把客户/服务器计算模式的软件应用于广域网时就会暴露出更大的不足。

2. 浏览器/服务器计算模式

现代企业网络以 Web 为中心，采用 TCP/IP、HTTP 为传输协议，客户端通过浏览器访问 Web 以及与 Web 相连的后台数据库，所以称为浏览器/服务器（Browser/Server，B/S）模式。B/S 计算模式改善了客户/服务器计算模式的应用不足，客户端只需安装通用浏览器，所有的处理都由后台服务器进行处理，处理结果按照规范的标准格式传到客户端显示。

B/S 计算模式由浏览器、Web 服务器、应用服务器、数据库服务器等层次组成。浏览器安装在客户端，是用户操作的界面。Web 服务器提供对客户请求的响应，并将请求传给应用服务器。应用服务器完成对响应的处理，通过内部通道实现对数据库服务器的数据存取，并将处理结果传给 Web 服务器。

B/S 计算模式突破了传统的文件共享模式，具有很高的信息共享度，其优势在于使用简单；易于维护和升级、保护企业投资、信息共享度高；扩展性好；广域网支持和安全性好。

3. 多层网络计算模式

随着企业规模的日益扩大，应用程序复杂度不断提高，浏览器/服务器计算模式也日益暴露出一些不足，主要存在信息并发处理能力和安全策略问题。多层网络计算模式对这些问题提供了很好的解决方案。

目前流行的三层网络计算模式，可表示如下。

三层网络计算模式=浏览器＋Web 服务器＋多数据库服务器＋动态计算

在三层网络计算模式中，Web 服务器既作为一个浏览服务器，又作为一个应用服务器，在这个中间服务器中可以将整个应用逻辑驻留其上，而只有表示层存在于客户机上，这种结构被称为"瘦客户机"，无论是应用的 HTML 页还是 Java Applet 都是运行时刻动态下载的，只需随机地增加中间层的服务（应用服务器），就可以满足系统扩充时的需要，因此，可以用较少的资源建立起具有较强伸缩性的系统，这正是网络计算模式带来的重大改进。

12.2.2 Web Services 技术及应用

各种服务平台的核心技术是 Web 技术，应用 Web 技术构建 Intranet 和 Extranet 日益成为企业信息化的潮流。Web Services（Web 服务）是随着 Microsoft .Net Framework 推出的新技术。Web Services 是建立可互操作分布式应用程序的新平台。Web Services 平台是一套标准，定义了应用程序如何在 Web 上实现互操作性。基于 Web Services 的信息系统开发将成为未来信息系统分析与设计一个新的发展方向。

1. Web Services 的思想和内容

Web Services 一般基于 XML，构成 XML Web 服务。XML Web 服务(XML Web Services)是下一代分布式系统的核心技术之一。XML Web 服务的一般定义是通过标准的 Web 协议（多数情况下使用简单对象访问协议 SOAP）提供的一种分布式软件服务，它使用 Web 服务描述语言（WSDL）文件进行说明，并按照统一描述、发现和集成（UDDI）规范进行注册。Web Services 优化了基于组件的开发和 Web 的结合。

Web Services 的一个主要思想是把应用程序在一组网络服务的基础上进行组合，在 Web 中分布并集成应用程序。与先把应用程序逻辑分布再进行网络集成的概念不同，在 Web 服务中，如果两个等同的服务使用统一的标准和方法在网络上发布自己，一个应用程序就可以根据价格或者性能等方面的需求标准从两个彼此竞争的服务中进行选择。此外，Web 服务允许在机器间复制一些服务，因而可以通过把有用的服务复制到本地储存库，来提高允许运行在特定计算机（群）上的应用程序的性能。

Web Services 包括三个层次的内容：基本通信格式、服务描述，服务实现。

在服务实现上采用简单对象访问协议（SOAP）。SOAP 是 XML 的实施工具，它提供了一套公共规则集。该规则集说明了如何表示并扩展数据和命令，规定了通信双方的应用程序需要遵守的一套通信规则。

在服务描述上采用 Web 服务描述语言（WSDL）。WSDL 是一种 XML 语言，开发人员和开发工具可以使用它来表述 Web 的具体功能。双方应用程序在得到了如何表示数据类型和命令的规则后，需要对所接收的特定数据和命令进行有效的描述。

在最高层，还需要制定一套如何定位服务描述的规则，即在默认情况下，用户或工具能在什么地方找到服务的功能描述。依据 UDDI（统一描述、发现和集成）规格说明中提供的规则集，用户或开发工具可以自动找到服务的描述。

通过这三层功能，开发人员容易找到 Web 服务，将它设计成一个对象后集成到应用程序中，从而构建出一个具有丰富功能的基本结构。这样得到的应用程序便能与 Web 服务进行反向通信。

2. Web Services 的体系结构

Web Services 的体系结构是面向对象分析与设计（OOAD）的逻辑演化，同时也是组件化信息系统解决方案的逻辑演化。这两种方式在复杂的大型系统中都经受住了考验。Web Services 具有与面向对象系统一样的封装、消息传递、动态绑定、服务描述和查询等基本概念。此外，Web Services 的另一个基本概念是：一切都是服务。这些服务分布在 API 中供网络中其他服务使用，并且封装了实现细节。面向服务的体系结构（service oriented architecture）如图 12-1 所示，这一体系结构共有三种角色。

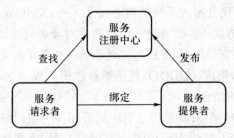

图 12-1　面向服务的体系结构（SOA）

（1）服务提供者。发布自己的服务，并且响应对其服务发出的调用请求。

（2）服务注册中心。注册已经发布的服务提供者，对其分类，并提供搜索服务。

（3）服务请求者。利用服务中介查找所需的服务，然后使用该服务。

面向服务的体系结构中的构件必须承担上述一种或多种角色。这些角色使用 3 种操作，完成相互作用。

（1）发布操作。使服务提供者能向服务注册中心注册自己的功能及访问接口。

（2）查找操作。使服务请求者能通过服务注册中心查找特定种类的服务。

（3）绑定操作。使服务请求者能够具体使用服务提供者提供的服务。

这三个操作都包含了发布服务使用 UDDI、查找服务使用 UDDI 和 WSDL 的组合、绑定服务使用 WSDL 和 SOAP 等技术。在三个操作中，绑定操作是最重要的，它包含了对服务的实际调用，也是最容易发生互操作性问题的地方。

服务提供者和服务请求者通过对 SOAP 规范的全力支持，实现了无缝互操作。

3. Web Services 的特点和应用

从外部使用者的角度而言，Web Services 是一种部署在 Web 上的对象/组件，它具备完好的封装性、松散耦合、使用协约的规范性、使用标准协议规范等特征。

Web Services 在应用程序跨平台和跨网络进行通信的时候非常有用，适用于应用程序集成、B2B 集成、代码和数据重用，以及通过 Web 进行客户端和服务器的通信的场合。

Web Services 通常是易于并入应用程序的信息源，如天气预报、股票价格、体育成绩等，一般可以通过构建一系列的应用程序来收集并分析所关心的信息，并以各种方式提供这些信息。采用 XML Web 服务的方式，可以把现有应用程序构造成功能更完善的应用程序。例如，在基于 XML Web 服务的采购应用程序中，利用 XML Web 服务构造可以自动获取不同供应商的价格信息的模块，使用户可以选择供应商，提交订单，然后跟踪货物的运输，直至收到货物。相应的供应商应用程序除了在 Web 上提供服务外，还可以使用 XML Web 服务检查客户的信用、收取货款，并与货运公司办理货运手续。

在基于 XML Web 服务的信息系统设计开发中，首先必须将系统功能按角色进行划分和设计，应用面向对象分析和设计思想，将有关系统的功能构建成组件，根据它们提供的服务进行分布式构造。

12.3 软件构件和分布式构件对象

如果说各种平台是"大厦"，那么软件构件就是"砖头"，相当于工业流水线生产上的"标准件"。1968 年，软件构件与"软件组装生产线"思想就在国际 NATO 软件工程会议上首次被提出来。从那以后，采用构件技术实现软件复用，采用"搭积木"的方式生产软件，成为软件业长期的梦想。构件的最大特点是可以不断复用，从而显著降低成本，缩减开发周期。然而，由于技术水平限制，在很长一段时间内构件技术只是作为一种思想存在，直到 CORBA、J2EE 和 COM/DCOM（现在的.NET）出现，中间件兴起以后，构件技术才逐渐走向现实。本节简单介绍软件构件和分布式构件对象三大标准。

12.3.1 软件复用和软件构件

1. 软件复用

软件复用（reuse）就是将已有的软件成分用于构造新的软件系统。可以被复用的软件成分一般称为可复用构件，无论对可复用构件原封不动地使用还是作适当的修改后再使用，只要是用来构造新软件，则都可称为复用。软件复用不仅是对程序的复用，它还包括对软件生产过程中任何活动所产生的制成品的复用，如项目计划、可行性报告、需求定义、分析模型、设计模型、详细说明、源程序、测试用例等。如果是在一个系统中多次使用一个相同的软件成分，则不称为复用，而称为共享；对一个软件进行修改，使它运行于新的软硬件平台也不称为复用，而称为软件移植。

目前及短期内最有可能产生显著效益的复用是对软件生命周期中一些主要开发阶段的软件制品的复用，按抽象程度的高低，可以划分为代码复用、设计复用、分析复用、测试信息复用等四个复用级别。

软件复用可以提高生产率、减少维护代价、提高互操作性、支持快速原型、减少培训开销等。软件复用的技术基本上分为三类：库函数、面向对象技术和构件。

2. 构件及其实现技术

构件（component）是可复用的软件组成成分，可被用来构造其他软件。它可以是被封装的对象类、类树、一些功能模块、软件框架（framework）、软件构架（或体系结构 architecture）、文档、分析件、设计模式（pattern）等。构件分为构件类和构件实例，通过给出构件类的参数，生成实例，通过实例的组装和控制来构造相应的应用软件。

构件具有可独立配置、严格封装、接口规范、没有个体特有的属性等特点。构件不同于 OO 技术强调对个体的抽象，它侧重于复杂系统中组成部分的协调关系，强调实体在环境中的存在形式，形成一个专门的技术领域。构件实现一般采用中间件与构架技术。

中间件是位于操作系统和应用软件之间的通用服务，它的主要作用是用来屏蔽网络硬件平台的差异性和操作系统与网络协议的异构性，使应用软件能够比较平滑地运行于不同平台上。中间件从本质上是对分布式应用的抽象，因而抛开了与应用相关的业务逻辑的细节，保留了典型的分布交互模式的关键特征。经过抽象，将纷繁复杂的分布式系统经过提炼和必要的隔离后，以统一的层面形式呈现给应用。

构架是一种抽象的模型，其功能是将系统资源与应用构件隔离，这是保证构件可重用甚至"即插即用"的基础。这与中间件的意图是一致的。构架不是具体软件，而是一种抽象的模型，但模型中应当定义一些可操作的成分，如标准协议。

中间件与构架实际是从两种不同的角度看待软件的中间层次，可以说中间件是构架或构件模型的具体实现，是构件软件存在的基础。中间件促进了软件构件化，中间件和构架都实现了构件向应用的集成。

12.3.2 三大主流分布式软件构件对象标准

大型软件组织机构（如 OMG）和软件公司（如 Sun，Microsoft）都推出了支持构件技术的软件平台，如对象管理组织 OMG 的 CORBA、Sun 的 J2EE 和 Microsoft DNA 2000。它们都是支持服务器端构件技术开发的平台，但都有其各自的特点，分别阐述如下。

1. CORBA

CORBA（common object request broker architecture）分布计算技术是 OMG 组织在众多开放系统平台厂商提交的分布对象互操作内容的基础上制定的公共对象请求代理体系规范。

CORBA 分布计算技术是由绝大多数分布计算平台厂商所支持和遵循的系统规范技术，具有模型完整、先进，独立于系统平台和开发语言，被支持程度广泛等特点，已逐渐成为分布计算技术的标准。CORBA 标准主要分为三个层次：对象请求代理、公共对象服务和公共设施。最底层是对象请求代理（ORB），规定了分布对象的定义（接口）和语言映射，实现对象间的通信和互操作，是分布对象系统中的"软总线"；在 ORB 之上定义了很多公共服务，可以提供诸如并发服务、名字服务、事务（交易）服务、安全服务等各种各样的服务；最上层的公共设施则定义了构件框架，提供可直接为业务对象使用的服务，规定业务对象有效协作所需的协定规则。目前，CORBA 兼容的分布计算产品层出不穷，其中有中间件厂商推出的 ORB 产品，如 BEAM3、IBM Component Broker，有分布对象厂商推出的产品，如 IONAObix 和 OOCObacus 等。

CORBA 被设计和架构为服务于用不同程序语言书写、运行于不同平台上的对象系统。CORBA 依赖于 ORB 中间件在服务器和客户之间进行通信。ORB 扮演一个透明地连接远程对象的对象。每个 CORBA 对象提供一界面，并且有一系列的方法与之相联。ORB 负责为请求发现相应的实现，并且把请求传递给 CORBA 服务器。ORB 为客户提供透明服务，客户永远都不需要知道远程对象的位置以及用何种语言实现的。

CORBA 基于对象管理体系结构（object management architecture，OMA）。OMA 为构建分布式应用定义了非常广泛的服务。OMA 服务划分为三层（如图 12-2 所示），分别称为 CORBA Services、CORBA Facilities 和 Application Objects。当应用程序需访问这些服务时，就需要 ORB 通信框架。这些服务在 OMA 中实际上是不同种类的对象的定义，并且为支持分布式应用，定义了很广泛的功能。

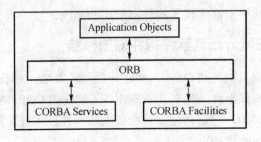

图 12-2　OMA 服务

CORBA Services（CORBA 服务）。是开发分布式应用所必需的模块。这些服务提供异步事件管理，对事务、持续、并发、名字、关系和生存周期进行管理。

CORBA Facilities（CORBA 工具）。对于开发分布式应用不是必需的，但是在某些情况下是有用的。这些工具提供信息管理、系统管理、任务管理和用户界面等功能。

Application Objects（应用对象）。主要为某一类应用或一个特定应用提供服务。它们可以是基本服务、公共支持工具或特定应用服务。

CORBA 界面和数据类型是用 OMG 界面定义语言（IDL）定义的。每个界面方法也是用 OMG IDL 定义的。IDL 是 CORBA 体系结构的关键部分，它为 CORBA 和特定程序设计语言的数据类型之间提供映射。IDL 也允许对原有代码实行封装。IDL 是一个面向对象的界面定义语言，具有和 C++相类似的语法。由于所有的界面都是通过 IDL 定义的，CORBA 规范允许客户和对象用不同的程序设计语言书写，彼此的细节都是透明的。CORBA 在不同对象请求代理之间使用 IIOP（Internet Inter-ORB Protocol）进行通信，使用 TCP 作为网络通信协议。

CORBA 构件包括 ORB 核心、ORB 界面、IDL 存根、动态调用界面（dynamic invocation interface，DLL）、对象适配器、IDL 骨架和动态骨架界面（dynamic skeleton interface，DSI）。CORBA 运行结构（ORB 核心）是由特定开发商决定的，不是由 CORBA 定义的。不管怎样，ORB 界面是一个标准的功能界面，是由所有的 CORBA 兼容 ORB 提供的。IDL 处理器为每个界面产生存根。这就屏蔽了低层次的通信，提供了较高层次的对象类型的特定 API。DLL 是相对于 IDL 存根的另一种方法，它为运行时构建请求提供了一个通用的方法。对象适配器为把可选的对象技术集成进 OMA 提供支持。IDL 骨架类似于 IDL 存根，但是，它们是工作于服务器端的（对象实现）。对象适配器发送请求给 IDL 骨架，然后 IDL 骨架调用合适的对象实现中的方法。

2. J2EE

为了推动基于 Java 的服务器端应用开发，Sun 公司在 1999 年底推出了 Java2 技术及相关的 J2EE 规范。J2EE 的目标是：提供与平台无关的、可移植的、支持并发访问和安全的，完全基于 Java 的开发服务器端中间件的标准。

J2EE 给出了完整的基于 Java 语言开发面向企业分布应用规范，其中，在分布式互操作协议上，J2EE 同时支持 RMI 和 IIOP，而服务器端分布式应用的构造形式，则包括 Java Servlet、JSP（Java Server Page）、EJB 等多种，以支持不同的业务需求，而且 Java 应用程序具有"write once，run anywhere"的特性，使得 J2EE 技术在分布计算领域得到了快速发展。

J2EE 简化了构件可伸缩的、其于构件服务器端应用的复杂度。J2EE 是一个规范，不同的厂家可以实现自己的符合 J2EE 规范的产品，J2EE 规范是众多厂家参与制定的，它不为 Sun 所独有，而且其支持跨平台的开发，目前许多大的分布计算平台厂商都公开支持与 J2EE 技术兼容。

EJB 是 Sun 推出的基于 Java 的服务器端构件规范 J2EE 的一部分，自从 J2EE 推出之后，得到了广泛的应用，已经成为应用服务器端的标准技术。Sun EJB 技术是在 Java Bean 本地构件基础上发展出的面向服务器端分布式应用构件技术。它基于 Java 语言，提供了基于 Java 二进制字节代码的重用方式。EJB 给出了系统的服务器端分布构件规范，这包括了构件、构件容器的接口规范以及构件打包、构件配置等标准规范内容。EJB 技术的推出，使得用 Java 基于构件方法开发服务器端分布式应用成为可能。从企业应用多层结构的角度，EJB 是业务逻辑层的中间件技术，与 Java Bean 不同，它提供了事务处理的能力，自从三层结构提出以后，中间层，即业务逻辑层，是处理事务的核心，从数据存储层分离，取代了存储层的大部分地位。从分布计算的角度，EJB 像 CORBA 一样，提供了对象之间的通信手段，这是分布式技术的基础。

从 Internet 技术应用的角度，EJB 和 Servlet、JSP 一起成为新一代应用服务器的技术标准，EJB 中的 Bean 可以分为会话 Bean 和实体 Bean，前者维护会话，后者处理事务，现在 Servlet 负责与客户端通信，访问 EJB，并把结果通过 JSP 产生页面传回客户端。

J2EE 的优点是，服务器市场的主流还是大型机和 UNIX 平台，这意味着以 Java 开发构件，能够做到"write once，run anywhere"，开发的应用可以配置到包括 Windows 平台在内的任何服务器端环境中去。

3. Microsoft DNA 2000 和 .NET

Microsoft DNA 2000（distributed internet applications）是 Microsoft 在推出

Windows 2000 系列操作系统平台基础上，扩展了分布计算模型，以及改造 Back Office 系列服务器端分布计算产品后发布的新的分布计算体系结构和规范。

在服务器端，DNA 2000 提供了 ASP、COM、Cluster 等应用支持。目前，DNA 2000 在技术结构上有着巨大的优越性。一方面，由于 Microsoft 是操作系统平台厂商，因此 DNA 2000 技术得到了底层操作系统平台的强大支持；另一方面，由于 Microsoft 的操作系统平台应用广泛，支持该系统平台的应用开发厂商数目众多，因此在实际应用中，DNA 2000 得到了众多应用开发商的采用和支持。

DNA 使得开发可以基于 Microsoft 平台的服务器构件应用，其中，数据库事务服务、异步通信服务和安全服务等，都由底层的分布对象系统提供。以 Microsoft 为首的 DCOM/COM/COM+阵营，从 DDE、OLE 到 ActiveX 等，提供了中间件开发的基础，如 VC、VB、Delphi 等都支持 DCOM，包括 OLE DB 在内新的数据库存取技术，随着 Windows 2000 的发布，Microsoft 的 DCOM/COM/COM+技术，在 DNA2000 分布计算结构基础上，展现了一个全新的分布构件应用模型。

COM（common object model）有时被称为公共对象模型，微软官方则称之为构件对象模型（component object model）。DCOM 用于分布式计算，是微软开发设计的，作为对 COM 的一个扩展。COM/DCOM 的前身 OLE（object linking and embedding，对象链接和嵌入）用于在微软的 WIN 3.1 操作系统中链接文档。开发 COM 是为了在一个单一的地址空间中，动态地集成构件。COM 为在一个单一的应用程序中复杂客户二元组件的动态使用提供支持。构件交互是基于 OLE2 界面和协议的。虽然 COM 使用 OLE2 界面和协议，但必须知道 COM 不是 OLE。DCOM 是 COM 的扩展，支持基于网络的交互，允许通过网络进行进程处理。

COM 允许客户调用服务，服务是由 COM 兼容的构件通过定义一个二元兼容规范和实现过程来提供的。COM 兼容构件（COM 对象）提供了一系列的界面，允许客户通过这些界面来调用相关的对象，如图 12-3 所示。

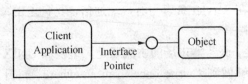

图 12-3　COM 客户调用服务

COM 定义了客户和对象之间的二元结构，并且作为用不同程序语言书写的构件之间相互操作的基础，只要该语言的编译器支持微软的二元结构。

COM 对象可以具有复杂的界面，但是每一个类必须具有自己唯一的类标识符（CLSID），并且它的界面必须具有全球唯一的标识符（GUID），以避免名字冲突。对象和界面是通过使用微软的 IDL(界面定义语言)来定义的。COM 体系结构不允许轻易地对界面作修改，这种方法有助于防止潜在的版本不兼容性。COM 开发者为了给对象提供新的功能，必须努力为对象创建新的界面。COM 对象是在服务器内运行的，服务器为客户访问 COM 对象提供了三种方法。

在服务器中处理（in-process server）。客户和服务器在相同的内存处理进程中运行，并且通过使用功能调用的方法彼此通信。

本地对象代理（local object proxy）。允许客户使用内部进程通信方法访问服务器，而服务器运行于同一物理机器的一个不同进程中。这种内部进程通信方法也称为瘦远程过程调用。

远程代理对象（remote proxy object）。允许客户访问在另外机器上运行的远程服务器。客户和服务器的通信使用分布计算环境 RPC。远程对象支持这种方法，被称为 DCOM 服务器。

.NET 是 Windows DNA 的继续和扩展。在操作系统及后台的服务器方面，Windows 2000 演化为 Windows .NET，DNA Server 演化为 .NET Enterprise Server。在开发工具方面，Visual Studio 6.0 演化为 Visual Studio .NET。

.NET 增加了许多新特性。.NET 是微软的 XML Web 服务平台，XML Web 服务允许应用程序通过 Internet 进行通信和共享数据，而不管所采用的是哪种操作系统、设备和编程语言。.NET 平台提供在线创建 XML WEB 服务并将这些服务集成在一起时所需要的支持。

4. 三种分布式构件平台的比较分析

这三种平台因为形成的历史背景和商业背景有所不同，各有自己的侧重和特点，其实它们之间也有很大的相通性和互补性。例如，EJB 提供了一个概念清晰、结构紧凑的分布计算模型和构件互操作的方法，为构件应用开发提供了相当的灵活性。但由于它还处于发展初期，因此其形态很难界定。CORBA 是一种集成技术，而不是编程技术。它相对于对各种功能模块进行构件化处理并将它们捆绑在一起的黏合剂。EJB 和 CORBA 在很大程度上是可以看做为互补的。由于两者的结合适应了 WEB 应用的发展要求，许多厂商都非常重视促进 EJB 和 CORBA 技术的结合，将来 RMI 可能建立在 IIOP 之上。CORBA 不只是对象请求代理 ORB，也是一个非常完整的分布式对象平台。CORBA 可以扩展 EJB 在网络、语言、构件边界、操作系统中的各种应用。目前许多平台都能实现 EJB 构件和 CORBA 构件的互操作。与 EJB 和 CORBA 之间方便的互操作性相比,DOCM 和 CORBA 之间的互操作性要相对复杂些,虽然 DCOM 和 CORBA 极其类似。DOCM 的接口指针大体相当于 CORBA 的对象引用。为了实现 CORBA 和 DCOM 的互操作,OMG 在 CORBA3.0 的规范中加入了有关的 CORBA 和 DCOM 互操作的实现规范,并提供了接口方法。因为商业利益的原因,在 EJB 和 DCOM 之间基本没有提供互操作方法。

12.4 统一建模语言 UML

信息系统建设方法的形式化,一直是学界和业界关注的要点。说得再通俗一点,就是要找到能够科学地、有效地指导信息系统建设的基本概念框架和描述语言。到今天为止,这方面的集大成者,当属 UML(unified modeling language)。这是 1996 年由 Rational 公司首先发起的,1997 年 11 月被对象管理组织(OMG)采纳。UML 是多种方法相互借鉴、相互融合、趋于一致、走向标准化的产物。UML 这样的统一建模语言为软件开发商及其用户带来诸多便利,代表了面向对象方法的软件开发技术的发展方向。

12.4.1 统一建模语言 UML 概述

公认的面向对象建模语言出现于 20 世纪 70 年代中期。从 1989 年到 1994 年,其数量从不到十种增加到了五十多种,其中最引人注目的是 Booch1993、OOSE 和 OMT-2 等。面对众多的功能相似、各有特色的建模语言,用户由于没有能力区别不同语言之间的差别,客观上要求建立统一建模语言。

1994 年 10 月,Grady Booch 和 Jim Rumbaugh 开始致力于这一工作。他们首先将 Booch1993 和 OMT-2 统一起来,并于 1995 年 10 月发布了第一个公开版本,称之为统一方法 UM 0.8(Unitied Method)。1995 年秋,OOSE 的创始人 Ivar Jacobson 加入到这一工作。经过 Booch、Rumbaugh 和 Jacobson 三人的共同努力,于 1996 年 6 月和 10 月分别发布了两个新的版本,即 UML 0.9 和 UML 0.91,并将 UM 重新命名为 UML(Unified Modeling Language)。1996 年,一些机构将 UML 作为其商业策略已日趋明显。UML 的开发者得到了来自公众的正面反应,并倡议成立了 UML 成员协会,以完善、加强和促进 UML 的定义工作。当时的成员有 DEC、HP、I-Logix、Itellicorp、IBM、ICON Computing、MCI Systemhouse、Microsoft、Oracle、Rational Software、TI 以及 Unisys。这一机构对 UML 1.0(1997 年 1 月)及 UML 1.1(1997 年 11 月 17 日)的定义和发布起了重要的促进作用。面向对象技术和 UML 的发展过程可用图 12-4 来表示,其中标准建模语言的出现是其重要成果。

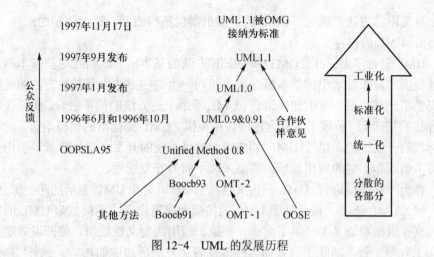

图 12-4 UML 的发展历程

12.4.2 统一建模语言 UML 概念模型和内容

1. UML 概念模型

UML 有三个组成要素：UML 的基本构造块、支配这些构造块如何放在一起的规则和一些运用于整个 UML 的机制。

（1）基本构造块。UML 中有三种基本构造块，分别是事物、关系和图。

事物分为结构事物（包括类、接口、协作、用况、主动类、构件和节点）、行为事物（包括交互和状态机）、分组事物（包）和注释事物（注解）。

UML 中有四种关系，分别是依赖、关联、泛化和实现。

UML 中有五类图，共九种，在下面将作简要阐述。

（2）运用构造块的规则。UML 用于描述事物的语义规则分别是：为事物、关系和图命名；给一个名字以特定含义的语境，即范围；怎样使用或看见名字，即可见性；事物如何正确、一致地相互联系，即完整性；运行或模拟动态模型的含义是什么，即执行。另外，UML 还允许在一定的阶段隐藏模型的某些元素、遗漏某些元素以及不保证模型的完整性，但模型逐步地要达到完整和一致。

（3）机制。在整个语言中有四种一致应用的机制，使得该语言变得较为简单。这四种机制是详细说明机制、修饰机制、通用划分机制和扩展机制。

UML 不只是一种图形语言。实际上，在它的图形表示法的每部分背后都有一个详细说明，提供了对构造块的语法和语义的文字叙述。在对面向对象系统建模中，至少有两种通用划分事物的方法：对类和对象的划分；对接口和实现的划分。UML 中的构造块几乎都存在着这样的两种分法。UML 是开放的，可用一种受限的方法扩展它。UML 的扩展机制包括构造型、标记值和约束。

2. UML 的内容

UML 融合了 Booch、OMT 和 OOSE 方法的基本概念，而且这些基本概念与其他面向对象技术中的基本概念大多相同，为这些方法以及其他方法的使用者提供了一种简单一致的建模语言。UML 不是上述方法的简单融合，而是在这些方法的基础上，扩展了现有方法的应用范围。UML 是标准的建模语言，而不是标准的开发过程。尽管 UML 的应用必然以系统的开发过程为背景，但由于不同的组织和不同的应用领域，需要采取不同的开发过程。

作为一种建模语言，UML 的定义包括 UML 语义和 UML 表示法两个部分。

（1）UML 语义。描述基于 UML 的精确元模型定义。元模型为 UML 的所有元素在语法和语义上提供了简单、一致、通用的定义性说明，使开发者能在语义上取得一致，消除了因人而异的最佳表达方法所造成的影响。此外 UML 还支持对元模型的扩展定义。

（2）UML 表示法。定义 UML 符号的表示法，为开发者或开发工具使用这些图形符号和文本语法进行系统建模提供了标准。这些图形符号和文字所表达的是应用级的模型，在语义上它是 UML 元模型的实例。

标准建模语言 UML 的重要内容可以由下列五类图（共 9 种图形）来定义。

① 第一类是用例图。从用户角度描述系统功能，并指出各功能的操作者。

② 第二类是静态图（static diagram）。包括类图、对象图和包图。类图描述的是一种静态关系，在系统的整个生命周期都是有效的。对象图是类图的实例，几乎使用与类图完全相同的标识。包图由包或类组成，表示包与包之间的关系，它描述系统的分层结构。

③ 第三类是行为图（behavior diagram）。描述系统的动态模型和组成对象间的交互关系。其中状态图描述类的对象所有可能的状态以及事件发生时状态的转移条件。通常，状态图是对类图的补充。而活动图描述满足用例要求所要进行的活动以及活动间的约束关系，有利于识别并行活动。

④ 第四类是交互图（interactive diagram）。描述对象间的交互关系。其中顺序图显示对象之间的动态合作关系，它强调对象之间消息发送的顺序，同时显示对象之间的交互;合作图描述对象间的协作关系，合作图跟顺序图相似，显示对象间的动态合作关系。如果强调时间和顺序，则使用顺序图;如果强调上下级关系，则选择合作图。这两种图合称为交互图。

⑤ 第五类是实现图（implementation diagram）。构件图描述代码部件的物理结构及各部件之间的依赖关系。它有助于分析和理解部件之间的相互影响程度。

配置图定义系统中软硬件的物理体系结构。它可以显示实际的计算机和设备（用节点表示）以及它们之间的连接关系，也可显示连接的类型及部件之间的依赖关系。从应用的角度看，当采用面向对象技术设计系统时，第一步是描述需求；第二步根据需求建立系统的静态模型，以构造系统的结构；第三步是描述系统的行为。其中在第一步与第二步中所建立的模型都是静态的，包括用例图、类图（包含包）、对象图、构件图和配置图等五个图形，是标准建模语言 UML 的静态建模机制。其中第三步中所建立的模型或者可以执行，或者表示执行时的时序状态或交互关系。它包括状态图、活动图、顺序图和合作图等四个图形，是标准建模语言 UML 的动态建模机制。因此，标准建模语言 UML 的主要内容也可以归纳为静态建模机制和动态建模机制两大类。

12.5 软件能力成熟度模型 CMM

与技术性、学术性较为突出的 UML 相比，更加靠近管理的另一个重要模型是软件成熟度模型——CMM（capability maturity model for software）。对于信息系统的设计者来说，一个企业的软件能力，包括软件开发过程控制和管理能力，将决定其软件开发的质量和效率。CMM 正是这样一个指南，它以几十年产品质量概念和软件工业的经验及教训为基础，为企业软件能力不断走向成熟提供了有效的步骤和框架。其重要性就不低于 UML。

12.5.1 CMM 概述

CMM 的基本思想是基于已有 60 多年历史的产品质量原理。Philip Crosby 将质量原理转变为能力成熟度模型框架，他在著作《Quality is Free》中提出了"质量管理成熟度网络"。1984 年，美国国防部为降低采购风险，委托卡耐基—梅隆大学软件工程研究院（SEI）制定了软件过程改进、评估模型，也称为 SEI SW-CMM。1986 年，Watts Humphrey 将此成熟度模型框架带到了 SEI 并增加了成熟度等级的概念，后来又将这些原理应用于软件开发，发展成为软件过程能力成熟度模型框架，形成了当前软件产业界正在使用的 CMM 框架。该模型于 1991 年正式推出，迅速得到广大软件企业及其顾客的认可。从 1987 年 SEI 推出 SW-CMM 框架开始，1991 年推出 CMM 1.0 版，1993 年，SEI 正式发布了能力成熟度模型。2002 年正式发布了软件集成能力成熟度模型（CMMISM）。

目前，SEI 研制和保有的能力成熟度模型有以下几种。

（1）软件集成能力成熟度模型（CMMISM：CMM integration SM）。

（2）软件能力成熟度模型（SW-CMM：capability maturity model for software）。

（3）人力能力成熟度模型（P-CMM：people capability maturity model）。

（4）软件采办能力成熟度模型（SA-CMM：software acquisition capability maturity model）。

（5）系统工程能力成熟度模型（SE-CMM：systems engineering capability maturity model）。

（6）一体化生产研制能力成熟度模型（IPD-CMM：integrated product development capability maturity model）。

CMM 的核心是把软件开发视为一个过程，并根据这一原则对软件开发和维护进行过程监控和研究，以使其更加科学化、标准化。

CMMI 则在 CMM 的基础上，更加强调软件和方案的生命周期，从需求分析、系统架构开始，一直到系统后期维护才结束，涵盖系统工程、产品集成、过程管理、软件编写等多个方面。CMMI 与 CMM 的不同在于，CMMI 可以解决现有不同 CMM 模型的重复性、复杂性，并减少由此引起的成本，缩短改进过程，它的涉及面更广，专业领域覆盖软件工程、系统工程、集成产品开发和系统采购。

12.5.2　CMM 模型与内容

1. CMM 模型

SW-CMM 为软件企业的过程能力提供了一个阶梯式的进化框架，阶梯共有五级。第一级实际上是一个起点，任何准备按 CMM 模型进化的企业都自然处于这个起点，并通过这个起点向第二级迈进。除第一级外，每一级都设定了一组目标，如果达到了这组目标，则表明达到了这个成熟度级别，可以向下一个级别迈进。

CMM 五级能力成熟度模型如图 12-5 所示。

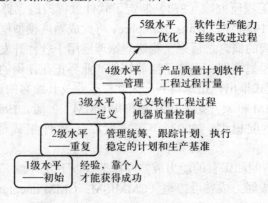

图 12-5　CMM 五级能力成熟度模型

2. CMM 的内容

CMM 模型不主张跨越级别的进化,因为从第二级起,每一个低级别的实现均是高级别的实现的基础。

(1)初始级。初始级的软件过程是未加定义的随意过程,项目的执行是随意甚至是混乱的。也许,有些企业制定了一些软件工程规范,但若这些规范未能覆盖基本的关键过程要求,且执行没有政策、资源等方面的保证时,那么它仍然被视为初始级。它主要指经验和个人行为。

(2)可重复级。第二级的焦点集中在软件管理过程上。一个可管理的过程则是一个可重复的过程,一个可重复的过程则能逐渐进化和成熟。第二级的管理过程包括了需求管理、项目管理、质量管理、配置管理和子合同管理五个方面,其中项目管理分为计划过程和跟踪与监控过程两个过程。通过实施这些过程,从管理角度可以看到一个按计划执行的且阶段可控的软件开发过程。

(3)定义级。在第二级仅定义了管理的基本过程,而没有定义执行的步骤标准。在第三级则要求制定企业范围的工程化标准,而且无论是管理还是工程开发都需要一套文档化的标准,并将这些标准集成到企业软件开发标准过程中去。所有开发的项目需根据这个标准过程,剪裁出与项目适宜的过程,并执行这些过程。过程的剪裁不是随意的,在使用前需经过企业有关人员的批准。它主要是指仔细观察、整体协调、软件生产工程、集成软件管理、训练规划、组织过程确定、组织过程中心点。

(4)管理级。第四级的管理是量化的管理。所有过程需建立相应的度量方式,所有产品的质量(包括工作产品和提交给用户的产品)需有明确的度量指标。这些度量应是详尽的,且可用于理解和控制软件过程和产品。量化控制将使软件开发真正变为一种工业生产活动。

(5)优化级。第五级的目标是达到一个持续改善的境界。所谓持续改善是指可根据过程执行的反馈信息来改善下一步的执行过程,即优化执行步骤。它主要是指过程变化管理、技术变化管理、缺点防止。

如果一个企业达到了这一级,那么表明该企业能够根据实际的项目性质、技术等因素,不断调整软件生产过程以求达到最佳。

3. 结构

除第一级外,SW-CMM 的每一级是按完全相同的结构构成的。每一级包含了实现这一级目标的若干关键过程域(KPA, key process area),每一个 KPA 都确定了一组目标。若这组目标在每一个项目都能实现,则说明企业满足了该 KPA 的要求。若满足了某一个级别的所有 KPA 要求,则表明达到了这个级别所要求的能力。

每个 KPA 进一步包含若干关键实施活动(KP)，无论哪个 KPA，它们的实施活动都统一按五个公共属性进行组织，即每一个 KPA 都包含五类 KP。

（1）实施保证。实施保证是企业为了建立和实施相应 KPA 所必须采取的活动，这些活动主要包括制定企业范围的政策和高层管理的责任。

（2）实施能力。实施能力是企业实施 KPA 的前提条件。企业必须采取措施，在满足了这些条件后，才有可能执行 KPA 的执行活动。实施能力一般包括资源保证、人员培训等内容。

（3）执行活动。执行过程描述了执行 KPA 所需要的必要角色和步骤。在五个公共属性中，执行活动是唯一与项目执行相关的属性，其余四个属性则涉及企业 CMM 能力基础设施的建立。执行活动一般包括计划、执行的任务、任务执行的跟踪等。

（4）度量分析。度量分析描述了过程的度量和度量分析要求。典型的度量和度量分析要求是确定执行活动的状态和执行活动的有效性。

（5）实施验证。实施验证是验证执行活动是否与所建立的过程一致。实施验证涉及管理方面的评审和审计以及质量保证活动。

在实施 CMM 时，可以根据企业软件过程存在问题的不同程度确定实现 KPA 的次序，然后按所确定次序逐步建立、实施相应过程。在执行某一个 KPA 时，对其目标组也可采用逐步满足的方式。过程进化和逐步走向成熟是 CMM 体系的宗旨。

12.5.3　CMM 的实施过程

企业实施 CMM 的步骤如下。

（1）提高思想认识，了解必要性和迫切性。

（2）确定合理的目标。

（3）进行 CMM 培训和咨询工作。

（4）成立工作组。

（5）制定和完善软件过程。

（6）内部评审。

（7）初期评估。

（8）正式评估。

（9）根据评估的结果改进软件过程。

CMM 的精髓是"持续改进"，系统开发效率和质量是一个复杂系统工程问题，必须以超前的视野预见过程实施中可能遇到的要素（包括特定的设计、作业方式以及与之相关联的成本要素），并借助先期规范制约各种手段进行预期调整，同时结合相应的效果计量和评估方法，确保实际过程以预期的低成本运作。着眼于软件过程的 CMM 模型是持续改进的表现，模型中蕴涵的思想就是防止项目失败的思想，也就是"持续改进"。

12.6 信息系统安全规划设计

随着信息系统应用环境的复杂性和开放性，信息系统的安全性越来越成为信息系统分析和设计的重要因素。通过安全规划设计，从整体上考虑信息系统的安全需求，实现信息系统的安全，已经成为信息系统建设的重要内容。

12.6.1 信息安全概述

系统安全包括两方面含义，一是信息安全，二是网络安全。具体来说，信息安全指的是信息的保密性、完整性和可用性。网络安全主要从通信网络层面考虑，指的是使信息的传输和网络的运行能够得到安全保障，内部和外部的非法攻击能得到有效的防范和遏制。

概括地讲，信息系统安全根据保护目标的要求和环境的状况，信息网络和信息系统的硬件、软件、机器、数据需要受到可靠的保护，通信、访问等操作要得到有效保障和合理控制，不因偶然的或者恶意攻击等原因而遭受到破坏、更改、泄漏，系统连续可靠正常运行，网络服务不被中断。信息安全的保障涉及网络上信息的保密性、完整性、可用性、真实性和可控性等相关技术和理论，涉及安全体系的建设，安全风险的评估、控制、管理、策略制定、制度落实、监督审计、持续改进等方面的工作。

信息安全与一般的安全范畴有许多不同的特点，信息安全有其特殊性。第一，信息安全不是绝对的，所谓的安全是相对而言的。第二，信息安全是一个过程，是前进的方向，不是静止不变的。只有将该过程针对保护目标资源不断地应用于网络及其支撑体系，才可能提高系统的安全性。第三，在信息系统安全中，人始终是一个重要的角色，由于人的动机、素质、品德、责任、心情等因素，在管理、操作、攻击等方面有不同表现，可能造成信息系统的安全问题。第四，信息系统安全是一个不断对付攻击的循环过程，攻击和防御是循环中交替的矛盾性角色。防御攻击的技术、策略和管理并不是一劳永逸的，需要不断更新以适应新的发展需求。第五，信息系统安全是需要定期进行风险评估的，风险存在和规避风险都是不断变化的。

信息系统安全涉及的内容有技术方面的，更重要的是管理方面的，两方面相互补充，缺一不可。技术方面主要侧重于防范、记录、诊断、审计、分析、追溯各种攻击，管理方面侧重于对应于技术实现采取的人员、流程管理和规章制度。

信息系统安全涉及以下方面的内容。

1. 系统运行的安全

系统运行的安全主要侧重于保证信息处理和通信传输系统的安全。其安全要求是保证系统正常运行，避免因为系统的崩溃和损坏而对系统存储、处理和传输的信息造成破坏和损失，避免物理的不安全导致运行的不正常或瘫痪，避免由于电磁泄漏而产生信息泄漏，避免干扰他人或受他人干扰。

2. 访问权限和系统信息资源保护

对网络中的各种软硬件资源（主机、硬盘、文件、数据库、子网等）实施访问控制，防止未授权的用户进行非法访问，访问权限控制技术包括口令设置、身份识别、路由设置、端口控制等。系统信息资源保护包括身份认证、用户口令鉴别、用户存取权限控制、数据库存取权限控制、安全审计、计算机病毒防治、数据保密、数据备份、灾难恢复等。

3. 信息内容安全

信息内容安全侧重于信息内容的保密性、真实性和完整性。避免攻击者利用系统的漏洞进行窃听、冒充、修改、诈骗等有损合法用户的行为。信息内容安全还包括信息传播产生危害的安全、信息过滤等，防止和控制非法、有害的信息进行传播后产生危害。

4. 作业和交易的安全

作业和交易的安全指网络中的两个实体之间的信息交流不被非法窃取、篡改和冒充，保证信息在通信过程中的真实性、完整性、保密性和不可否认性。作业和交易安全的技术包括数据加密、身份认证、数字签名等，其核心是加密技术的应用。

5. 人员和规章制度安全保障

重大的信息安全事故通常来自组织的内部，所以对于人员的管理以及确定信息系统安全的基本方针和相应的规章管理制度，是信息系统安全不可缺少的一个部分。在人员角色、流程、职责、考察、审计、聘任、解聘、辞职、培训、责任分散等方面，应建立可操作的管理安全防范体系。

6. 安全体系整体的防范和应急反应功能

对于信息系统涉及的安全问题，建立系统的防范体系，对可能出现的安全威胁和破坏进行预演，对出现的灾难、意外的破坏能够及时的恢复。

12.6.2　信息安全规划设计

为了保证信息系统的安全应用，应从以下几个方面进行规划。

1. 人员安全管理

任何系统都是由人来控制的，除了对重要岗位的工作人员要进行审查之外，在制度建立过程中要坚持授权最小化、授权最分散化、授权规范化原则。只授予操作人员完成本职工作必需的最小授权，包括对数据文件的访问、计算机和外设的使用等。对于关键的任务必须在功能上进行划分，由多人来共同承担，保证没有任何个人具有完成任务的全部授权或信息。建立起申请、建立、发出和关闭用户授权的严格制度，以及管理和监督用户操作责任的机制。

2. 用户标识与认证

用户标识与认证是一种用于防止非授权用户进入系统的常规技术措施。用户标识用于用户向信息系统表明自己的身份，应该具有唯一性。系统必须根据安全策略维护所有用户标识。认证用于验证用户向系统表明身份的有效性，通常有三种方法：用户个人所掌握的秘密信息（如口令、电子签名密钥、个人标识号 PIN 等）；用户所拥有的物品（如磁卡、IC 卡等）；用户的生理特征（如声音、动态手写输入的特征模式、指纹等）。信息系统可以组合使用几种方法。

3. 物理与环境保护

在重要区域限制人员的进出，保证公用设施安全，使系统中需要不间断地提供服务的硬件不受损害。

4. 数据完整性与有效性控制

数据完整性与有效性控制是指要保证数据不被更改和破坏。需要规划的内容包括：系统的备份和恢复措施；计算机病毒的防范与检测制度；是否要采取对数据文件统计数据记录数等方法定期进行校验；是否要实时监控系统日志文件，记录与系统可用性相关的问题，如对系统的主动攻击，处理速度下降和异常停机等。

5. 逻辑访问控制

逻辑访问控制是基于系统的安全机制，确定某人或某个进程对于特定系统资源访问的授权。根据授予用户能够完成指定任务的最小特权的原则，设定用户的角色和最小特权的范围；对访问控制表建立定期审核制度，及时取消用户完成指定任务后已不再需要的特权；对重要任务进行划分，避免个人具有进行非法活动所必需的全部授权；限制用户对于操作系统、应用系统和系统资源进行与本职工作无关的访问；如果应用系统使用了加密技术，要对加密方法、加密产品的来源、密钥的管理等问题专门进行评估；由于信息系统要连接到因特网，要分析是否使用了另外的硬件或技术对网络进行安全保护，对路由器、安全网关、防火墙等的配置，端口的保护措施等进行评估。

6. 审计与跟踪

审计与跟踪系统，维护一个或多个系统运行的日志记录文件，记录系统应用、维护活动记录文件，是进行系统安全控制的重要手段。用户活动记录应支持事后对发生的事件进行调查，包括分析事件的原因、时间、相关的维护标识、引发事件的程序或命令等；应对日志记录文件进行专门的保护，对于联机访问日志记录文件要作严格控制；审计与跟踪系统的管理措施，是否需要设立安全管理员（而不是系统管理员）来承担这一任务。

12.6.3 信息安全技术

1. 网络加密技术

网络信息加密的目的是保护网内的数据、文件、口令和控制信息，保护网上传输的数据。网络加密常用的方法有链路加密、端点加密和节点加密三种。链路加密的目的是保护网路节点之间的链路信息安全；端点加密是对源端用户到目的端用户的数据提供加密保护；节点加密是对源节点到目的节点之间的传输链路提供加密保护。

2. 防火墙技术、内外网隔离、网络安全域的隔离技术

在内外部网络之间，设置防火墙（包括分组过滤和应用代理）实现内外网的隔离与访问控制是保护内部网络安全的主要措施之一。防火墙可以表示为：防火墙＝过滤器＋安全策略＋网关。防火墙可以监控进出网络的数据信息，从而完成仅让安全、核准的数据信息进入，同时又抵制对内部网络构成威胁的数据进入的任务。通常，防火墙服务的主要目的是：限制他人进入内部网络、过滤掉不安全服务和非法用户、限定访问的特殊站点等。防火墙的主要技术类型包括网络级数据包过滤器和应用级代理服务器。

3. 网络地址转换技术

网络地址转换技术也称为地址共享器或地址映射器，设计的初衷是为了解决网络 IP 地址不足的问题，现在多用于网络安全。内部主机向外部主机连接时，使用同一个 IP 地址，相反的，外部主机要向内部主机连接时，必须通过网关映射到内部主机上。它使外部网络看不到内部网络，从而隐藏内部网络，达到保密的目的，使系统的安全性提高，并且节约外部 IP 地址。

4. 操作系统安全内核技术

除了传统的网络安全技术以外，在操作系统层次上也应该考虑相关的信息安全问题，操作系统平台的安全措施包括：采用安全性较高的操作系统；对操

作系统进行安全配置；利用安全扫描系统检查操作系统的漏洞等。

5. 身份认证技术

身份认证是用户向系统出示自己身份证明的过程。身份识别是系统查核用户身份证明的过程。这两个过程是判明和确认通信双方真实身份的两个重要环节。在拨号上网、上机登录、远程访问等都涉及身份认证技术的应用。口令认证、数字证书认证是比较常用的身份认证方式。身份认证的载体可以存储在诸如 USBKey、IC 卡等介质上，还可以配备生物活体的身份认证。

6. 反病毒技术

计算机病毒具有不可估量的威胁性和破坏力。如果不重视信息系统对病毒的防范，那可能给社会造成灾难性的后果，因此计算机病毒的防范也是信息系统安全技术中重要的一环。信息系统技术包括预防病毒、检测病毒和消除病毒三种技术。

7. 信息系统安全检测技术

信息系统的安全取决于信息系统中最薄弱的环节，所以，应及时地发现信息系统中最薄弱的环节。检测信息系统中最薄弱环节的方法是定期对信息系统进行安全性分析，及时发现并修复存在的漏洞和弱点。信息系统安全检测工具通常是一个信息系统安全性评估分析软件，其功能是用实践性的方法扫描分析信息系统，检查报告系统中存在的弱点和漏洞，建议补救措施和安全策略，达到增强信息系统安全性的目的。

8. 安全审计与监控技术

审计是记录用户使用信息系统进行所有活动的过程，它是提高安全性的重要工具，不仅能够识别谁访问了系统，还能指出系统正被怎样的使用，对于确定是否有信息系统攻击的情况，审计信息对于确定问题和攻击源很重要。同时，系统事件的记录能够更迅速和全面地识别问题，它是后面阶段事故处理的重要依据，为网络犯罪行为及泄密行为提供取证基础。另外，通过对安全事件的不断收集与积累并且加以分析，有选择地对其中的某些站点或用户进行审计跟踪，以便对发现可能产生的破坏性行为提供有力的证据。

9. 信息系统备份技术

备份技术的目的在于：当系统运行出现故障时，尽可能地全盘恢复计算机系统运行所需的数据和系统信息。根据系统安全需求可选择的备份机制有：场地内高速度、大容量自动的数据存储、备份与恢复；场地外的数据存储、备份与恢复；系统设备的备份。备份不仅在信息系统出现硬件故障或人为失误时起到保护作用，也在入侵者非授权访问或对信息系统攻击及破坏数据完整性时起到保护作用，同时也是系统灾难恢复的前提之一。

本章小结

本章围绕信息系统的理念和指导思想、体系结构、表达方法、设计技术、安全质量等方面介绍了信息系统分析与设计的新进展。信息系统的分析与设计是一门正在迅速发展中的学科，为了给读者和学生提供关注和跟踪学科发展前沿的线索，我们尽可能地提供本学科发展的全景，强调一些值得注意的发展方向和趋势。

本章的内容按照从理念到技术、标准的顺序展开。首先介绍了系统分析与设计中基本理念和指导思想的发展趋势，扼要地说明了信息资源、IT 治理、以人为本、云计算、知识管理等热门议题和理念的要点；在此基础上结合平台和物流网环境下的信息系统建设，对于软件构件、UML、CMM以及信息系统安全规划设计等议题进行了简要的介绍。

需要说明的是，作为一个不断发展的新兴学科，这样的展望和介绍难免挂一漏万。对于使用本书的教师和学生来说，本章只是一个很初步的索引和入门介绍，要真正跟上学科发展，就必须在从事实际开发工作的同时，不断关注和掌握最新的技术和学科发展动态。希望使用本教材的教师和学生，能够持续地关注学科的发展，使得自己的知识结构和教学水平跟上迅速变化的产业现实，以适应不断提高的实际工作的需要。

关键词

Web 服务	分布计算体系结构和规范
简单对象访问协议	公共对象模型
面向服务的架构	统一建模语言
构件	软件能力成熟度模型
通用对象请求代理结构	关键过程域
对象管理体系结构	持续改进
分布式构件对象模型	
CORBA 构件模型	

思考题

1. 什么是 Web Services？它的平台体系结构是什么？
2. Web Services 的特点是什么？它的应用前景主要在哪些领域？

3．软件复用的技术有哪三种？各有什么特点？

4．构件指的是什么？它具有哪些属性？

5．了解 3 大主流中间件技术 CORBA、J2EE 和 DNA 2000。

6．说出 UML 的定义、五类图（9 种）和它的 3 个组成因素。

7．UML 静态和动态的建模机制的原理是什么？

8．讲述 CMM 的五级能力成熟度模型和它的 KPA 的关键过程。

第 13 章　系统分析与设计案例

本章介绍一个信息系统分析与设计的实例，以便读者通过对一个实际的信息系统开发过程的认识，对前几章介绍的分析与设计方法的具体应用有更清楚的了解。

信息系统的分析与设计是一个复杂的系统工程，涉及的资料繁杂、规模庞大，无法一一列举，这里仅按照前面章节所描述的内容及软件文档格式，把该系统开发过程中的主要步骤和报告文档作简单介绍。下面将按调查研究与现状分析、系统建设计划、系统分析与设计等实际系统建设过程的顺序分别介绍，至于程序、系统调试说明书、系统使用和维护说明书、系统开发总结报告等，限于篇幅，无法一一列出。

13.1　概述

某建筑设计研究院（以下简称设计院）是国内某高校直接领导下的二级单位，其主要业务是工程设计项目，工作内容主要由项目投标、合同洽谈、计划编制、设计过程、交付设计文件以及后期服务等环节组成。由于设计院原来采用手工信息管理方式，信息化水平不高，工作效率和管理水平低下。为提高工作效率和管理水平，早日实现设计院的长远快速发展，拟开发计算机管理信息系统。

系统建设目标可分为两个目标。

13.1.1 近期目标

在一年之内建立一个设计院基本业务管理信息系统，初步实现管理层的办公自动化管理和业务层的设计项目流程管理，建立学习型组织，进行管理改革，建立新的工作流程和秩序，以规范设计院的管理方式、提高管理层的监督效率，以制度化、信息化建设为手段强化执行力，提高管理水平。

13.1.2 长期目标

拟在三年之内，建立起一个能够及时提供决策信息，提高管理水平，具有辅助决策支持的综合性管理信息系统。从而进一步提高设计院管理决策科学化、现代化水平，以及提高单位的经济及社会效益。充分利用信息技术和通信技术带来的便利，将设计院的综合资源最大程度的为提高设计能力、扩大业务范围服务，拓宽设计院的竞争空间，优化竞争方式，提高内部管理水平和外部市场变化的敏感性，不断提高企业核心竞争力。

13.2 调查研究与现状分析

13.2.1 现行系统描述

经过现场调查和召开座谈会等形式对设计院现状进行了研究。设计院现有正、副教授及高级工程师共 104 名、工程师 42 名，其组织结构如图 13-1 所示。

13.2.2 存在的主要问题

（1）信息处理效率低。设计院内部信息化发展水平不高，大多数业务使用手工管理，管理基础比较薄弱，流程也没有得到很好的优化。管理制度不很健全，有些还在建设过程中，企业内部还没有达到完全统一管理的水平。例如在项目设计过程中，互提资料主要还是以会议或电话方式，没有实现网络数据传输，这样使得资料难以保留历史记录，难免存在扯皮现象。图纸校对、审核主要还是打印出来的纸质资料，没有做到计算机审图，这样导致需要的图档资料难以管理和归档，并且版本不一。

（2）计算机专业人员较少。开发一个计算机管理信息系统，需要一定数量的既懂得管理、又懂得计算机技术与通信技术的人才。设计院在这方面存在较大差距，可能会影响系统开发的周期和质量。

（3）管理基础工作与计算机化的差距大。管理职能、标准化和数据格式化等均与计算机化的要求有一定差距。

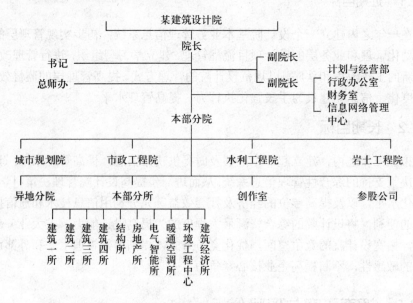

图 13-1　建筑设计院组织结构图

13.2.3　新系统开发策略

根据系统的长期目标和现行系统存在的主要问题，建议新的系统可分为两步来实现。分别从以下方面进行说明。

1. 对新系统的技术指标与性能要求

第一阶段（1年内）先建立一个局域网络，以满足近期目标要求，该系统能够满足设计院当前亟须解决的管理层办公自动化问题和业务层设计业务流程网络优化问题。

（1）及时提供信息支持。

（2）提高设计项目流程管理效率。

（3）提高高层管理者监督效率。

（4）规范化管理。

第二阶段（2~3年）建立全院的管理信息系统。管理功能要覆盖以设计项目流程管理为中心的各个部门和科室，并且能向全院领导提供决策支持功能。

2. 新系统可能产生的影响及变革

（1）对现行管理体制的影响。第一阶段的系统对现行管理体制虽有影响，但不强烈，重点是加强基础建设，以适应计算机化。

　　第二阶段的系统对全院管理体制将产生强烈的影响，将改革现行人员管理体制，重新调整机构，形成一个以设计项目流程管理为中心、以信息为主要决策依据的新体制。

　　（2）对专业人员的变动及要求。第一阶段的系统对专业人员的变动不大，除了增加一部分计算机信息系统专业人员外，计划与管理人员将逐步适应计算机化的要求，学会使用计算机解决互提资料管理、设计项目流程管理等方面的问题。

　　第二阶段系统对专业人员的变动较大，将使绝大多数专业人员都能以计算机为工具，从事本科室的专业工作，使他们既懂得专业工作又懂得计算机，从使用计算机进行简单的业务操作（只会使用别人已经编制好的软件）转变成主动地使用计算机，创造性地使用计算机提高工作效率，部分应用功能可以与信息系统技术人员一起自主开发。

　　由于管理信息系统在技术上比较成熟，并且有切实的工程技术方法的保证，设计院的领导准备采取具体的措施落实资金和人员等方面的工作，因此，分阶段开发该单位管理信息系统的设想是可行的。

3. 投资估计

　　第一阶段总投资人民币 60 万～80 万元。

　　第二阶段投资人民币 200 万～250 万元。

4. 效益分析

　　计算机管理信息系统所产生的经济效益与众多因素有关，不宜采用传统的一次性投资效益估算法。开发系统的投资用在管理领域，但经济效益却体现在生产领域。当系统向领导及时提供决策信息，从而使领导作出正确决策时，才可能产生直接经济效益，但这只是计算机管理信息系统所产生效益的某一方面。

　　设计院计算机管理信息系统在第一阶段所产生的直接经济效益，可以体现在管理办公的自动化、设计项目流程管理的规范性、领导监督的有效性等方面，通常可提高效益 10%左右。

　　所产生的非直接经济效益是多方面的，例如，能够实现决策科学化和管理方法现代化，以及促进管理体制合理化和管理信息标准化等，需要经过长期平稳运行后才可以进行估计。

13.3　系统建设的组织

13.3.1　系统建设的策略

　　设计院由于信息系统开发能力不强，选择了与高校科研机构合作，采用技术外包（outsourcing）方式获得系统建设所需的技术资源的建设思路。经过对国内信息系统建设现状的分析和对国内主要信息系统研究机构的了解，选择了某高校的计算机网络研究所承担系统开发的主要工作，设计院派技术人员参加，共同组成系统建设小组。

13.3.2　实施计划

项目的实施计划要根据系统建设的任务、承担单位的技术能力和应用单位的人员素质现状等综合考虑。根据设计院计算机管理信息系统应用的需要，设计第一阶段工程的工作进度表，如表 13-1 所示。

表 13-1　第一阶段工程进度表

阶　段	人数	时间（月）	工作量（人月）	起止时间
可行性研究	3	2	6	2009 年 2 月—2009 年 3 月
系统分析与设计	5	3	15	2009 年 4 月—2009 年 6 月
程序设计	8	4	32	2009 年 7 月—2009 年 10 月
系统测试	5	1	5	2009 年 11 月
系统试运行	3	2	6	2009 年 12 月—2010 年 1 月
验收				2010 年 2 月

13.4　系统分析

13.4.1　系统分析的原则和方法

1. 系统分析的原则

分析设计院的要求，确定管理信息系统的逻辑功能，以满足单位的要求。第一阶段工程完成后，该系统应该具有较高的扩充性，便于在此基础上完成第二阶段工程。

2. 系统分析的方法

采用结构化系统分析方法，建立新系统的逻辑模型。在系统分析阶段，应尽可能避免使用计算机信息系统专业术语，以便于设计院和开发单位双方人员共同讨论。

13.4.2　系统功能

设计项目流程管理系统由以下六个子系统组成：项目立项管理、项目策划管理、互提资料管理、设计流程管理、设计变更管理、项目归档管理。

设计项目流程管理系统的第一层数据流程图如图 13-2 所示。

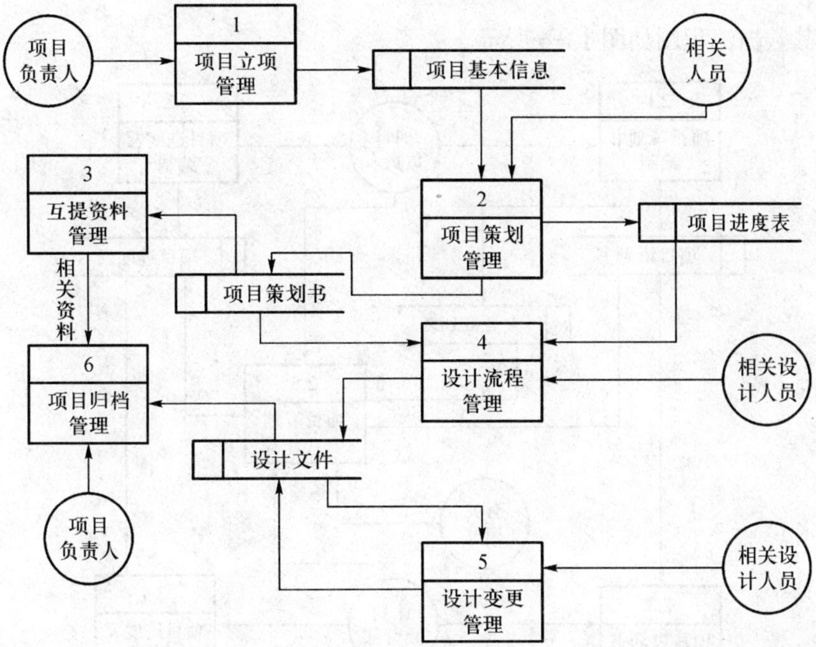

图 13-2 设计院设计流程管理系统的第一层数据流程图

各个子系统的功能分别介绍如下。

（1）项目立项管理。项目负责人根据合同信息，对自己负责的符合立项条件的项目进行立项，并对已经立项的项目信息进行维护，包括项目的修改、删除，子项的录入、修改，删除。

其数据流程图如图 13-3 所示。

① 项目立项。该处理逻辑执行的是项目负责人立项，录入子项信息的功能。

② 项目信息维护。项目负责人立项过后，可以对已立项的信息进行修改等操作。该处理逻辑执行的是已立项项目及其子项的查看、修改、删除。

（2）项目策划管理。项目策划管理包括项目策划书的编制、审批，项目进度表的编制、审批，项目策划信息的维护。项目负责人根据已经立项的项目编制项目策划书、项目进度表以及人员策划表，对项目

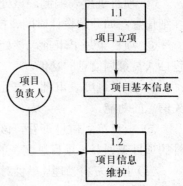

图 13-3 项目立项管理的数据流程图

策划信息进行维护。计划经营部在项目负责人提交后，审批项目策划书、项目
进度表。

其数据流程图如图 13-4 所示。

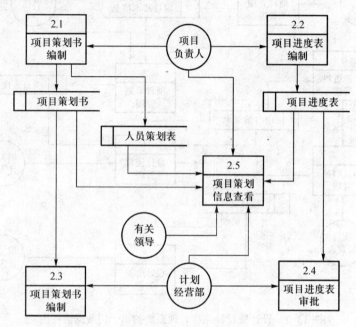

图 13-4 项目策划管理

① 项目策划书编制。已经立项后的项目，项目负责人可以编制项目策划
书，并进行人员策划。

② 项目进度表编制。该处理逻辑执行的是项目负责人编制项目进度表的
详细信息，如开始设计时间、校对时间等。

③ 项目策划书审批。该处理逻辑执行的是计划经营部审批项目策划书，
包括人员策划信息的功能。

④ 项目进度表审批。该处理逻辑执行的是计划经营部审批项目进度表相
关信息的功能。

⑤ 项目策划信息查看。该处理逻辑主要是为企业管理层提供查看各个项
目的项目策划书、项目进度表的详细信息。

（3）互提资料管理。提供对项目的多专业之间的互提任务管理、资料互提、
审核。互提资料管理包括提资、验证、选择接收专业负责人、审核接收、重提、
补提、反提。其数据流程图如图 13-5 所示。

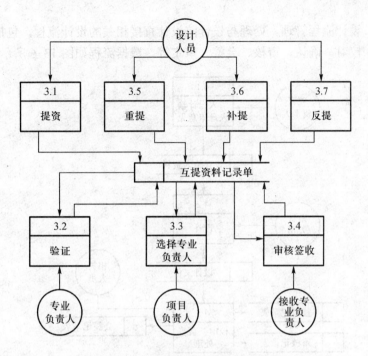

图 13-5　互提资料管理的数据流程图

① 提资。对于多专业参与设计的项目，各个专业的设计人员可以相互提资。设计人员可以在此填写互提资料的要求，接收的专业，上传互提的资料。

② 验证。提资专业的专业负责人对互提资料记录单进行验证，确保互提的资料符合要求。

③ 选择专业负责人。项目负责人对已通过专业负责人验证的互提资料记录，选择该项目的接收专业的专业负责人，以便接收专业的专业负责人审核要接收的资料。

④ 审核签收。该处理逻辑执行的是接收专业的专业负责人审核提资人的提资信息是否符合本专业的要求，决定本专业是否要接收此次提资。

⑤ 重提。对于已经互提过资料的项目，经专业负责人验证不合格或者接收专业的专业审核人不接收，可以进行重提，重提时上次的提资作废。

⑥ 补提。该处理逻辑执行的是已经互提过资料但还想补充提资的项目的提资。

⑦ 反提。接收专业的设计人接收到提资后可以进行反提，反提的资料经过专业负责人的验证，项目负责人选择专业负责人，接收专业的专业负责人审核接收最后到达项目的设计人员处。

（4）设计流程管理。处理与设计院设计直接相关的设计流程，包括设计文件上传、校对、确认、审核、会签、审定等。数据流程如图 13-6 所示。

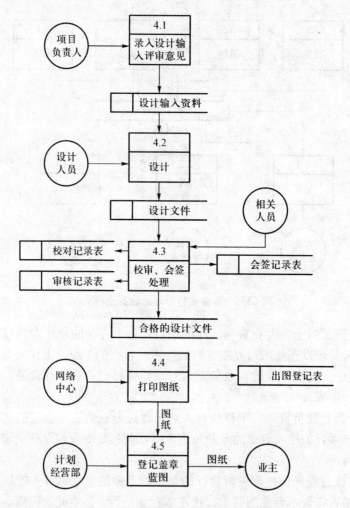

图 13-6　设计流程管理的数据流程图

① 录入设计输入评审意见。项目负责人在此处录入设计输入评审意见，启动设计流程。

② 设计。设计人员在此处上传自己的设计文件，处理校对、确认、审核、会签等不通过而返回的设计任务。

③ 校审、会签处理。该处理逻辑执行的是校对人校对设计文件、专业负责人确认设计文件、审核人审核设计文件、专业负责人进行会签。

④ 打印图纸。会签通过后，网络中心在此处打印合格的设计图纸，查询已打印的项目图纸。

⑤ 登记盖章蓝图。设计图纸打印后要经过计划经营部盖章并进行登记，登记后项目负责人就可以把图纸交付给业主了。

（5）设计变更管理。设计变更管理主要包括设计中变更任务管理、交付后变更任务管理以及人员变更。其数据流程如图 13-7 所示。

① 设计中变更任务下达。该处理逻辑处理的是正处于设计阶段的项目的变更和变更任务的查看。项目负责人给相关设计人员下达变更任务，指明变更要求和变更原因。

② 变更分类。该处理逻辑处理的是交付后的项目的变更。项目交付后要进行变更，项目负责人判断是哪个类型的变更，变更类型分为修改通知单的变更、设计文件变更，对相应的变更执行相应的流程。

③ 变更设计。该处理逻辑主要处理的是设计人员填写的修改通知单。

④ 校审设计修改通知单。该处理逻辑主要是项目中的校对人、专业负责人、审核人对设计修改通知单进行校对、确认和审核。

⑤ 人员变更。在项目策划书审核后就不可以对人员进行随意的更改，该处理逻辑主要给项目负责人提供变更人员的方便。项目负责人可以对项目中的人员进行替换、删除和增加，并可以在此处查看已经变更的人员。

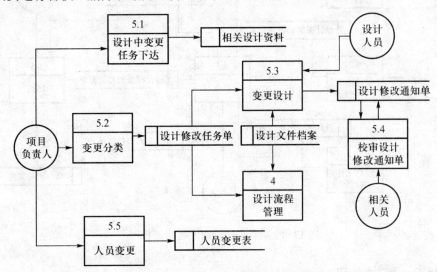

图 13-7　设计变更管理的数据流程图

（6）项目归档管理。项目归档管理是对整个项目中的相关文件进行归档，项目负责人负责填写各种归档单,经接收人接收后最后由资料图档室进行归档。其数据流程图如图 13-8 所示。

① 电子图纸归档。项目负责人在此处填写电子归档验收登记表,记录项目中的各个专业的电子图纸,检查图纸的最新版本,并负责对电子归档验收登记表进行修改、追加。

② 设计图纸归档。项目负责人在该逻辑处填写设计图纸归档送整单,记录各个专业的设计图纸、更改替换的图纸、更改增加的图纸,并对其进行修改和追加。

③ 设计文件归档。项目负责人在此处填写项目中的要归档的相关资料,形成归档资料清单,并对其进行维护。

④ 接收。项目负责人填写完相关归档资料后,选择的接收人会接收到相关资料,确认接收后,资料图档室才可以进行归档。

⑤ 归档。资料图档室负责最后各种资料的归档,归档时应核实各种单据中填写的资料数目。

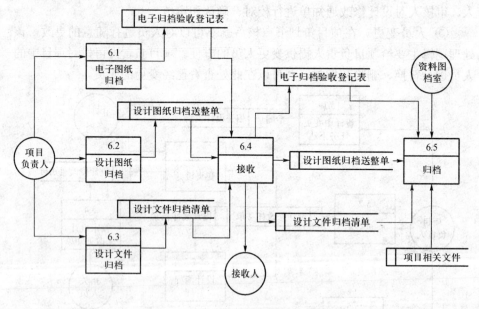

图 13-8 项目归档管理的数据流程图

13.4.3 数据字典

1. 数据元素

数据元素又称为数据项,是数据最小的单位。本系统为每个数据元素设计一张数据元素定义表。表 13-2 是其中的一张数据元素定义表。

表 13-2　数据元素定义表

系统名称：设计院设计流程管理系统

数据元素编号：001

数据元素名称：电子归档验收登记表编号

别名（程序/数据文件内部用名）：nid

类型：整型　　　长度：4 个字节

取值/含义：唯一标识一张电子归档验收登记表

其他数据元素定义表与此类似，由于篇幅有限，不再一一列举，读者可根据本结构，给出所设计系统的元素定义。除此之外，再设一张数据元素一览表，把系统所有数据元素列在一张表中，如表 13-3 所示。

表 13-3　数据元素一览表

系统名称：设计院设计流程管理系统

编号	数据元素名称	别　　名	类　　型	长度	小数点位数
001	电子归档验收登记表编号	nid	整型	4	
002	项目编号	itemId	字符型	9	
003	项目名称	itemName	字符型	50	
004	子项编号	subitemId	字符型	12	
005	子项名称	subitemName	字符型	50	
006	版本	edition	整型	4	
007	设计阶段	designPhase	字符型	35	
008	项目负责人编号	pmId	字符型	10	
009	项目负责人姓名	pmName	字符型	10	
010	编制日期	tableDate	时间类型	8	
...	...	...	...	...	

2. 数据结构

数据结构描述了数据元素之间的关系，由数据元素或数据结构组成。本系统的每个数据结构定义了一张数据结构定义表。表 13-4 是其中的一张数据结构定义表。

除了数据结构定义表以外，还有一张数据结构一览表，如表 13-5 所示。

表 13-4　数据结构定义表

系统名称：设计院设计流程管理系统

数据结构编号：001

数据结构名称：电子归档验收登记表

别名（程序/数据文件内部用名）：dzgdysdjb

简述：记录电子归档中的各种图纸的数量及相关信息

类型：整型/字符型/时间类型

组成：1. 编号

　　　2. 项目编号

　　　3. 项目名称

　　　4. 子项编号

　　　5. 子项名称

　　　6. 版本

　　　7. 设计阶段

　　　8. 项目负责人编号

　　　9. 项目负责人姓名

　　　10. 编制日期

　　　11. 0 号图纸总数

　　　12. 1 号图纸总数

　　　13. 2 号图纸总数

　　　14. 3 号图纸总数

　　　15. 4 号图纸总数

　　　16. 其他图纸总数

　　　17. 小计

　　　18. 接收人编号

　　　19. 接收人姓名

　　　20. 是否接收

　　　21. 接收日期

　　　22. 是否归档

　　　23. 归档人编号

　　　24. 归档人姓名

　　　25. 归档日期

　　　26. 各专业最新版本图纸编号

表 13-5 数据结构一览表

系统名称：设计院设计流程管理系统

编号	数据结构名称	别　名	类　型	长　度
001	电子归档验收登记表	dzgdysdjb	整型/字符型/时间类型	
002	设计图纸归档送整单	sjtzgdszd	整型/字符型/时间类型	
003	设计文件归档清单	sjwjgdqd	整型/字符型/时间类型	
...	...	...	...	

3. 数据流

数据流用来描述数据的流动过程，由一个或一组固定的数据元素组成。本系统的输入数据流有原始凭证及各种单据、查询要求等，输出的数据流有设计图纸，屏幕显示等。每个数据流均有一张数据流定义表。表 13-6 是其中一张数据流定义表。

除了有数据流定义表外，还有一张数据流一览表，如表 13-7 所示。

表 13-6 数据流定义表

系统名称：设计院设计流程管理系统

数据流编号：001

数据流名称：电子图纸数目

别名（程序/数据文件内部用名）：dztzsm

简述：归档时用来记录电子图档数目

来源：电子图纸归档（处理逻辑）

去处：接收

组成：电子归档验收登记表（数据结构）

表 13-7 数据流一览表

系统名称：设计院设计流程管理系统

编　号	数据流名称	别　名	来　源	去　处
001	电子图纸数目	dztzsm	电子图纸归档	接收
002	设计图纸数目	sjtzsm	设计图纸归档	接收
003	设计文件数目	sjwjsm	设计文件归档	接收
004	接收人信息	jsrxx	接收	归档
005	归档信息	gdxx	归档	...
...	...	...	...	...

4. 处理逻辑

处理逻辑的定义是指最低一层数据流程图中的处理逻辑（功能单元）的定义。

本系统为每一个处理逻辑都定义了一张处理逻辑定义表，表 13-8 是其中的一张，描述了项目负责人进行电子图纸归档的处理逻辑。

除了每一个处理逻辑有一张处理逻辑定义表外，系统还有一张处理逻辑一览表，如表 13-9 所示。

表 13-8 处理逻辑（功能元件）定义表

系统名称：设计院设计流程管理系统

处理逻辑编号：6.1
处理逻辑名称：电子图纸归档
输入数据流：电子图纸数目
输出数据流：电子归档验收登记表
处理：将项目中要归档的电子图纸的数目填写到电子归档验收登记表中

表 13-9 处理逻辑（功能单元）一览表

系统名称：设计院设计流程管理系统

序 号	处 理 逻 辑	名 称
001	6.1	电子图纸归档
002	6.2	设计图纸归档
003	6.3	设计文件归档
004	6.4	接收
005	6.5	归档
...	...	...

5. 数据存储

数据字典中的数据存储只描述了数据的逻辑存储结构，不涉及它的物理组织。本系统的数据存储只是表达了需要保存的数据内容。在系统设计阶段根据选定的数据库管理系统进行逻辑设计和物理设计，通常要把一个数据存储进一步分解成若干个数据库文件。系统分析阶段中的每一个数据存储均有一张数据存储定义表，表 13-10 是其中的一张。

表 13-10 数据存储定义表

系统名称：设计院设计流程管理系统

数据存储编号：001
数据存储名称：电子归档验收登记表
简述：记录归档中电子图纸归档的各种电子图纸数目及相关信息
输入数据流：电子归档验收数目、接收人信息、归档信息
输出数据流：电子归档验收登记表
立即存取要求有：
组成：电子归档验收登记表

除了每一个数据存储有一张数据存储定义表以外，还有一张数据存储一览表，如表 13-11 所示。

表 13-11 数据存储一览表

系统名称：设计院设计流程管理系统

序　　号	数据存储编号	名　　称
001	F6–1	电子归档验收登记表
002	F6–2	设计图纸归档送整单
003	F6–3	设计文件归档清单
...	...	...

6. 外部项

外部项表示数据流入、流出和处理的实际发生地点和有关的主体。本系统的外部项主要有两类，一类是部门，如资料图档室等；另一类是人，如项目负责人等。每一个外部项均有一张外部项定义表。表 13-12 是其中一张。

表 13-12 外部项定义表

系统名称：设计院设计流程管理系统

外部项编号：02

外部项名称：接收人

简述：归档文件的接收人

输入数据流：电子图纸数目、设计图纸数目、设计文件数目

输出数据流：接收人信息

除了每一个外部项有一张外部项定义表外，还有一张外部项一览表，如表 13-13 所示。

表 13-13 外部项一览表

系统名称：设计院设计流程管理系统

编　　号		名　　称
01		项目负责人
02		接收人
03		资料图档室
...	...	

到此为止，系统分析任务就基本完成了。根据分析结果，写出系统分析说明书，然后可以组织有关人员对系统分析结果进行审议，审议通过的分析说明书将成为系统设计人员进行系统设计工作的依据。显然，一套数据流程图和一部数据字典是系统设计人员必不可少的工作依据。需要指出的是，系统分析过

程一般都伴随着业务流程的优化。在绘制数据流程图之前，往往需要根据现有业务流程和计算机信息处理的要求，重新设计业务处理过程。

13.5 系统设计

13.5.1 系统功能设计

1. 系统功能图

根据前述的系统分析，为满足设计院设计业务的需要，将系统按功能划分为六个部分，如图13-9所示。需要对各个功能模块进行细分，图13-10给出了"项目归档管理"的结构图，限于篇幅，其他模块的结构图不再赘述。

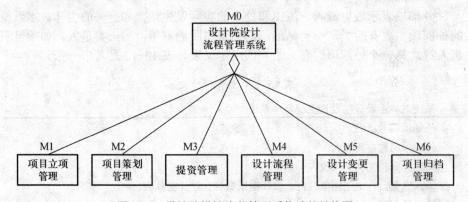

图13-9 设计院设计流程管理系统功能结构图

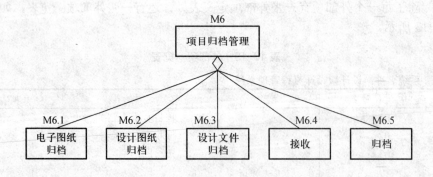

图13-10 项目归档管理

2. 处理过程设计

对结构图中的每一个模块，都有一张模块的处理过程设计说明。书写模块处理过程设计说明的依据是：该模块所对应的数据流程图中的处理逻辑、数据字典中的数据流和数据存储。在系统设计阶段中，数据库已经设计出来，数据字典中的一个数据存储可能被分解成若干物理数据库文件，因此要按物理数据库文件来书写。模块说明书中的输入数据流，通常有这样的几类：菜单选择项、原始单据、查询要求、数据文件。输出数据流通常有：屏幕显示、报表或图形、数据文件。表 13-14～表 13-17 给出了项目归档管理及其下属部分模块的处理过程设计说明。

表 13-14　模块处理过程设计说明——M6

系统名称：设计院设计流程管理系统

模块名称：项目归档管理模块	模块编号：M6

模块描述：项目归档管理处理模块

被调用的模块：电子图档归档、设计图纸归档、设计文件归档、接收、归档

调用模块：主模块

输入参数：	输入说明：
输出参数：	输出说明：

变量说明：MP——菜单选项

使用的文件或数据库：

处理说明：

1. 按以下格式显示项目归档管理

（1）电子图纸归档

（2）设计图纸归档

（3）设计文件归档

（4）接收

（5）归档

2. 接收菜单选项 MP

如果 MP=1

调用 M6.1 电子图纸归档模块

MP=2

调用 M6.2 设计图纸归档模块

MP=3

调用 M6.3 设计文件归档模块

MP=4

调用 M6.4 接收模块

MP=5

调用 M6.5 归档模块

MP=6

调用 M6 返回主菜单

备注：	
设计人：	设计日期：

表 13-15 模块处理过程设计说明——M6.1

系统名称：设计院设计流程管理系统

模块名称：电子图纸归档	模块编号：M6.1

模块描述：录入电子图纸数目

被调用的模块：电子图纸验收登记表填写、电子图纸维护

调用的模块：项目归档管理模块

输入参数：电子图纸数目	输入说明：各种电子图纸的数目
输出参数：电子归档验收登记表	输出说明：记录各种图纸及项目信息

变量说明：

使用的文件或数据库：电子归档验收登记表

处理说明：显示待电子图纸归档的项目，当用户选择"归档"时，进入新增电子归档验收登记表中图纸数量的状态，同时显示项目的相关信息；当用户选择"维护"时，显示指定项目的已归档信息，可进行"查看"、"修改"、"追加"操作；新增、修改和追加状态时，"确定"和"返回"功能可用，查看状态，只有"返回"功能可用

备注：

设计人：	设计日期：

表 13-16 模块处理过程设计说明——M6.4

系统名称：设计院设计流程管理系统

模块名称：接收模块	模块编号：M6.4

模块描述：接收人接收归档文件的处理模块

被调用的模块：

调用的模块：项目归档管理模块

输入参数：电子图纸数目、设计图纸数目、设计文件数目	输入说明：3种归档的信息
输出参数：接收人编号、姓名、接收日期	输出说明：接收人信息

变量说明：

使用的文件或数据库：电子归档验收登记表、设计图纸归档送整单、设计文件归档清单

处理说明：分别显示待接收人接收的电子归档、设计图纸归档、设计文件归档的项目，接收人选择要归档的项目，选择"归档"，先显示待接收资料的详细信息，此时"接收"和"不接收"操作可用，当用户选择"接收"时，弹出确定对话框，确认接收后将接收人信息写入相应的数据库表；接收后，原归档信息不可修改，可以追加

备注：

设计人：	设计日期：

表 13-17 模块处理过程设计说明——M6.5

系统名称：设计院设计流程管理系统	

模块名称：归档模块　　　　　　　　　　　　　　模块编号：M6.5

模块描述：资料图档室归档文件的处理模块

被调用的模块：

调用的模块：项目归档管理模块

输入参数：电子归档验收登记表、设计图纸归档送整单、设计文件归档清单、相关设计文件

输入说明：分别对应 3 种不同归档类型的项目信息

输出参数：归档经手人编号、姓名、接收日期　　　　　输出说明：归档信息

变量说明：

使用的文件或数据库：电子归档验收登记表、设计图纸归档送整单、设计文件归档清单

处理说明：分别显示待资料图档室归档的电子归档、设计图纸归档、设计文件归档的项目，用户选择要归档的项目，选择"归档"，先显示待归档资料的详细信息，此时"归档"和"返回"操作可用，当用户选择"归档"时，弹出确定对话框，确认接收后将归档经手人信息写入相应的数据库表

备注：

设计人：　　　　　　　　　　　　　　　　　　　设计日期：

13.5.2 数据库设计

1. 数据库总体结构

本系统采用关系型数据库模式，因此数据库由若干个二维表（数据文件）组成，数据库表原则上按照第三范式要求设计，但出于安全性的考虑，允许冗余存在。本系统的数据文件名称主要是按照其中文名字的拼音取其首字母组成，如电子归档验收登记表名为 dzgdysdjb。

2. 数据库结构

每一个数据文件均有一张定义表，表 13-18 是其中一张。

除了每一个数据文件有一张定义表外，还有一张数据库一览表，列出本系统全部数据库表名称，如表 13-19 所示。

表 13-18 关系数据库设计

系统名称：设计院设计流程管理系统

数据库表编号：001

数据库表名称：电子归档验收登记表   别名：dzgdysdjb

简述：记录电子归档的相关信息

序号	字段名称	描 述	类型	长度	小数位	关键字	结构定义
1	nid	编号	整型	4		是	
2	itemId	项目编号	字符型	9			
3	itemName	项目名称	字符型	50			
4	subitemId	子项编号	字符型	12			
5	subitemName	子项名称	字符型	50			
6	edition	版本	整型	4			
7	designPhase	设计阶段	字符型	35			
8	pmId	负责人编号	字符型	10			
9	pmName	负责人姓名	字符型	10			
10	tableDate	编制日期	时间型	8			
11	sum0	0 号图纸总数	整型	4			
12	sum1	1 号图纸总数	整型	4			
13	sum2	2 号图纸总数	整型	4			
14	sum3	3 号图纸总数	整数	4			
15	sum4	4 号图纸总数	整型	4			
16	sumOther	其他图纸总数	整型	4			
17	sumAll	小计	整型	4			
18	recipientId	接收人编号	字符型	10			
19	recipientName	接收人姓名	字符型	10			
20	isReceive	是否接收	字符型	2			
21	receiveDate	接收日期	时间型	8			
22	isArchive	是否归档	字符型	2			
23	archiveId	归档人编号	字符型	10			
24	archiveName	归档人姓名	字符型	10			
25	archiveDate	归档日期	时间型	8			
26	nids	各专业图纸版本	字符型	60			

记录长度（字节）：340   记录条数：

表 13-19 数据库表一览表

系统名称：设计院设计流程管理系统

序号	数据表编号	数据库表名称	别 名	备 注
1	001	电子归档验收登记表	dzgdysdjb	
2	002	设计图纸归档送整单	Sjtzgdszd	
3	003	设计文件归档清单	sjwjgdqd	
…	…	…		

合计：

13.5.3　代码设计

本系统中数据库表名称的设计主要是取表名称中文拼音的首字母的关键字数据元素分两类，一类是有特定的意义，如项目策划书这张表，关键字是项目编号，项目编号由 9 位组成，形式是 yyyy-xxxx 前 4 位是年份，中间是横线，第 5 位通常有特定的意义，代表该项目是哪个类型的项目，如院接、自接等，后面 3 位通常表示项目的序号；另一类通常只是标识一条记录，没有特别的意义。

13.5.4　数据的安全设计

1. 硬件系统方面

采用 RAID5 磁盘阵列和热插拔硬盘，将数据交叉存放在磁盘阵列上，如果磁盘阵列的某一成员出现故障，可由其他部分予以恢复。

此外，本系统采用磁盘作日常备份，要求系统管理员定期备份数据，最大限度地保护数据的安全。

2. 软件系统方面

对数据库管理系统的访问账号和口令进行细致严格地权限设置，前台操作与后台数据相分离，系统管理员账号只有系统管理员才能使用。

3. 程序设计方面

根据操作人员的部门和职称进行角色的划分，分为项目负责人、设计人、校对人等多种角色，每种角色设置不同的访问操作权限，由系统管理员进行权限和角色的维护。

4. 组织管理制度方面

为设计院的每一位员工分配登录系统的账号和密码，每个员工用自己的账号和密码登录系统。员工岗位变动后由系统管理员及时进行权限的变更。

本章小结

本章介绍了一个实际的信息系统分析与设计的案例。目的是使读者了解一个实际的信息系统的完整开发过程，从而对前面介绍的方法得到感性的认识。信息系统分析与设计是一个实用性极强的应用学科，关键就是结合实际。严格地说，没有亲身经历过信息系统项目的建设，是很难真正理解这门学科的精髓的。所以，用一个真实的或模拟的项目作为案例，就成为常用的方法。

本章案例采用的是生命周期法的方法，包括了主要的信息系统分析与设计的工作阶段。具体按照生命周期法的标准的步骤展开，包括目标分析、系统分析、系统设计等阶段的基本工作内容和相应的文档。

在实际工作中，任何一个信息系统的分析与设计都是极其复杂、相当长期的系统工程，规模巨大，关系复杂，而且涉及许多具体行业的知识和背景，这种特殊性很难用短短的一个案例反映出来。这里只是按照前面章节所描述的内容，把系统开发过程中的主要步骤和文档作了介绍。至于程序、系统调试说明书、系统使用和维护说明书、系统开发总结报告等更多的文档，限于篇幅，无法一一列出。

关键词

信息系统建设项目的目标　　　　　存在问题的分析
近期目标　　　　　　　　　　　　系统分析
长期目标　　　　　　　　　　　　系统设计
调查研究　　　　　　　　　　　　系统安全的设计
现状分析

思考题

1. 如何确定系统建设的目标？
2. 为什么要区分短期目标与长期目标？
3. 如何进行调查研究？
4. 如何发现系统存在的主要问题？
5. 系统分析阶段的任务是什么？
6. 系统分析阶段需要形成哪些文档？
7. 系统设计阶段的任务是什么？
8. 系统设计阶段需要形成哪些文档？
9. 对于数据的安全设计应当从哪些方面考虑？

参 考 文 献

[1] 陈禹，方美琪. 信息时代的应知应会. 北京：高等教育出版社，2000.

[2] 陈禹，方美琪. 中国信息化的理论与实践. 北京：清华大学出版社，2003.

[3] 许国志. 系统科学. 上海：上海科技教育出版社，2000.

[4] 陈禹. 经济信息管理概论. 北京：中国人民大学出版社，1996.

[5] 陈国青，雷凯. 信息系统的组织、管理、建模. 北京：清华大学出版社，2002.

[6] 左美云，周彬. 实用项目管理与图解. 北京：清华大学出版社，2002.

[7] 张基温，曹渠江. 信息系统开发案例（第四辑）. 北京：清华大学出版社，2003.

[8] 毛基业，郭迅华，朱岩. 管理信息系统——基础、应用与方法，北京：清华大学出版社，2011.

[9] 沃伦·麦克法兰，理查德·诺兰，陈国青. IT 战略与竞争优势——信息时代的中国企业管理挑战和案例. 北京：高等教育出版社，2003.

[10] 陈禹，方美琪，蒋洪汛. 软件开发工具. 3 版. 北京：机械工业出版社，2011.

[11] 乌家培. 信息社会与网络经济. 长春：长春出版社，2002.

[12] 陈禹，方美琪. 信息化先锋. 北京：清华大学出版社，2002.

[13] 赫伯特·西蒙. 人工科学. 3 版. 上海：上海科技教育出版社，2004.

[14] 赫伯特·西蒙. 管理决策新科学. 北京：社会科学文献出版社，1985.

[15] 薛华成. 管理信息系统. 北京：清华大学出版社，1999.

[16] 左美云，邝孔武. 信息系统开发与管理教程. 北京：清华大学出版社，2001.

[17] 张国锋. 管理信息系统. 北京：机械工业出版社，2000.

[18] 李宇红. 管理信息系统原理及解决方案. 北京：电子工业出版社，1999.

[19] 刘鲁. 信息系统设计原理与应用. 北京：北京航空航天大学出版社，1995.

[20] 张维明等. 信息系统工程. 北京：电子工业出版社，2003.

[21] 王璞. 企业信息化咨询实务. 北京：中信出版社，2004.

[22] 罗超理，李万红. 管理信息系统原理与应用. 北京：清华大学出版社，2002.

[23] 左美云. IT 项目管理表格模板. 北京：国际文化出版公司，2004.

[24] 左美云. 企业信息管理. 北京：中国物价出版社，2002.

[25] 朴顺玉，陈禹. 管理信息系统. 北京：中国人民大学出版社，1995.

[26] 高展，陈红雨，等. 企业信息化自助纲要. 北京：清华大学出版社，2002.

[27] 陈晓红，罗新星. 信息系统教程. 北京：清华大学出版社，2002.

[28] 姜旭平. 信息系统开发方法——方法、策略、技术、工具与发展. 北京：清华大学出版社，1997.

[29] James A Senn. Analysis & Design of Information Systems. New York：McGraw-Hill Inc,

1989.

[30] 甘仞初. 信息系统分析与设计. 北京：高等教育出版社，2003.

[31] 黄梯云，李一军. 管理信息系统. 北京：高等教育出版社，2000.

[32] Rational Software Corporation. Rational Unified Process. 2000.

[33] Ivar Jacobson,Grady Booch,James Rumbaugh.The Unified Software Development Process, Addison Wesley, 1999.

[34] Scott W.Ambler. Enhancing the Unified Process:Software Process for Large Scale,Mission-Critical Systems. A Ronin Internatinal White Paper, 2000.

[35] 韩瀛. 软件过程 RUP 初探. 计算机与信息技术,2001 (5).

[36] 庄玉良. 管理信息系统分析与设计. 北京：中国矿业大学出版社，1998.

[37] Jeffrey L. Whitten, Lonnie D. Bentley, Kevin C. Dittman. System Analysis and Design Methods. 影印版. 北京：高等教育出版社, 2001.

[38] 李红. 管理信息系统. 北京：经济科学出版社，2002.

[39] 苏选良. 管理信息系统. 北京：电子工业出版社，2002.

[40] 陈景艳. 管理信息系统. 北京：中国铁道出版社，2001.

[41] 安忠，佟志臣. 管理信息系统实用教程. 北京：中国铁道出版社，2000.

[42] 彭澎. 管理信息系统. 北京：机械工业出版社，2003.

[43] Analysis and Design Methods. 影印版. 北京：高等教育出版社，2001.

[44] 陈启申. ERP——从内部集成起步. 北京：电子工业出版社，2004.

[45] 左美云. CIO 必读教程（CIOBOK）：CIO 知识体系指南. 北京：电子工业出版社，2004.

[46] 李东. 管理信息系统的理论与应用. 北京：北京大学出版社，1998.

[47] 葛世伦，代逸生. 企业管理信息系统开发的理论和方法. 北京：清华大学出版社，1996.

[48] 姜同强. 信息系统分析与设计教程. 北京：科学出版社，2004.

[49] 刘永. 信息系统分析与设计. 北京：科学出版社，2002.

[50] 耿继秀. 创建企业计算机信息系统的工程. 北京：清华大学出版社，1998.

[51] 朱顺泉，姜灵敏. 管理信息系统理论与实务（修订版）. 北京：人民邮电出版社，2004.

[52] Jeffrey L.Whitten,Lonnie D.Bentley,Kevin C.Dittman，系统分析与设计方法. 肖刚，孙慧. 译. 北京：机械工业出版社，2003.

[53] 郑人杰. 软件工程（中级）. 北京：清华大学出版社，1999.

[54] 邝孔武，王晓敏. 信息系统分析与设计（第二版）. 北京：清华大学出版社，2002.

[55] 汪成为，郑小军，彭木昌. 面向对象分析、设计及应用. 北京：国防工业出版社，1992.

[56] 范玉顺，曹军威. 复杂系统的面向对象建模、分析与设计. 北京：清华大学出版社，2000.

[57] 何有世，刘秋生. 管理信息系统. 南京：东南大学出版社，2003.

[58] 世界经理人网站. 软件企业如何实施 CMM 软件成熟度模型，2004-7-26.

[59] 张庆平，郑辉，等. Web Service 认证体系的分析与实现. 计算机应用，2003（4）.

[60] 微软公司. Microsoft.NET 战略. 王黎，袁永康. 译. 北京：清华大学出版社，2002.

[61] 吕曦，王化文. Web Service 的架构与协议. 计算机应用. 2002（12）.

[62] 张洋. 什么是 Web Service. www.blogchina.com. 2003-10-13.

[63] 微软公司. UML 软件工程组织. www.uml.org.cn.

[64] 冯冲，江贺，冯静芳. 软件体系结构理论与实践. 北京：人民邮电出版社，2004.

教学支持说明

　　建设立体化精品教材，向高校师生提供系列化教学解决方案和教学资源，是高等教育出版社（集团）"服务教育"的重要方式。为支持相应课程的教学，我们向采用本书作为教材的教师免费提供教学课件。

　　为保证该课件仅为教师获得，烦请授课教师填写如下开课情况证明并寄出（传真）至下列地址。

我们的联系办法：

地址：北京市朝阳区惠新东街 4 号富盛大厦 21 层文科中心管理分社

邮编：100029　　电话：010-58581020

传真：010-58581414　　E-mail:songzhw@hep.com.cn；xielin@hep.com.cn

证　　明

　　兹证明_____大学_____系/院第_____学年开设的_____课程，采用高等教育出版社出版的_____（书名和作者）作为本课程教材，授课教师为_____，学生_____个班共_____人。

　　授课教师需要与本书配套的教学课件为：

地址：_____

邮编：_____

电话：_____

E-mail：_____

系/院主任：_____（签字）

（系/院办公室盖章）

20____年____月____日